Wärmekraftwerke

Karl Strauss

Wärmekraftwerke

Von den Anfängen im 19. Jahrhundert
bis zur Endphase ihrer Entwicklung

Karl Strauss
TU Dortmund
Dortmund, Deutschland

ISBN 978-3-662-50536-6   ISBN 978-3-662-50537-3 (eBook)
DOI 10.1007/978-3-662-50537-3

Die Deutsche Nationalbibliothek verzeichnet diese Publikation in der Deutschen Nationalbibliografie; detaillierte bibliografische Daten sind im Internet über http://dnb.d-nb.de abrufbar.

Springer Vieweg
© Springer-Verlag Berlin Heidelberg 2016
Das Werk einschließlich aller seiner Teile ist urheberrechtlich geschützt. Jede Verwertung, die nicht ausdrücklich vom Urheberrechtsgesetz zugelassen ist, bedarf der vorherigen Zustimmung des Verlags. Das gilt insbesondere für Vervielfältigungen, Bearbeitungen, Übersetzungen, Mikroverfilmungen und die Einspeicherung und Verarbeitung in elektronischen Systemen.
Die Wiedergabe von Gebrauchsnamen, Handelsnamen, Warenbezeichnungen usw. in diesem Werk berechtigt auch ohne besondere Kennzeichnung nicht zu der Annahme, dass solche Namen im Sinne der Warenzeichen- und Markenschutz-Gesetzgebung als frei zu betrachten wären und daher von jedermann benutzt werden dürften.
Der Verlag, die Autoren und die Herausgeber gehen davon aus, dass die Angaben und Informationen in diesem Werk zum Zeitpunkt der Veröffentlichung vollständig und korrekt sind. Weder der Verlag noch die Autoren oder die Herausgeber übernehmen, ausdrücklich oder implizit, Gewähr für den Inhalt des Werkes, etwaige Fehler oder Äußerungen.

Gedruckt auf säurefreiem und chlorfrei gebleichtem Papier.

Springer Vieweg ist Teil von Springer Nature
Die eingetragene Gesellschaft ist Springer-Verlag GmbH Berlin Heidelberg

Für meine Enkel: Tim, Tadeus, Florian, Anne

Vorwort

Mit der Erfindung und Einführung der elektrischen Glühlampen haben sich die Lebensumstände in den Industrieländern des Westens nachhaltiger verändert als durch etliche andere technische Innovationen. Möglich wurde die schnelle Verbreitung des elektrischen Lichtes durch die gleichzeitig erfolgte Einrichtung der Kraftstationen, in denen ein Kessel Dampf zum Antrieb einer Dampfmaschine lieferte, welche zur Stromerzeugung einen Generator drehte, der schließlich den Strom für das elektrische Licht erzeugte. Die Kraftstationen waren die Vorläufer unserer Wärmekraftwerke, die schon um 1890 Strom für städtische Verteilungsnetze und den Betrieb der ersten Straßenbahnen bereitstellten: 1881 in Berlin-Lichterfelde, 1891 in Leeds und Prag und 1893 in Freiburg. Innerhalb zweier Jahrzehnte gelang es dem Erfindungsgeist von Ingenieuren, die Leistung der Wärmekraftwerke um das 1 000fache zu steigern. Verbunden war dies mit der Zähmung des Feuers: zunächst der Kohle- und Ölfeuerungen, nach dem Zweiten Weltkrieg auch des *nuklearen Feuers* der Kernkraftwerke.

Das vorliegende Buch entstand aus meinen seit 1986 an der Universität Dortmund gehaltenen Vorlesungen über Energieprozesstechnik, es stellt zunächst die Entwicklung der fossil gefeuerten Wärmekraftwerke dar und skizziert im Anschluss daran die Evolution der Kernkraftwerke. Nachfragen meiner Hörer haben mich immer wieder veranlasst, den Werdegang der Kraftwerke und den ihrer Komponenten zu erläutern, denn für das Verständnis technischer Prozesse ist die Kenntnis ihrer Entwicklungsgeschichte wichtig, auch als konkrete Hilfestellung zur Verbesserung einzelner Prozesse.

Nur wenige Fragenkomplexe haben seit Mitte des vergangenen Jahrhunderts die öffentliche Diskussion in unserem Land mehr erregt als die Debatten um die ungewollten Nebenwirkungen der Kraftwerke: den Staubemissionen im Kontext mit dem *blauen Himmel über der Ruhr* in den 60er Jahren, das *Waldsterben* durch Schadgasemissionen in den 70er Jahren, die Auseinandersetzungen um die *Kernkraftwerke* und die Konflikte um die *Endlagerung nuklearer Abfälle* in den 80er Jahren. Die Frage nach der Vertretbarkeit einer Technologie war zu einem Überzeugungskonflikt geworden, bei dem es keine Kompromisse mehr gab. Zur Ruhe kamen die Auseinandersetzungen erst mit der *Energiewende*: weg von der von Wärmekraftwerken getragenen Stromerzeugung, hin zur Stromerzeugung aus erneuerbaren Energien. Diese Energiewende kann gelingen, wenn wirklichkeitsnah die Möglichkeiten und Grenzen der gegenwärtigen Stromerzeugung erkannt und beachtet werden.

Das Buch wurde mit dem Vorsatz entwickelt, die Geschichte der Wärmekraftwerke so darzustellen, dass sie für interessierte Nicht-Fachleute lesbar ist. Bei der Fertigstellung hat mir Frau Mechtild Baur sehr geholfen, sie hat sich der mühevollen Aufgabe des Korrekturlesens angenommen.

Telgte, im Frühjahr 2016 Karl Strauss

Inhaltsverzeichnis

Teil I Grundlagen

1 Der Beginn im 19. Jahrhundert 3
   1.1 Am Anfang war Edisons Glühlicht 3
   1.2 Konkurrenten des Glühlichts: Gaslicht und Bogenlampe 7
      1.2.1 Das Gaslicht 7
      1.2.2 Das elektrische Bogenlicht 9
   1.3 Die Entwicklung in Deutschland 10
      1.3.1 Die Zeit der Pioniere 10
      1.3.2 Die Internationale Elektrizitätsausstellung Frankfurt 1891 18
   1.4 Resümee 22
   Literatur 23

2 Technisch-wissenschaftliche Grundlagen 25
   2.1 Technisch-wissenschaftliche Grundlagen 25
   2.2 Thermodynamik 27
   2.3 Kreisprozesse zur Umwandlung von Wärme in Arbeit 31
   2.4 Resümee 39
   Literatur 40

Teil II Die Evolution der fossil gefeuerten Wärmekraftwerke

3 Entwicklungsabschnitte des Kraftwerkbaus 45
   3.1 Erster Abschnitt: Zusammenstellung des Dampfkraftwerks aus bekannten Elementen 47
      3.1.1 Dampferzeuger: Kessel und Feuerung 48
      3.1.2 Die Entwicklung der Dampfturbinen 54
      3.1.3 Generatoren 60
      3.1.4 Kraftwerk Zschornewitz 62
      3.1.5 Elektrizitätsverteilung 66
      3.1.6 Resümee 68

3.2		Zweiter Zeitabschnitt: Großfeuerungsanlagen und Verbundnetz	69
	3.2.1	Einführung der Kohlenstaubfeuerung für Kraftwerke	72
	3.2.2	Integration der Staubfeuerung in die Kessel – der Kampf mit der Asche	77
	3.2.3	Weiterentwicklung der Turbinen und Turbogeneratoren	80
	3.2.4	Verbundnetz	92
	3.2.5	Resümee	95
3.3		Dritter Zeitabschnitt: Der Weg zum Großkraftwerk	96
	3.3.1	Kesselsysteme	97
	3.3.2	Entwicklung zum Großkessel	111
	3.3.3	Turbogruppe	116
	3.3.4	Regelung und Automatisierung	120
	3.3.5	Blockkraftwerke	123
	3.3.6	Umwelt – Fossile Brennstoffe	127
	3.3.7	GuD: Gas- und Dampfturbinenkraftwerke	132
	3.3.8	Resümee	135
	3.3.9	Umbrüche auf dem Energiemarkt – die Ölpreiskrisen in den 1960er Jahren	136
3.4		Vierter Zeitabschnitt: Dampfkraftwerke und Umwelt	142
	3.4.1	Rauchgasreinigung	144
	3.4.2	Kraftwerke mit Rauchgasreinigung	147
	3.4.3	Die letzte Herausforderung für fossil gefeuerte Kraftwerke: CO_2-Sequestrierung	155
	3.4.4	Grenzen für die Nutzung fossiler Energiequellen	163
	3.4.5	Resümee	169
Literatur			170

Teil III Evolution der Kernkraftwerke in Deutschland

4	**Kernkraftwerke**	**181**
4.1	Eisenhower: Atoms for Peace	181
4.2	Abriss der Entwicklung der Kernenergie in der Bundesrepublik	185
	4.2.1 Forschungszentren – Atomprogramme	187
	4.2.2 Entwicklung von Kernkraftwerken in Deutschland	189
	4.2.3 Hochtemperaturreaktoren – Kugelhaufenreaktor	193
	4.2.4 Kommerzielle Kernkraftwerke	197
	4.2.5 Der Leichtwasserreaktor wird auch in Europa dominieren	201
4.3	AEG und Siemens als Anlagenbauer für Kernkraftwerke	202
4.4	Sicherheit beim Leichtwasserreaktor (LWR)	203
4.5	Kernkraftwerke – von der Euphorie zur Ablehnung	205
4.6	Die einzigartigen Risiken der Kernenergie	208

	4.6.1 Wiederaufbereitung und Endlagerung	209
	4.6.2 Direkte Endlagerung	210
4.7	Resümee	211
	Literatur	212

Namensverzeichnis 215

Teil I
Grundlagen

Der Beginn im 19. Jahrhundert

1

Die Einführung der Wärmekraftwerke und der Verteilungsnetze zur Stromversorgung gegen Ende des 19. Jahrhunderts hat unsere Lebenswelt schneller und nachhaltiger verändert als andere technische Innovationen. Der elektrische Strom ist zwar für uns nicht direkt verwendbar, wir benötigen ihn nicht wie die biochemische Energie unserer Nahrungsmittel, ohne die wir nicht leben können, nicht wie die Wärme, die wir für unser Wohlbefinden benötigen, nicht wie das Licht, das wir zum Sehen brauchen und nicht wie die mechanische Energie, ohne die wir bewegungslos wären. Der Nutzen des Stroms ergibt sich erst aus den vielfältigen Möglichkeiten der Elektrizität, mit denen wir Energie für uns nutzbar machen können. Bezogen auf die Anwendungen stellt die elektrische Energie eine Zwischenstufe dar, die es möglich macht, uns zur Verfügung stehende Primärenergiequellen wie Kohle, Erdöl, Uran, aber auch Wasserkraft und Windenergie sicher und zu geringen Kosten in Strom umzuwandeln, zu transportieren und zur Anwendung zu bringen. Der elektrische Strom als Energielieferant für Haushalt und Wirtschaft und die elektrischen Netze zu seiner Verteilung sind deshalb aus unserer Lebenswelt nicht mehr wegzudenken.

Die Bereitstellung von Licht für alle Menschen war eine der großen Aufgaben für Ingenieure im 19. Jahrhundert. Seit der Mitte des Jahrhunderts wurde die Elektrizität bereits erfolgreich für die Telegraphie und in der Elektrochemie angewandt. Es lag deshalb nahe, die Elektrizität auch zur Beleuchtung zu nutzen. Um dies durchzuführen, waren zwei Aufgaben zu lösen: die Herstellung funktionsfähiger Lampen und die Anfertigung geeigneter Generatoren zur Stromerzeugung.

1.1 Am Anfang war Edisons Glühlicht

Die modernen Gesellschaften leben in einer beleuchteten Welt. Einer Welt, deren Entstehung nachdrücklich durch die Erfindung des elektrischen Glühlichts im letzten Drittel des 19. Jahrhunderts gefördert wurde. Das Glühlicht ist aus technischer Sicht ein Temperaturstrahler. Zu seiner Darstellung wird ein Faden aus einem relativ schlecht leitenden

Abb. 1.1 Gedenktafel mit einem Relief der „Jumbo" Generatoren zur Erinnerung an die Pearl Street Station. Die Anlage wurde 1882 in Betrieb genommen, 1885 stillgelegt und durch eine größere Anlage ersetzt

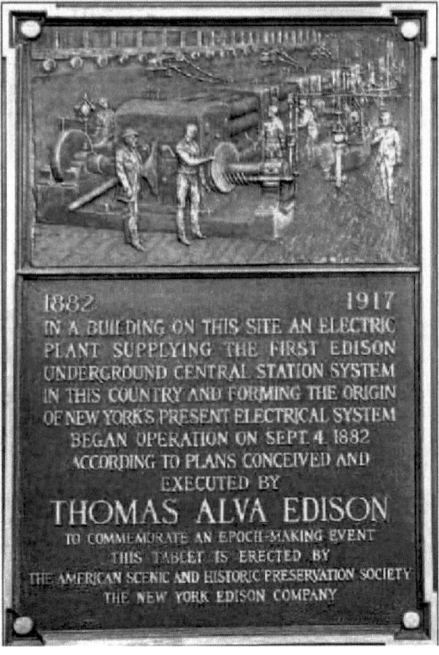

Material in einem Stromkreis zum Glühen gebracht. Zum Erreichen einer ausreichenden Lichtabstrahlung des glühenden Fadens muss seine Temperatur hoch sein und seine Verdampfung oder Oxidation verhindert werden. Die technischen Probleme bei der Entwicklung des Glühlichts konzentrierten sich auf die Lösung folgender Probleme:

- Es galt einen Leuchtkörper zu finden, der lange hält und ein gleichmäßiges Licht abgibt.
- Der Raum um den Leuchtkörper sollte luftleer bzw. mit einem inerten Gas ausgefüllt sein, damit der Faden nicht verbrennt.
- Die Verbindung der Stromleiter mit dem Leuchtkörper durfte die Leitfähigkeit nicht vermindern.

Lösungen für diese Aufgaben waren im Prinzip schon um die Mitte des 19. Jahrhunderts bekannt. Es war den frühen Erfindern aber nicht gelungen, praktisch nutzbare Glühlampen zu schaffen. Die zielführenden Impulse für die Entwicklung der Glühlampe zu einem Gebrauchsgegenstand kamen ohne Zweifel von Thomas Alva Edison[1]. Im Unterschied zu den Vorläufern war Edisons Glühlampe leicht zu handhaben, zeigte im Dauerversuch eine lange Haltbarkeit und war zudem verhältnismäßig einfach herzustellen. Nach der

---

[1] Thomas Alva Edison (1847–1931), einer der ideenreichsten Erfinder. An seinem Lebensende konnte er eine Liste von mehr als 1300 Patenten vorweisen.

deutschen Patentschrift Nr.: 12174 wurde als Leuchtkörper seiner Glühlampe ein Faden aus Kohlenstoff verwendet, der mit einem dünnen Platindraht stabilisiert war.

Edison war ein außergewöhnlich schöpferisch begabter Visionär. Er hatte die Fähigkeit, technische Herausforderungen zu erkennen, interdisziplinäre Forschungen zur Überwindung sich zeigender Probleme zu organisieren und entstehende Innovationen rasch zur kommerziellen Umsetzung zu bringen. Um dies leisten zu können, hat er in den siebziger Jahren des 19. Jahrhunderts ein großes Entwicklungslabor eingerichtet, in dem Leute aus unterschiedlichen Fachgebieten an zahlreichen Innovationen arbeiteten. So hat Edison für die Glühlampenentwicklung Physiker, Chemiker, Maschinenbauer und Handwerker eingesetzt. Er gab die Ziele vor, stellte Aufgaben und organisierte die Arbeit. Edison war einer der ersten Manager des Erfindens und damit einer der Gründer der modernen Erfindungsindustrie [14]. Denken in Systemen, zielstrebiges Experimentieren und Lernen aus Erfahrung waren die Grundlagen, mit denen die Arbeiten vorangetrieben wurden. Seine Erfindungsarbeiten hatten Erfolg, weil sie von Beginn an von ökonomischen Überlegungen begleitet waren. Er sagte einmal, der Wert einer Idee zeige sich im Nutzen ihrer Anwendung.

Im Jahr 1879 installierte Edison in seinem Labor in Menlo Park, New Jersey, eine Anzahl seiner Glühlampen, die von einem zentralen Generator über ein Kupferkabel mit Strom versorgt wurden. Im November des Jahres lud er seine Geldgeber und eine Gruppe von Geschäftsleuten zu einer Vorführung ein. Er erläuterte das Prinzip seines Beleuchtungssystems und demonstrierte dessen Funktion, indem er eine Lampe nach der andern einschaltete, bis schließlich fünfundzwanzig Lampen leuchteten, eine so hell und gleichmäßig wie die andere. Von der an einem entfernten Ort aufgestellten lärmenden Dampfmaschine mit Kessel und Feuerung zum Antrieb des Generators war in den erleuchteten Räumen nichts zu bemerken, was auf seine Besucher gehörigen Eindruck machte. Edison hatte erkannt, dass der elektrische Strom eine Energieform ist, die an einem Ort bereitgestellt und an einer anderen davon entfernt liegenden Stelle genutzt werden kann. Er hat damit als einer der Ersten das Prinzip der Verteilung des elektrischen Stromes mittels eines Versorgungsnetzes von einer zentralen Stromerzeugung zu den entfernt davon liegenden Verbrauchern erkannt und praktiziert.

Die ersten kommerziellen Elektrizitätswerke, mit denen elektrische Energie in Zentralen erzeugt und über in Straßen verlegte Leitungen an Verbraucher geliefert wurde, waren die von Edisons Gesellschaften im Jahr 1882 in London am Holborn Viadukt und in der Pearl Street in New York in Betrieb genommenen Anlagen. Das New Yorker Werk mit sechs von Dampfmaschinen angetriebenen Gleichstromgeneratoren lag mitten im Geschäftsviertel und versorgte Büros, Geschäfte und Restaurants mit Lichtstrom. Bereits nach einem Jahr waren 3 500 Lampen angeschlossen und Ende des Jahres 1883 waren es bereits mehr als 10 000. Technische Probleme ergaben sich aus dem Betrieb der Dampfkessel und Dampfmaschinen, an die bis dahin nicht gekannte Anforderungen hinsichtlich Dauerbetrieb und Regulierung gestellt wurden, sowie aus dem Umstand, dass die Stromerzeugung vollständig durch die Lastanforderung der Verbraucher bestimmt wurde.

Abb. 1.2 Die Generatoren von Edisons erster Zentralstation in der Pearl Street zu New York (Bildarchive Deutsches Museum)

Die frühen Elektrizitätswerke wurden deshalb tagsüber oft abgeschaltet. Eine technische Beschreibung der Pearl Street Central Station findet sich in [23].

Um die Stromversorgung für 24 Stunden aufrecht zu erhalten und zur Erleichterung des Ausgleichs zwischen Schwachlast und Lastspitzen wurden in den Zentralstationen Bleiakkumulatoren als Pufferbatterien aufgestellt. In den Zeiten geringen Stromverbrauchs wurden die Batterien von den Generatoren aufgeladen, den diese zu Spitzenzeiten des Verbrauchs abgeben konnten. Verwendungsfähige Bleiakkumulatoren standen damals schon zur Verfügung. Die Vergleichmäßigung der Lastanforderungen für die Elektrizitätswerke ergab sich erst durch Nutzung von Elektromotoren zum Antrieb von Maschinen und die Einführung der Verteilungsnetze.

Mit der Einführung der elektrischen Beleuchtung durch Edisons Glühlampen, die mit einer bis dahin nicht gekannten Helligkeit und Stetigkeit leuchteten, hat sich der Lebensrhythmus der Menschen verändert. Die Arbeit in den Fabriken und Büros und auch der Lebenszyklus in den Familien wurde nicht mehr zwingend durch den Wechsel von Tag und Nacht bestimmt. Mit der Beleuchtung der öffentlichen Plätze und Straßen wurde das Leben in den Städten zudem sicherer und einfacher.

Der Weltöffentlichkeit hat Edison seine Glühlampe 1881 auf der Internationalen Elektrizitätsausstellung in Paris vorgeführt. Mit dem vom ihm präsentierten Gesamtsystem aus Stromerzeuger, Verteilernetz, Hausanschlüssen, Elektrizitätsmessern, Schaltern, Lampen-

1.2 Konkurrenten des Glühlichts: Gaslicht und Bogenlampe

fassungen, Glühbirnen und nicht zuletzt Schmelzsicherungen rückte die Elektrizität von einer Laborkuriosität zu einer wirtschaftlich nutzbaren Energieform auf. Großes Aufsehen erregte auch sein „Jumbo" [2] genannter Generator. Es handelte sich dabei um eine Fortentwicklung des Gramme-Generators[3], der mit einer Leistung von $150\,PS$ damals als größte Dynamo-elektrische Maschine der Welt galt und an die Erfordernisse des Glühlichts angepasst war. Edison hatte Erfolg, weil er nicht nur Glühlampen entwickelt und eingeführt hat, sondern ein komplettes Beleuchtungssystem. Zudem hat er durch Verknüpfung der Zentraleinheit zur Stromerzeugung mit den Verbrauchern mittels eines Verteilernetzes die Richtung zur Entwicklung unseres heutigen Stromnetzes gewiesen.

1.2 Konkurrenten des Glühlichts: Gaslicht und Bogenlampe

1.2.1 Das Gaslicht

Licht für alle Menschen bereitzustellen war eine große Aufgabe. Es ist nicht verwunderlich, dass verschiedene Wege versucht wurden, um zum Ziel zu kommen. Hauptkonkurrent des elektrischen Glühlichts war das Gaslicht. Seit der Frühzeit der modernen Chemie war gut bekannt, dass bei der Erhitzung von Kohle ein brennbares Gas frei wird. Als einer der Ersten beleuchtete Jan Pieter Minkeleers[4] seinen Vorlesungsraum an der belgischen Universität Löwen bereits im Jahr 1785 mittels einer Flamme aus Kohlegas. Im Unterschied zu einer Kerze brennt Gas in einer hellen, leicht regulierbaren Flamme.

Anders als auf dem Kontinent hat in England der industrielle Bergbau bereits vor 1700 begonnen. Um 1800 förderten die Kohlebergwerke in Großbritannien bereits 15 Millionen Tonnen Steinkohle, etwa so viel wie die Zechen des Ruhrgebiets einhundert Jahre später. Verbunden mit der Kohleindustrie hatte sich in England bereits ab 1800 in Verbindung mit der Kokserzeugung für die Eisenverhüttung die kommerzielle Erzeugung von Leuchtgas entwickelt. Zur Gasgewinnung wurde Steinkohle unter Luftabschluss auf ca. 900 °C erhitzt. Die dafür errichteten Gaswerke wandelten ca. 20 bis 30 % der eingesetzten Kohlemasse in ein für Beleuchtungszwecke nutzbares Gas um. 50 bis 65 % der Kohlemasse blieben als für die Eisenverhüttung nutzbarer Gaskoks zurück und 5 bis 6 Prozent fielen als Teer bei der Gasreinigung an.[5] Zur Realisierung einer öffentlichen Leuchtgasversorgung

---

[2] Jumbo war auch der Name eines großen Elefanten, der damals mit dem Zirkus P. T. Barum in die Staaten gebracht wurde.
[3] Zénobe-Théophile Gramme (1826–1901), belgischer Konstrukteur und Pionier der Elektrotechnik.
[4] Jan Pieter Minkellers (1748–1824), Professor für Naturkunde.
[5] Friedlieb Ferdinand Runge (1795–1867) veröffentlichte 1834 seine Entdeckung, nach der sich aus Anilin, das er aus Steinkohlenteer isolierte, Farbstoffe herstellen lassen. Der als Abfallprodukt bei der Erzeugung von Leuchtgas anfallende Teer wurde so zum Ausgangspunkt der chemischen Industrie in Europa.

in London wurde 1812 von Friedrich Albert Winzer[6] die „Gaslight and Coke Company" gegründet. Um 1820 hatte London bereits vier Gaswerke und ein Gasverteilungsnetz von ca. 300 km zur Versorgung von mehr als 50 000 Kunden. Leuchtgas konnte nicht nur zur Beleuchtung, sondern auch für den Betrieb von Gasmotoren und zum Heizen verwendet werden. Aufgrund der über Jahrzehnte ausgebauten Infrastruktur zur Gasversorgung war in London bis ins erste Jahrzehnt des 20. Jahrhunderts Gaslicht billiger als elektrisches Licht. Vor diesem Hintergrund ist es nicht verwunderlich, dass Edisons Elektrizitätswerk in London nicht erfolgreich war und wieder geschlossen wurde. Der Grund dafür war die Marktmacht der britischen Gaswirtschaft.

Ein großer Nachteil der Gasbeleuchtung von Wohn- und Geschäftsräumen war die Verschlechterung der Luft durch die Verbrennungsgase und durch den Sauerstoffentzug sowie die Wärmestrahlung der Flamme. Daran hat auch das 1892 von dem österreichischen Chemiker Auer von Welsbach[7] erfundene Gasglühlicht im Prinzip nur wenig geändert, obwohl er das alte Gaslicht damit revolutionierte. Durch Einführung eines Glühstrumpfes aus Zirkonium- und Lanthanoxid, der durch eine Gasflamme bis auf Weißglut erhitzt wurde, konnte die Lichtausbeute erhöht, der Gasverbrauch um 40 % gesenkt werden und damit auch die Wärmeabstrahlung. Durch diese Erfindung war die Gasbeleuchtung in Europa wieder billiger als das elektrische Licht und zeitweilig wieder ein ernst zu nehmender Konkurrent. Charakteristisch hierfür war ein Erlass des preußischen Kultusministeriums, der das Gasglühlicht für Kliniken, Hörsäle usw. als „einen angemessenen Ersatz für die elektrische Beleuchtung" bezeichnete. Auf die Auersche Erfindung hin wurde in Wien eine große Gesellschaft errichtet und im Jahr darauf in Berlin die *Deutsche Gaslicht AG* mit einem Kapital von 1,35 Millionen Mark. Diese Gesellschaft konnte bereits in den ersten 9 Monaten einen Gewinn von 1 Million Mark erwirtschaften, vgl. [2], S. 112.

Das letztlich entscheidende Manko des Gaslichts war die Gefahr von Bränden. Allein in Europa sollen im 19. Jahrhundert etwa vierhundert Opern- und Schauspielhäuser abgebrannt sein. Zumeist waren Gaslampen die Brandursache. Zu einem der größten Feuer kam es am 8. Dezember 1881 im Wiener Ring-Theater. Als die Besucher für den Vorstellungsbeginn um 19 Uhr ihre Plätze einnahmen, sollte hinter der Bühne bei fünf Schaukästen die Gasbeleuchtung gezündet werden. Durch Versagen einer pneumatischen Zündvorrichtung strömte Gas aus, welches beim nächsten Zündversuch verpuffte. Das dadurch entstandene Feuer sprang auf den Bühnenvorhang über, bevor es sich rasch über den Rest der Bühne und schließlich im Zuschauerraum ausbreitete. Es war eine der

---

[6] Friedrich Albrecht Winzer (1763–1830) war einer der Pioniere bei der Einführung des Gaslichts in Großbritannien und Frankreich. Er kam 1799 nach England, gründete 1807 in London ein Gaswerk und beleuchtete eine Straßenseite der Pall Mall mit Gaslampen. Er änderte seinen Namen in Frederick A. Winsor.

[7] Carl Auer von Welsbach (1858–1929), österreichischer Chemiker. Welsbach hat mit seinem Vorschlag, Osmium als Material für den Glühdraht zu verwenden, auch einen Beitrag zur Verbesserung des elektrischen Glühlichts geleistet. Die Osmium Glühlampen waren ein Vorläufer der Wolframdrahtlampe, die 1906 unter dem Produktnamen OSRAM (*OS*mium und Wolf*RAM*) eingeführt wurden.

schlimmsten Brandkatastrophen des 19. Jahrhunderts im damaligen Österreich-Ungarn. Nach offiziellen Angaben kamen durch das Feuer 384 Menschen zu Tode. Opern- und Schauspielhäuser waren deshalb in vielen Städten die Vorreiter bei der Umstellung der Beleuchtung von Gas auf Strom [6].

1.2.2 Das elektrische Bogenlicht

Noch vor der Erfindung des Glühlichts wurde von Humphry Davy[8] das elektrische Bogenlicht entdeckt. Zum Erzeugen eines leuchtenden Lichtbogens hat er die zugespitzten Enden zweier Kohlenstoff-Elektroden über einen Widerstand mit den Polen einer Gleichspannungsquelle verbunden. Nach Stromschluss bei Berührung der Spitzen erhitzten sich die Elektroden durch den Stromfluss so stark, dass sie zum Glühen kamen. Die glühenden Spitzen hat Davy wieder auseinander gezogen. Bei einer ausreichend hohen Spannung setzte sich dabei die Entladung in Form eines bläulich leuchtenden Lichtbogens fort.

Wir wissen heute, dass das Licht nicht durch den elektrischen Bogen entstand, sondern durch aus der glühenden negativen Elektrode heraus gelöste Kohleteilchen, die dann in der sie umgebenden Luft im Lichtbogen verglühten. Die durch die Entladung zur Weißglut gebrachten Elektroden verzehrten sich dabei. Das vom Lichtbogen abgestrahlte Licht war blendend hell und hatte einen unnatürlich bläulichen Farbton. Es dauerte dann noch etliche Jahre, bis das Bogenlicht praktisch genutzt werden konnte. Dies war erst möglich, als Generatoren zur Erzeugung größerer Strommengen verfügbar waren.

Anwendung fanden die Bogenlampen hauptsächlich bei der Beleuchtung von Straßen und Plätzen sowie als Arbeitsbeleuchtung in Fabrikhallen und auf Baustellen. Für Wohn- und Geschäftsräume waren die Bogenlampen weniger gut geeignet, sie brannten zu hell und zu unregelmäßig. Auch als Effektbeleuchtung in Theatern waren sie nur beschränkt einsetzbar. Denn wie eine Flamme konnte auch ein offener Lichtbogen ein Feuer auslösen. Am 30. Dezember 1903 setzte eine Bogenlampe den Bühnenvorhang des Iroquois-Theaters in Chicago in Brand. Das dadurch entfachte Feuer breitete sich rasch aus und kostete mit seinen Folgen mehr als 600 Menschenleben [4].

Bei den Bogenlampen gab es etliche technische Probleme. So musste für jede Lampe ein eigener Stromkreis eingerichtet werden, weil sich die Lampen bei Reihenschaltung gegenseitig störten und sie so zum Verlöschen brachten. Deshalb war in der Anfangszeit für jede Lampe ein separater Generator erforderlich. Ferner war die Lichtstärke der Bogenlampen nicht regulierbar. Zum führenden Hersteller entwickelte sich die *Brush Electric Light Corporation*. Der Gründer dieser Gesellschaft, Charles Brush[9], schuf einen regel-

---

[8] Humphry Davy (1778–1829), englischer Chemiker und Erfinder. Er entdeckte 1830 das Stickstoffmonoxid und berichtete über seine ungewöhnlichen Eigenschaften. Bei seinen Versuchen mit Elektrizität gelang es ihm 1805 einen Lichtbogen zu erzeugen. Er gewann damit einen Preis, den Napoleon für die beste Leistung des Jahres auf dem Gebiet der Elektrizität ausgeschrieben hatte.
[9] Charles Francis Brush (1849–1929), US amerikanischer Erfinder und Unternehmer.

baren Generator, der den Anforderungen der Bogenlampen angepasst war[10]. Ab 1880 wurden in San Francisco, Chicago, New York und anderen großen Städten in den USA Bogenlampen zur Beleuchtung von Straßen verwendet. Die Lampen wurden dazu auf hohen Türmen installiert und ihr Licht mit Spiegeln verteilt. So wie das Glühlicht wurden auch die Bogenlampen der verschiedenen Hersteller auf der Pariser Elektrizitätsausstellung präsentiert. Oskar von Miller,[11] der diese Ausstellung als bayrischer Kommissär besucht hatte, berichtet darüber in seinen Erinnerungen [19]:

> *Die Bogenlampen von Brush [und anderen Herstellern] verbreiteten ein bis dahin unbekannt starkes Licht. Alles dies erschien wunderbar und märchenhaft. Das allergrößte Aufsehen aber erregten doch die Glühlampen von Edison, die man mit einem Schalter „anzünden und auslöschen" konnte, an welchem die Menschen zu Hunderten anstanden, um selbst diesen Schalter einmal bedienen zu können.*

1.3 Die Entwicklung in Deutschland

1.3.1 Die Zeit der Pioniere

Für die Verbreitung und Akzeptanz der Elektrizität in Europa brachte die 1881 in Paris durchgeführte Elektrizitätsausstellung einen Wendepunkt. Ihr Erfolg beruhte darauf, dass die dort gezeigten Experimente und Produkte auf bis dahin in Europa bei solchen Veranstaltungen noch nie gekannte Weise publikumsorientiert präsentiert wurden. Als phantastisch und sensationell wurden von den Besuchern die Übertragungen aus der Oper per Telefon empfunden; es bildeten sich lange Schlangen, um einmal am Telefon die Musik, die Sänger und den Beifall der Opernbesucher zu hören. Einen großen Raum nahmen die elektrischen Maschinen ein. Edison, Gramme, Siemens&Halske[12] und Schuckert[13] zeigten ihre neuesten Maschinen.

---

[10] Ende des 19. Jahrhunderts gab es mehrere Hersteller von Gleichstrom-Generatoren, führend waren in den USA Edison und Brush und in Europa Siemens&Halske, Gramme und Schuckert.
[11] Oskar von Miller (1855–1934) war zunächst als Eisenbahningenieur für die Bayrische Staatsregierung tätig. Er wurde der Pionier für die Einrichtung der Stromversorgung in Deutschland. Er war ein erfolgreicher Unternehmer und Initiator für die Gründung des Deutschen Museums in München.
[12] Werner von Siemens (1816–1892), Erfinder und Begründer der elektrotechnischen Industrie in Deutschland; er erfand u. a. den Zeigertelegraphen und war Mitentdecker des dynamoelektrischen Prinzips [22].
Johann Georg Halske (1814–1890), deutscher Unternehmer. Er gründete 1847 zusammen mit Werner Siemens die Telegraphenbauanstalt Siemens&Halske.
Auf der Pariser Ausstellung demonstrierte die Firma Siemens&Halske den Nutzen der Elektrizität für den Verkehr mit einer elektrischen Trambahn zwischen dem Place de la Concorde und dem dortigen Palais de la Industrie.
[13] Johann Sigmund Schuckert (1846–1895), Elektrotechniker und Gründer der Firma Schuckert in Nürnberg.

1.3 Die Entwicklung in Deutschland

Mit Begeisterung wurde besonders das Glühlicht aufgenommen, das von Edison selbst präsentiert wurde. Er trat dabei nicht nur als Erfinder, sondern auch als Geschäftsmann auf, der seine Produkte in Europa einführen wollte. Er zeigte dazu erstmals seine Pläne für eine öffentliche Elektrizitätsversorgung, wie sie in der New Yorker Pearl Street gerade aufgebaut wurde.

Paul Reisser, ein Pionier der Elektrotechnik aus Stuttgart, kaufte auf der Pariser Ausstellung das erforderliche Material für die Herstellung einer Beleuchtungseinrichtung und installierte diese in seinem Haus, [7], S. 93. Der Dynamo zur Erzeugung des Gleichstroms wurde von einem Gasmotor angetrieben. Das so eingerichtete Beleuchtungssystem wurde im Februar 1882 in Betrieb genommen. Weil auch seine Nachbarn Strom beziehen wollten und die Stadt Stuttgart eine Konzession für die Verlegung von Stromleitungen in einigen Straßen erteilte, entstand aus der Reisserschen Anlage im Herbst 1882 das wohl erste öffentliche Blockkraftwerk Deutschlands. Nach Installation einer Dampfmaschine und einer Akkumulatorenbatterie waren 1884 bereits 700 Glühlampen, vier Bogenlampen und zwei Elektromotoren an das System angeschlossen.

Emil Rathenau[14], der ebenfalls die Pariser Ausstellung besucht hatte, erwarb 1882 die Rechte zur wirtschaftlichen Auswertung der Edisonschen Patente für eine von ihm gegründete Gelegenheitsgesellschaft, [7], S. 92. Rathenau hatte früh die Zukunftschancen der Elektrizität als Energielieferant erkannt, so begleitete er sein Werben für das Edisonsche Beleuchtungssystem mit dem prophetischen Hinweis, dass *„Zentralstellen als Kraftquellen für tausende von Pferdekräften entstehen würden, die, in elektrische Energie umgewandelt, den Menschen Licht, Kraft und Wärme bringen werden"*, [2], S. 3. Nur ein kleiner Kreis von Technikern dürfte damals dieser Voraussage Glauben geschenkt haben, denn die Elektrizität war bei dem damaligen Stand der Entwicklung nur als Lichtquelle in Erscheinung getreten.

Auch für Oskar von Miller war die Pariser Elektrizitätsausstellung entscheidend für seine weitere Berufstätigkeit. Er hörte einen Vortrag von Marcel Deprez, in dem dieser die These formulierte, dass man einen beliebig starken elektrischen Strom auf beliebig weite Entfernung mit beliebig dünnem Draht und großem Nutzeffekt übertragen könne, sofern

---

[14] Emil Rathenau (1838–1915), einer der markantesten deutschen Unternehmer im 19. Jahrhundert, u. a. Gründer der AEG. Nach einer Lehre im Handwerksbetrieb eines Onkels bezog er das Polytechnikum Hannover, um Maschinenbau zu studieren. Bei einer Differenz zwischen Studenten und Professoren über Fragen der akademischen Freiheit setzte er sich aktiv für die Interessen der Studenten ein und musste in der Folge die Hochschule verlassen. Er ging nach Zürich und beendete sein Studium am dortigen Polytechnikum, der heutigen ETH Zürich, mit dem Ingenieurexamen [21]. Nach Wanderjahren bei Borsig in Berlin und Firmen in England assoziierte er sich mit einem Jugendfreund. Gemeinschaftlich übernahmen sie 1867 eine kleine Maschinenfabrik und führten dort den typisierten Bau von Dampfmaschinen ein. Noch vor dem Gründerkrach 1873, dem Platzen der Finanzblase am Ende der Gründerjahre, wurde die geschäftlich erfolgreiche Firma in eine Aktiengesellschaft mit dem Namen „Berliner Union" umgewandelt und an Banken verkauft. Rathenau beteiligte sich nicht an dem Unternehmen und ließ sich seinen Anteil mit rund 3/4 Million Goldmark bar auszahlen, er blieb aber leitender Direktor der Gesellschaft. Als nach der Scheinblüte der Gründerjahre die Krise folgte, musste die Firma in Liquidation treten, [1], S. 10 ff.

die elektrische Spannung hoch genug wäre. Obwohl diese Aussage von den anwesenden Fachleuten kritisiert wurde, war Miller von diesem Gedanken angezogen. Zurück aus Paris hielt Miller Vorträge über das Gesehene und betrieb die Einrichtung einer Ausstellung über Elektrizität, die 1882 als „Internationale Elektrizitätsausstellung" in München verwirklicht wurde. Es war die erste Ausstellung dieser Art in Deutschland und sollte Fachleuten wie Laien eine Vorstellung über den Stand und die Möglichkeiten der Elektrizität vermitteln. Miller fand für die Ausstellung das Entgegenkommen der Bayrischen Behörden, aber wenig Interesse bei der Industrie. Insbesondere verhielt sich Siemens&Halske, die damals in Deutschland dominierende Gesellschaft auf dem Gebiet der Elektrotechnik, zurückhaltend. Dies gab Rathenau, den Miller während der Pariser Ausstellung kennen gelernt hatte, die Möglichkeit, sich mit seiner Gelegenheitsgesellschaft im großen Stil zu beteiligen. Er beleuchtete repräsentative Räume im Ausstellungspalast und installierte eine Glühlampenbeleuchtung für die Arcisstraße.

Ein Glanzpunkt der Münchner Ausstellung war die Einrichtung einer elektrischen Kraftübertragung über etwa 50 km zwischen Miesbach und München, für deren Durchführung Miller Marcel Deprez gewinnen konnte. Die Kosten für diesen ersten ernsthaften Versuch einer Kraftübertragung über eine weite Entfernung wurden von Baron Alfons Rothschild übernommen. Im Kohlenbergwerk Miesbach wurde von einer kleinen Dampfmaschine ein Generator mit rund 2 PS Leistung angetrieben, der Gleichstrom mit einer Spannung von 1 500 bis 2 000 V erzeugte. Dieser Strom wurde mittels zweier Telegraphendrähte über 57 km zum Ausstellungsgelände nach München geleitet. Dort war ein Motor aufgestellt, der mittels einer Zentrifugalpumpe einen 2 m hohen Wasserfall antrieb. Die erste Inbetriebsetzung erfolgte 11 Uhr nachts, nachdem die Besucher die Ausstellungshalle bereits verlassen hatten, damit ein Misserfolg kein allzu großes Aufsehen erregen sollte. Miller schreibt:

Als ich das Zeichen gab, als der Motor sich zu drehen anfing, als die Zentrifugalpumpe wirkte und der Wasserfall zu rauschen begann, entstand eine Begeisterung, von der man sich heute keinen Begriff mehr macht. ... (Wir) ließen Champagner kommen und sandten ein Glückwunschtelegramm an die Akademie der Wissenschaften in Paris. [16]

Wegen der damals ungewöhnlich hohen Spannung und der ungenügenden Isolierung der Maschinen gab es viele Störungen. Von den 12 Tagen, an denen die Übertragung laufen sollte, waren 4 Betriebstage und 8 Tage Stillstand. Die von Miller eingesetzte Prüfungskommission stellte einen Nutzeffekt von 22 % fest. Obwohl die Ansichten über die Zukunft der elektrischen Kraftübertragung sehr weit auseinander gingen, erklärte Miller:

In dieser Stunde sei die Anregung gegeben, nunmehr den elektrischen Strom auf ganze Provinzen und Länder zu übertragen.

Der gelungene Versuch der Kraftübertragung über 57 km war wegen des geringen Nutzeffekts von 22 % kein Beweis für die Wirtschaftlichkeit. Mit den damaligen Gleichstrommaschinen war es nicht möglich Spannungen zu erzeugen, die eine Übertragung über weite

1.3 Die Entwicklung in Deutschland

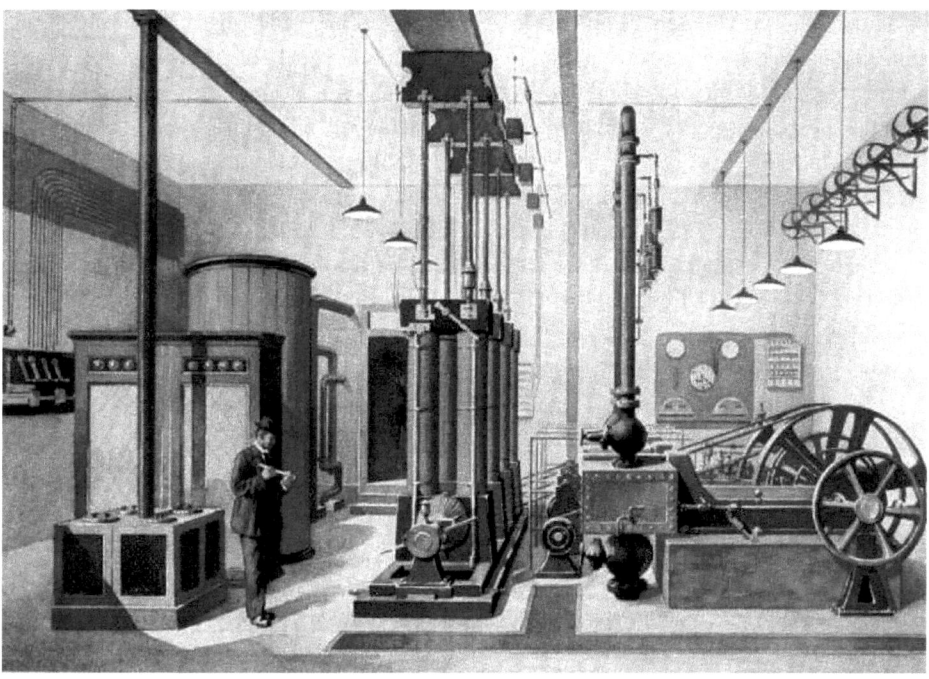

Abb. 1.3 Maschinenraum der Blockstation Friedrichstraße, Berlin 1884. Links im Bild das Oberteil des vom Keller aus gefeuerten Kessels, rechts die Dampf- und Dynamomaschinen (AEG: Forschen und Schaffen [2])

Strecken ermöglicht hätten. Abhilfe schaffte erst die Einführung des Drehstroms und die Erfindung des Transformators.

Erst nach langwierigem Werben um Geldgeber konnte Rathenau 1883 die Deutsche Edison-Gesellschaft für angewandte Elektrizität (DEG) als Aktiengesellschaft gründen. Auf Drängen und durch Vermittlung der geldgebenden Banken kam es zwischen der DEG und Siemens&Halske zu einer Vereinbarung über eine Zusammenarbeit und zu einer Abgrenzung der Interessen. Die DEG verzichtete auf die Fabrikation von Dynamomaschinen, Motoren, Kabeln und Drähten. Im Gegenzug war Siemens&Halske verpflichtet, die DEG zu meist begünstigten Preisen zu beliefern. Die DEG erhielt das Recht zur Fertigung von Lampen, Schaltern, Porzellanisolatoren und Dampfmaschinen. Zusammen mit Rathenau wurde Oskar von Miller zum Direktor der DEG bestellt.

Bereits 1883 lieferte die DEG 27 Beleuchtungsanlagen für Fabriken, Geschäftshäuser und Restaurants. Das erste große Projekt der DEG war das Elektrizitätswerk in der Berliner Markgrafenstraße. Die 1885 in Betrieb genommene Anlage wurde von der DEG im Auftrag der Berliner Städtischen Elektrizitätswerke errichtet, an deren Gründung und Finanzierung die DEG mitgewirkt hatte. Die Anlage Markgrafenstraße bestand aus sechs Maschinen mit jeweils 180 PS Leistung, von denen jede mittels Treibriemen zwei Gleichstromgeneratoren von 45 kW und einen mit 27 kW antrieb. Die Maschinen wurden von fünf kohlegefeuerten Wasserrohrkesseln mit Sattdampf von 10 at[15] versorgt. Die Kohle wurde mit Pferdefuhrwerken auf den Hof gefahren und mit Körben zu den Kesseln getragen, das Beschicken der Feuerungen erfolgte von Hand, [2], S. 8.

Aufgrund von Vertragsstreitigkeiten über die Gültigkeit der Edisonpatente löste sich 1887 die DEG gegen Zahlung einer Abstandssumme von den Edison Gesellschaften und wurde in Allgemeine Elektrizitätsgesellschaft (AEG) umbenannt. Auch die Lieferverträge zwischen Siemens&Halske und der DEG wurden gelöst und nicht auf die AEG übertragen. Damit war AEG frei, eine eigene Maschinen- und Apparatefertigung aufzubauen. vgl. [2], S. 46–116.

Auch im Anker eines Gleichstromdynamos wird zunächst Wechselstrom erzeugt, der erst durch Einrichtung des so genannten Stromwenders zu pulsierendem Gleichstrom wird. Seit den Versuchen von Marcel Deprez und der Münchner Ausstellung war gut bekannt, dass eine Übertragung elektrischer Energie über weite Entfernungen nur mittels Hochspannungsleitungen wirtschaftlich sinnvoll, aber der Betrieb von Elektrogeräten nur mit Niederspannung praktikabel ist. Was noch fehlte, waren Transformatoren, mit denen die Spannung des Stroms hinter dem Generator erhöht und vom Verbraucher vor der Verwendung nach seinen Bedürfnissen wieder vermindert werden konnte. Die Entwicklung und Ausgestaltung der Transformatoren zur allgemeinen Verwendung verdanken wir drei Ingenieuren der Budapester Firma Ganz & Co, die 1885 ein Transformatorensystem vorstellten, mit dem Wechselströme ohne große Verluste hoch- und abgespannt werden konnten.[16]

Das von Edison entwickelte Konzept für die Verteilung der Elektrizität mit niedriger Gleichspannung und hohen Stromstärken brachte erhebliche Verluste mit sich. Dies hatte George Westinghouse[17] erkannt; um die hohen Leitungsverluste zu vermeiden, wollte er den Strom mit hohen Spannungen verteilen. Dazu importierte er Siemens Generatoren und erwarb Lizenzen für den Bau von Transformatoren, deren Konstruktion er von seinem Mitarbeiter William Stanley[18] verbessern ließ. Im Jahr 1886 errichtete er seine erste Zentralstation in Great Barrington, Massachusetts. Der einphasige Wechselstrom wurde von einem mit Wasserkraft getriebenen Generator mit 500 V erzeugt, mit einem Transformator auf 3000 V hochgespannt und bei den Abnehmern auf 100 V abgespannt. Damit konnte Westinghouse bei der Einrichtung von Beleuchtungssystemen mit Edison konkurrieren. Dabei war Westinghouse im Vorteil, denn für sein Verteilungsnetz kam er mit dünneren Kupferdrähten aus. Kupfer war seinerzeit ein teures Metall, deshalb konnte Westinghouse sein System zur Stromverteilung kostengünstiger anbieten als Edison und war damit sehr erfolgreich. Wie Edison war Westinghouse darauf bedacht, Einfälle in herstellbare

---

[15] at (technische Atmosphäre): früher verwendete Einheit für den Druck, 1 at = 98,07 kPa.
[16] Károly Zipernowsky (1853–1942), Miksa Déri (1845–1938), Ottó Titusz Bláthy (1860–1939).
[17] Georg Westinghouse (1848–1914), US amerikanischer Erfinder und Unternehmer. Gründer der Westinghouse Electric Comp., er war einer der größten Arbeitgeber seiner Zeit.
[18] William Stanley (1858–1916), US amerikanischer Erfinder und Unternehmer, entwickelte 1886 einen praktisch einsatzfähigen Transformator.

1.3 Die Entwicklung in Deutschland

und marktfähige Produkte zu überführen. Von einem Vizepräsidenten seiner Firma wurde er als *thirty day man* charakterisiert. Die Erträge einer neuen Idee oder eines neuen Unternehmens mussten sich nach etwa 30 Tagen zeigen, [14], S. 292.

In den Jahren nach 1880 hat man an mehreren Orten begonnen, die Eigenschaften von ein- und mehrphasigem Wechselstrom zu studieren. Dabei fanden Galileo Ferraris[19] und Nicola Tesla[20] etwa gleichzeitig heraus, wie man mit Wechselstrom ein Drehfeld erzeugen kann. Ferraris wollte damit Messinstrumente bauen, was ihm auch gelang. Tesla, der an der TH Graz und der damals deutschsprachigen Prager Karls-Universität studiert hatte, strebte vergeblich die Entwicklung von Motoren an. Tesla kam 1884 in die USA und meldete dort 1887 diverse Patente auf Mehrphasenmotoren an, die 1888 erteilt wurden. Die Patente wurden von der Firma Westinghouse aufgekauft, die Tesla auch für ein Jahr als Mitarbeiter verpflichtete.

Nachdem mehrere von Tesla bei Westinghouse gebaute Motoren nicht zufriedenstellend funktionierten, wurden 1890 die Versuche eingestellt, siehe [9], S. 417, und [15], S. 204. In einem Vortrag vor dem AIEE[21] berichtete Tesla am 16. Mai 1888 über die Grundidee seiner Erfindung. Möglicherweise war Dolivo-Dobrowolsky[22] durch den in der ETZ[23] erschienenen Bericht von du Bois-Reymond[24] [3] über Teslas Vortrag auf dessen Arbeiten aufmerksam geworden. Dolivo-Dobrowolsky war weniger ein Erfinder, als vielmehr ein erfahrener Ingenieur, dem die Probleme auf dem Gebiet der elektrischen Kraftübertragung vertraut waren, [9], S. 418 f. Noch im Jahr 1888 wurde bei AEG ein Induktionsmotor nach den Vorgaben von Dolivo-Dobrowolsky gefertigt. Der Motor hatte einen „Käfigläufer", wie noch heute üblich [8]. Als erstem war es ihm gelungen, einen brauchbaren Wechselstrommotor zu bauen. Sein Asynchronmotor hatte eine Leistung von 1/8 bis 1/10 PS und einen Wirkungsgrad vom 80 %. Gleichstrommotoren hatten damals nur Wirkungsgrade von ca. 70 % und waren zudem schwerer und komplizierter zu bedienen. Ferraris und Tesla kommt die Priorität für die wissenschaftliche Entdeckung und Beschreibung der Eigenschaften des Mehrphasen-Wechselstroms zu, die aber zu keinen praktischen Ergebnissen führte; Dolivo-Dobrowolskys Verdienst besteht dagegen in der Schaffung des Induktionsmotors für Wechselstrom. Von Rathenau wurden u. a. Siemens

---

[19] Galileo Ferraris (1847–1897), Professor der Technischen Physik an dem Reale Museo Industriale Italiano in Turin.
[20] Nikola Tesla (1856–1943) war Erfinder, Physiker und Elektroingenieur. Die Einheit der magnetischen Feldstärke (Induktion) wurde ihm zu Ehren „Tesla" genannt.
[21] American Institute of Electrical Engineers.
[22] Michael von Dolivo-Dobrowolsky (1862–1919) studierte von 1881 bis 1884 am weltweit ersten Lehrstuhl für Elektrotechnik an der TH Darmstadt, er verbrachte sein gesamtes Berufsleben bei der AEG bzw. deren Vorgängergesellschaften. Neben seinen Erfindungen verdankt die Elektrotechnik Dolivo-Dobrowolsky noch eine Reihe von erhellenden Begriffen, so die Bezeichnungen und Definitionen für Drehstrom, Blindleistung und Wirkleistung. Zur Entwicklung des Wechselstrom-Motors haben viele Erfinder und Ingenieure beigetragen, vgl. [9] und [15].
[23] ETZ steht für Elektro- Technische- Zeitschrift.
[24] Emil du Bois-Reymond (1818–1896), Begründer der Elektrophysiologie, versuchte als Naturphilosoph Lebensvorgänge physikalisch zu erklären.

und Edison, der 1889 in Berlin weilte, zur Besichtigung des Wechselstrommotors eingeladen. Bezeichnend für Edisons völlig einseitige Einstellung für das Gleichstromsystem war seine heftige Ablehnung mit den Worten:

Nein, nein, Wechselstrom ist ein Unding, er hat keine Zukunft, ich will vom Wechselstrom nichts wissen noch sehen., zitiert nach [9], S. 419.

Auch heute ist es noch bewundernswert, mit welchem Weitblick Dolivo-Dobrowolsky begriffen hatte, dass die Zukunft der Elektrizitätswirtschaft in der Verteilung von Kraft lag und die Beurteilung der damals konkurrierenden Gleich- und Wechselstromsysteme ausschließlich vom Standpunkt der Brauchbarkeit für Motoren zu erfolgen sei. Er nannte den Motor einen *Kulturfaktor* und überzeugte davon auch die Leitung der AEG, die ihm die Mittel für die Entwicklung und die Ausführung seines Motors zu Verfügung stellte.

Bei Westinghouse wurden die von Tesla begonnenen Entwicklungsarbeiten am Wechselstrommotor erst 1892 wieder aufgenommen, im Unterschied zum ersten Versuch nun mit Erfolg. In seiner Geschichte des Induktionsmotors [15] schreibt R. G. Lamme[25], der damals Chef-Elektrotechniker bei Westinghouse war: „*der Käfigläufer (also der Induktionsmotor) ist in Europa schon früher erfunden worden*", ohne allerdings einen Namen zu nennen.

Die kurz skizzierte Entwicklung des Induktionsmotors für Wechselstrom zeigt beispielhaft, dass zwischen der Entdeckung eines Prinzips und dessen Nutzbarmachung in einer technischen Vorrichtung zu unterscheiden ist. Nicht jeder Wissenschaftler erkennt die Bedeutung seiner Erkenntnisse und nicht alle daraus abgeleiteten Erfindungen sind lebensfähig.

Die ersten Zentralstationen lieferten ausschließlich Strom für das Betreiben von Glühlampen und wurden deshalb auch Beleuchtungszentralen genannt. Da die Leistung der Glühlampen gering war, machte sich der Nachteil, nur niedrige Spannungen verwenden zu können, zunächst nicht entscheidend bemerkbar. Ein weiterer Grund, diese Stromart zu bevorzugen, war der Akkumulator. In Zeiten geringer Lastanforderung konnte der Akkumulator nicht an die Verbraucher abgegebenen Strom zwischenspeichern. Bei geringer Lastanforderung konnte er dann Strom abgeben, ohne die Maschinen laufen zu lassen. Der Nachteil der durch den Gleichstrom bedingten geringen Spannung trat erst in den Vordergrund, als man daran gehen wollte, den elektrischen Strom über größere Entfernungen zu übertragen. Nach Erfindung des Transformators 1885 konnte man Wechselstrom ohne große Verluste zur Übertragung auf eine hohe Spannung setzen und am Gebrauchsort wieder heruntersetzen. Damit war ein Nachteil des Gleichstroms beseitigt. Andererseits konnte man aber Wechselstrom nicht in Akkumulatoren zwischenspeichern.

Der Streit um die Bewertung der skizzierten Vor- und Nachteile der beiden Stromarten wurde damals mit heute kaum vorstellbarer Leidenschaft geführt. Deutlich wird dies in

---

[25] B. G. Lamme (1868–1924) US amerikanischer Elektroingenieur. Er übernahm 1891 bei Westinghouse Electric die von Tesla aufgegebene Weiterentwicklung des Wechselstrom-Motors und führte sie 1892 erfolgreich zuende.

1.3 Die Entwicklung in Deutschland

einem Brief, den Erasmus Kittler[26] an die Redaktion der *Elektrotechnischen Zeitschrift ETZ* schrieb:

> *Es hat den Anschein, als ob das Amt eines technischen Beraters in elektrotechnischen Angelegenheiten von Jahr zu Jahr ein immer schwierigeres werde.*
>
> *Liegen die Verhältnisse so, dass man mit gutem Gewissen für den Wechselstrom eintreten kann, so wird ´man von den so genannten Gleichstromfirmen als Verräter an der guten Sache gebrandmarkt; begeistert man sich aber einmal für eine Gleichstromzentrale mit Akkumulatoren-Unterstationen, so wird man von der anderen Seite bekämpft. Wie soll es erst werden, wenn der Drehstrom in die Elektrotechnik eingezogen ist?*
>
> *Wenn alles wahr wäre, was mehrere elektrotechnische Firmen sich im Gebiet der Konkurrenz gegenseitig vorwerfen, so wären alle Städte zu bedauern, die sich mit elektrischen Zentralen versehen haben oder versehen werden.*
>
> *Glücklicherweise liegen die Verhältnisse nicht so. Man wird auch fernerhin mit dem Bau elektrischer Zentralen mutig vorangehen, hier zu dem einen, dort zu dem anderen System greifen, und es ist nur zu hoffen, dass unsere Städte sich bei derartigen Einrichtungen an das Urteil unparteiischer Fachmänner halten und nicht einseitigen Einflüsterungen Gehör schenken.* [13]

Die prominentesten Kontrahenten im Streit um die bessere Stromart, der in den USA „*war of currents*" genannt wird, waren Thomas Edison und George Westinghouse. Die Auseinandersetzung war Folge des Wettbewerbs, bei dem Westinghouse erfolgreich war. Bis 1887 hatte Edison 121 Zentralstationen verkauft, Westinghouse nach einem Jahr bereits 67 [14], S. 257.

Mit seinen Erfindungen hatte Edison eine neue, kapitalintensive Industrie gegründet. Die Einrichtung der Zentralstationen und Verteilungsnetze für die Erzeugung und Verteilung des elektrischen Stroms waren, neben der Einrichtung des Eisenbahnnetzes, im 19. Jahrhundert das „*big business*" für die amerikanischen Banken und Investoren. In den 1880er Jahren kam es, ausgelöst durch die Überschuldung von Argentinien und Uruguay, zu einer Bankenkrise. Auch die US amerikanischen Investoren wurden nervös und wollten wissen, ob ihre Kredite an Edison und Westinghouse sicher sind und drängten auf eine Neustrukturierung der groß gewordenen Gesellschaften. In der Folge verloren Edison und Westinghouse den Einfluss auf die von Ihnen gegründeten Firmen. Edison zuerst, seine Edison General Electric wurde mit Thomson-Houston Electric, einem Konkurrenten, zu der noch heute bestehenden General Electric fusioniert. Dazu ist von Westinghouse folgende Aussage überliefert:

> *The struggle for the control of the electric light and power business has never been exceeded in bitterness by any of the historical controversies of a former day. Thousands of persons have large pecuniary interests at stake, and, as might be expected, many of them view this great subject solely from the standpoint of self-interest.* Zitiert nach [14], S. 256.

---

[26] Erasmus Kittler (1852–1929) wurde 1882 auf den weltweit ersten Lehrstuhl für Elektrotechnik an die Technische Hochschule Darmstadt berufen. Er war der Begründer der selbständigen elektrotechnischen Wissenschaft in Deutschland. Sein bekanntester Schüler war Michael von Dolivo-Dobrowolsky.

1.3.2 Die Internationale Elektrizitätsausstellung Frankfurt 1891

Einen wichtigen Beitrag zur Entwicklung der Starkstromtechnik brachte die Frankfurter Elektrizitätsausstellung. Auslöser dafür war der in der damaligen Fachwelt ausgetragene Kampf um die Fragen: Druckluft[27] oder Elektrizität?, Gleichstrom oder Wechselstrom? Dieser Streit hatte zur Folge, dass sich die Verantwortlichen in den Kommunen nicht mehr in der Lage sahen, sich für das ein oder andere System zu entscheiden. Bei der im Jahr 1888 zur Diskussion stehenden Stromversorgung der Stadt Frankfurt am Main wurde die Auseinandersetzung um das beste System besonders heftig geführt. Zunächst wurde zur Klärung eine Kommission wissenschaftlicher Experten eingesetzt. Wegen Meinungsunterschieden über die Anwendbarkeit bzw. Haltbarkeit von Akkumulatoren konnte sich die Kommission in ihrem Gutachten [11] nicht auf eine für die Stadt empfehlenswerte Lösung einigen und schon gar nicht auf eine Entscheidung in der Frage Gleich- oder Wechselstrom.

Weil das Gutachten heftig angegriffen wurde, regte der Inhaber der *Frankfurter Zeitung*, Leopold Sonnemann, an, eine elektrotechnische Ausstellung zu veranstalten, um den Stadtverwaltungen die verschiedenen Ausführungsformen vorzuführen und ihnen so die Entscheidung leichter zu machen. Die Anregung wurde vom Magistrat der Stadt aufgegriffen und eine Ausstellung für das Jahr 1891 geplant, zehn Jahre nach der großen Ausstellung in Paris.

Zum Organisator der Ausstellung wurde 1890 Oskar von Miller berufen. Dieser hatte sich 1887 von der AEG getrennt und ein Ingenieurbüro gegründet; sein Arbeitsgebiet bestand ausschließlich in der Projektierung und Bauleitung von Kraftwerken. In dieser Eigenschaft hatte er für das Württembergische Portland-Cementwerk Lauffen am Neckar ein Elektrizitätswerk errichtet, welches 1890 in Betrieb ging. Weil die dort vorhandene Wasserkraft den Bedarf des Zementwerks überstieg, der von einer Wasserturbine angetriebene Dynamo hatte eine Leistung von 300 PS, wurde der überschüssige Strom in die etwa 10 km entfernt liegende Stadt Heilbronn geleitet. In Kenntnis der in Lauffen bestehenden Möglichkeiten schlug Miller für die Frankfurter Ausstellung vor, eine Wechselstrom-Fernübertragung von Lauffen am Neckar in das 174 km entfernte Frankfurt am Main einzurichten. Miller machte sich auf die Suche nach Partnern, die es wagen würden, die erste Wechselstrom-Kraftübertragung über eine lange Distanz zu wagen und fand diese schließlich mit der Züricher Maschinenfabrik Oerlikon (MFO) und der AEG. Miller wollte zunächst eine einphasige Wechselstrom-Übertragung ausführen, wurde aber von Rathenau auf die erfolgreiche Entwicklung des Drehstrommotors von Dolivo-Dobrowolsky aufmerksam gemacht und entschied sich daraufhin für eine Drehstrom-Übertragung. Für Rathenau und Miller war die sensationelle Fernübertragung gewissermaßen nur die Hül-

---

[27] Im 19. Jahrhundert wurden an mehreren Orten Druckluftnetze zur Energieverteilung eingerichtet. So z. B. in Offenbach am Main. Dort wurden 1890 mittels Druckluftmotoren Dynamos zur Speisung von Lampen angetrieben.

1.3 Die Entwicklung in Deutschland

le für das weniger augenfällige, aber für die damalige Entwicklungsstufe der Elektrizität weit wichtigere Drehstromsystem. Die Bedeutung, die Rathenau dem Projekt zumaß, ergibt sich aus einem Brief der AEG vom 4. Juli 1890 an die Ausstellungsleitung, darin heißt es u. a.:

Infolge einer von Ihrem stellvertretenden Vorsitzenden, Herrn Ingenieur Oskar von Miller, an uns herangetragene Anregung sind wir geneigt, im Verein mit der MFO eine Wasserkraft von 300 PS von der Stadt Lauffen am Neckar nach Frankfurt auf ca. 175 km Entfernung zu übertragen, die in Ihrer Ausstellung für den Betrieb von Werkstätten, für Beleuchtung usw. Verwendung finden kann, in der Voraussetzung, dass die erforderliche oberirdische Kupferdrahtleitung von 5 mm Durchmesser unentgeltlich zur Verfügung gestellt wird. Wir bringen durch die Aufstellung der nötigen Turbine, der Dynamomaschinen und der Transformatoren sowie durch Übernahme der Führung des Betriebes ein großes pekuniäres Opfer, zu dem wir uns nur entschließen konnten in Rücksicht auf die eminente Bedeutung, welche die Durchführung einer derartigen Anlage für die Entwicklung der elektrischen Kraftverteilung haben wird, denn nur durch ein Beispiel von derartig großen Dimensionen kann den Behörden und Interessenten gegenüber der unumstößliche Beweis geliefert werden, dass die Kraftversorgung einer größeren Landstrecke oder einer ganzen Provinz von einer Zentralstation aus erfolgen kann. Dass die Ausführung dieses Vorhabens für die Entwicklung der gesamten Industrie von ausschlaggebender Bedeutung sein würde, bedarf keiner besonderen Auseinandersetzung. [18], S. 59.

Für die Fernübertragung wählte Miller im Einvernehmen mit AEG und MFO eine Spannung von 25 000 Volt, damit ein möglichst hoher Nutzungsgrad erreicht werden konnte. Die für den Versuch in Lauffen erforderlichen Anpassungen der Dynamomaschine wurden von der Maschinenfabrik Oerlikon, Zürich[28] vorgenommen, der Elektromotor auf dem Ausstellungsgelände in Frankfurt wurde von AEG gestellt. Weiter wurden die Transformatoren, mit denen die Spannung von den 50 V des Dynamos auf 25 000 V erhöht und in Frankfurt wieder auf Gebrauchsniveau von 65 V reduziert wurde, von AEG gebaut und geliefert. Die Verlegung der Leitungen übernahm die Reichspostverwaltung. Einem privaten Unternehmen wäre es wohl kaum möglich gewesen, die erforderlichen Genehmigungen der damaligen Regierungen von Württemberg, Baden, Hessen und Preußen rechtzeitig einzuholen, durch deren Gebiet die Leitung führte.

Es fehlte nicht an skeptischen Stimmen, selbst in der damals führenden *Elektrotechnischen Zeitschrift ETZ* wurde vor den Gefahren hochgespannter Ströme gewarnt [10]. Selbst die Ausstellungsleitung war sich in der Bewertung des Projekts nicht einig. Ihr Vorsitzender, ein Baurat Lindley, gab noch kurz vor der Inbetriebnahme der Kraftübertragung eine Erklärung ab, nach der die Ausstellungsleitung nicht für die Kraftübertragung verantwortlich sein wolle und dass die Bereitwilligkeit der wissenschaftlichen Kommission, das Projekt zu begleiten und zu bewerten, nicht dahingehend gedeutet werden dürfe, als ob

---

[28] Leitender Ingenieur auf Seiten der Firma Oerlikon war Charles Eugen Lancelot Brown (1863–1924). Brown war zusammen mit Walter Boveri (1865–1924) Gründer der Gesellschaft Brown, Boveri & Cie (BBC).

diese das Gelingen des Versuchs als ihre Überzeugung aussprechen wolle [18], S. 62. Um die Bevölkerung zu informieren, musste auf die stützenden Masten der Übertragungsleitung ein Totenkopf aufgemalt werden. Zum Nachweis der übertragenen Energie wurden auf der Ausstellung 1000 Glühlampen und der schon vorstehend genannte Elektromotor aufgestellt, der eine Zentrifugalpumpe für einen Wasserfall mit 10 m Fallhöhe antrieb.

Am 25. August 1892 wurde die Kraftübertragung und der Drehstrommotor in Betrieb genommen. Bereits die ersten Ergebnisse fielen zur vollsten Zufriedenheit aus, auch Dolivo-Dobrowolsky´s neuartiger Drehstrommotor arbeitete einwandfrei und übertraf an Einfachheit den Gleichstrommotor. In einer Rede, die Rathenau bei der Besichtigung der Frankfurter Anlage vor Festgästen gehalten hat, führte er u. a. aus:

> ... *Als der Mensch überhaupt darauf kam, die elementaren Naturkräfte sich dienstbar zu machen, waren es nur Wind und Wasser, die er sich gefügig zu machen vermochte, und Jahrhunderte, Jahrtausende vergingen, ohne dass ein Fortschritt verzeichnet werden konnte. Erst unserem Jahrhundert, dem des Dampfes, blieb es vorbehalten, die Kräfte der Erde dem Menschen zu erschließen und die in der Kohle angehäufte Sonnenwärme in ihrem Urzustand wieder zurückzubringen, sie zu zwingen, sich wieder als Kraft und so als Arbeit dem Menschen zu betätigen. Der Dampf wiederum war es, der es ermöglichte, die Kraft zu verteilen, indem man lernte, seine Wirkung direkt auf Entfernungen, die man für große hielt, zu übertragen. ...*
>
> *Bei weitem überflügelt hat aber der, wie man ihn bisher nannte, elektrische Funke den Dampf. Wir haben es heute gezeigt, dass auf eine Entfernung von über 170 km mit mathematischer Gewissheit Elektrizität die ihr von einem Wasserfall zugeführte Kraft überträgt, und was heute auf 170 km und 16 000 Volt Spannung gelingt, wird gewiss in wenig Jahren mit 100 000 Volt auf weit riesigere Entfernungen ein Leichtes sein ...* [21], S. 163–167.

Der durch die Drehstrom-Fernübertragung vermittelte Eindruck war gewaltig und überzeugend. Mit der für jeden sichtbar demonstrierten Möglichkeit, mit Drehstrom elektrische Leistungen mit geringen Verlusten über weite Entfernungen weiterzuleiten und mit einem Drehstrom-Motor nutzbar zu machen, war der Streit um die Stromart entschieden. Fachleute aus vielen Ländern, besonders aus den Vereinigten Staaten, strömten nach Frankfurt, um das fast Unglaubliche mit eigenen Augen zu sehen.

Die nach der Ausstellung ausgewerteten Versuche ergaben, dass eine Leistung von 235 PS bei einer Spannung von 25 000 V mit einem Wirkungsgrad von 75 % übertragen wurde [16]. Auf der Festversammlung, die den Schluss der Ausstellung bildete, zog Helmholtz[29] folgendes Fazit:

> *Das Experiment scheint gelungen. Einsame Wasserkräfte sind nutzbar geworden, der Anfang ist gemacht.*, zitiert nach [2], S. 111.

Der Zeitpunkt für das Experiment der Drehstrom-Fernübertragung war für *von Miller* gut gewählt, denn im Anschluss an die Ausstellung wurden auf einem Städtetag Fragen der

---

[29] Hermann Ludwig Ferdinand von Helmholtz (1821–1894) war Professor für Physiologie in Königsberg, lehrte Anatomie in Heidelberg und ab 1871 Physik in Berlin; er war Gründer der Physikalisch-Technischen Reichsanstalt im Jahr 1888.

Abb. 1.4 Ausstellungsplakat der Frankfurter Elektrizitätsausstellung mit einer Allegorie für das elektrische Zeitalter

Energie- und Elektrizitätsversorgung erörtert. In seinem Vortrag auf dem Städtetag kam *Miller* zu dem Schluss:

Diese Kraftübertragung liefert den Beweis, dass es mit dem Wechselstromsystem nicht nur möglich ist, ganze Städte von einer Centrale aus mit elektrischem Strom zu versorgen, sondern über ganze Provinzen und Länder die Elektrizität zu verteilen und dadurch nicht nur großen Städten, sondern auch kleinen Orten die Vorteile einer Centralanlage zukommen zu lassen. [17]

Zudem war *von Miller* damit seinem Anliegen, nämlich der Nutzung der bayrischen Wasserkräfte für die Stromerzeugung, einen großen Schritt nähergekommen [20].

Trotz des erfolgreich verlaufenen Experiments der Drehstrom-Fernübertragung aus Anlass der Ausstellung war dies noch nicht der Beginn des Siegeszugs des Drehstroms in Deutschland. Selbst die Stadt Frankfurt entschied sich 1893, ihre erste Zentralstation mit dem einphasigen Wechselstrom-Transformator-System der neu gegründeten Firma BBC auszurüsten. Auch mit diesem System konnte die Zentralstation außerhalb der Geschäfts- und Wohnviertel in der Nachbarschaft des Mainhafens errichtet werden, was den Kohletransport erleichterte und die Innenstadt vor Lärm und Staubbelästigung schützte. Da der Strom damals in Frankfurt praktisch ausschließlich für Beleuchtungszwecke verwendet wurde, war dies auch technisch vertretbar.

Die Frankfurter Ausstellung, dabei besonders die Fernübertragung, fand international große Beachtung. Dies hat mit dazu beigetragen, dass die damals neu gegründeten Firmen AEG und BBC sowie die schon länger bestehenden Gesellschaften Siemens&Halske und Schuckert eine ganze Reihe von international ausgeschriebenen Aufträgen für den Bau von Zentralstationen gewinnen konnten. So lieferte allein die AEG in den Jahren bis zur Jahrhundertwende Zentralanlagen u. a. nach Zabrze in Polen, Chazow in Russland, Barcelona, Genua, Baku, Buenos Aires und Santiago de Chile.

1.4 Resümee

Die zuerst von Thomas Alva Edison entwickelte und zielstrebig in die Tat umgesetzte Idee, elektrischen Strom in einer Zentralstation zu erzeugen und mittels eines Verteilernetzes an eine große Zahl von Nutzern an unterschiedlichen Orten weiterzugeben, wurde von Edison im Rahmen der Pariser Internationalen Elektrizitätsausstellung der europäischen Öffentlichkeit bekannt gemacht. Die Idee wurde besonders im 1871 vereinigten Deutschland mit Fleiß aufgenommen und weiterentwickelt. Dies führte in Deutschland zum Aufbau einer schnell wachsenden elektrotechnischen Industrie mit neuen Gesellschaften, die sich mit der Art und Qualität ihrer Produkte einen hervorragenden Platz auf dem Weltmarkt erwarben. Ende des 19. Jahrhunderts lag das Zentrum der technischen Entwicklung der Elektrizität und Kraftwerkstechnik zur Erzeugung des elektrischen Stromes in Deutschland, genauer: Berlin war die „electrical metropolis" [12]. Eingeleitet und angeführt wurde dieser rasche Aufbau der Elektrizitätswirtschaft durch Emil Rathenau, dem Gründer der Deutschen Edison Gesellschaft (DEG), der Vorgängergesellschaft der AEG, Oskar von Miller, Werner von Siemens und zahlreichen anderen Gründern elektrotechnischer Unternehmungen.

Die Einführung der Glühlampenbeleuchtung sowie die guten Betriebseigenschaften und vielfältigen Anwendungsmöglichkeiten der Gleichstrommotoren steigerten den Strombedarf in den größeren Städten so schnell, dass er kaum gedeckt werden konnte, was zur Einrichtung von zahlreichen Zentralstationen führte. Bis zum Jahr 1900 wurden allein auf dem Gebiet des damaligen Deutschlands 651 Anlagen mit einer Gesamtleistung von ca. 100 MW in Betrieb genommen: Die Elektrizität als Energieform war zu Beginn des 20. Jahrhunderts in Deutschland angekommen.

Nach Einführung des Wechselstroms konnte elektrische Energie mittels Verteilernetzen über weite Stecken großflächig über weite Landstriche verteilt werden und wurde ein wichtiger Produktionsfaktor. Die kompakten Wechselstrommotoren ersetzten als Antriebe für Werkzeugmaschinen und Apparate in den Fabriken die bis dahin üblichen Dampfmaschinen und Gasmotoren. Die aus den Verteilernetzen jederzeit abrufbare elektrische Energie ergänzte und ersetzte zunehmend die manuelle Arbeit bei Produktionsprozessen und ermöglichte eine enorme Steigerung der Produktivität in Industrie und zeitverzögert in der Landwirtschaft.

Literatur

1. AEG: Die ersten 50 Jahre. Eigenverlag der AEG, Frankfurt (1956)
2. AEG: Forschen und Schaffen. Beiträge der AEG zur Entwicklung der Elektrotechnik, drei Bände. AEG, Berlin (1965)
3. du Bois-Reymond, A.: Ein neues System von Wechselstrommotoren und Transformatoren von Nikola Tesla. ETZ **9**, 343–345 (1888)
4. Brandt, N.: Chicago Death Trap: The Iroquois Theatre Fire of 1903, S. 11–13. Southern Illinois University Press, Chicago (2003)
5. Carlson, J. W.: Innovation as a Social Process. Elihu Thomson and the Rise of General Electric 1870–1890. Cambridge University Press, Cambridge (1991)
6. Cerny, P.: Der Ringtheater-Brand – ein Versäumnis? Dissertation, Universität Wien (1986)
7. Dettmar, G.: Die Entwicklung der Starkstromtechnik in Deutschland. ETZ-Verlag, Berlin (1939)
8. von Dolivo-Dobrowolsky, M.: Kraftübertragung mittels Wechselströmen von verschiedener Frequenz (Drehstrom). ETZ **12**, 149–153 (1891)
9. Hillebrand, F.: Zur Geschichte des Drehstroms. ETZ **80**, 409–421, 453–460 (1959)
10. Grawinkel, C.: Einige Bemerkungen zu Versuchen der Maschinenfabrik Oerlikon. ETZ **12**, 111–112 (1891)
11. Gutachten: Die elektrische Beleuchtung der Stadt Frankfurt am Main. ETZ **11**, 109–113, 129–132 (1890)
12. Hughes, T. P.: Networks of Power, S. 232. Johns Hopkins Unversity Press, Baltimore (1993)
13. Kittler, E.: Leserbrief an die Redaktion der ETZ. ETZ **10**, 109 (1891)
14. Klein, M.: The Power Makers, S. 132–135, 136–176. Bloombury Press, New York (2008)
15. Lamme, R. G.: The story of the induction motor. AIEE Journal **40**, 203–223 (1921)
16. von Miller, O.: Die geschichtliche Entwicklung der elektrischen Kraftübertragung auf weite Strecken. ETZ **52**, 1241–1245 (1931)
17. von Miller, O.: Über die verschiedenen Systeme der Stromverteilung zur Beleuchtung und Kraftübertragung in Städten. ETZ **12**, 613–618 (1891)
18. von Miller, O.: Eigene Aufzeichnungen, Reden und Briefe. Verlag F. Benckmann, München (1932)
19. von Miller, O.: Erinnerungen an die internationale Elektrizitätsausstellung im Glaspalast zu München im Jahre 1882. Deutsches Museum, Abhandlungen und Berichte **4**(6), 153–178 (1932)
20. von Miller, O.: Die Wasserkräfte der Nordhänge der Alpen. VDI Zeitschrift **47**, 1002–1008 (1903)
21. Pinner, F.: Emil Rathenau und das elektrische Zeitalter. Akademische Verlagsgesellschaft, Leipzig (1918)
22. Siemens, W.: Über die Umwandlung von Arbeitskraft in elektrischen Strom ohne Anwendung permanenter Magnete. Annalen der Physik **206**, 332–336 (1867)
23. Technische Beschreibung der Anlage Pearl Street. ETZ **5**, 497–499 (1884)
24. Wilke, A.: Die Elektrizität. Verlag von Otto Spamer, Leipzig (1898)

Technisch-wissenschaftliche Grundlagen 2

2.1 Technisch-wissenschaftliche Grundlagen

Bei der Erzeugung von elektrischem Strom mittels Wärmekraftmaschinen, wie sie von Edison in seinen ersten Zentralstationen durchgeführt wurde, tritt Energie in verschiedenen Formen auf. Zunächst wird chemisch gebundene Energie in Form eines Brennstoff-/Luft-Gemisches der Feuerung zugeführt. In der Feuerung findet eine chemische Reaktion statt: Der Brennstoff und der Sauerstoff der Luft reagieren und es entstehen heiße Rauchgase. Mit der Wärme der Rauchgase wird im Kessel Wasserdampf erzeugt. Die Energie des Dampfes wird sodann in der Maschine in mechanische Energie umgesetzt und schließlich im Generator in elektrische Energie umgewandelt.

Bei der Einrichtung seiner Zentralstationen konnte Edison für die Umwandlung von Wärme in mechanische Energie in Form einer drehenden Welle auf die Erfindung von James Watt[1] zugreifen. Watt hatte die von seinem Landsmann Thomas Newcomen[2] entwickelte Dampfmaschine wesentlich verbessert. Bei Newcomens Maschine wurde zunächst ein in einem Zylinder beweglicher Kolben durch Einbringen von Dampf angehoben. Danach wurde der Dampf innerhalb des Zylinders durch Einspritzen von kaltem Wasser kondensiert. Durch die Kondensation entstand im Zylinder ein Unterdruck, so dass der Kolben durch den äußeren Luftdruck wieder in seine Ausgangsposition zurückgeschoben wurde. Danach wurde die Maschine wiederum mit heißem Dampf beschickt. Allerdings ging dabei die für die neuerliche Aufheizung von Zylinder und Kolben erforderliche Wärme für die eigentliche Arbeitsleistung der Maschine verloren.

Um diesen Verlust zu vermeiden, führte Watt 1769 zur Niederschlagung des Dampfes einen separaten Kondensator ein, so dass bei seiner Maschine Zylinder und Kolben ständig die Dampftemperatur behielten und so Wärmeverluste vermieden wurden. Weiter setzte

---

[1] James Watt (1736–1819), schottischer Ingenieur und Erfinder.
[2] Thomas Newcomen (1663–1729) erfand 1712 die nach ihm benannte Dampfmaschine. Es war die erste Maschine, die zu einem kommerziellen Einsatz kam.

Abb. 2.1 Doppelwirkende Balancier-Dampfmaschine mit Kurbeltrieb und Drehzahlregler von James Watt, um 1800

Watt mittels eines Kurbeltriebs die hin- und hergehende Bewegung des Kolbens in die Drehbewegung eines Rades um. Damit ließ er es aber nicht bewenden. Er verschloss die Zylinder beidseitig mittels sich periodisch öffnender Ventile und ließ den Dampf abwechselnd auf der einen und der anderen Kolbenseite ein- bzw. ausströmen. Damit vergrößerte er die Leistung auf einen Schlag um das Doppelte. Watts Maschinen waren in Summe etwa 20 mal leistungsfähiger als die von Newcomen und ihr spezifischer Kohleverbrauch verminderte sich auf ein Viertel. Watt hat mit seinen Erfindungen die Dampfmaschine zu einem universell einsetzbaren Motor gemacht. Bereits 1800 waren in England mehr als 500 Dampfmaschinen in Betrieb.

Für uns, die wir das Wirtschaftswachstum seit Ende des Zweiten Weltkrieges vor Augen haben, ist es naheliegend zu glauben, dass Erfindergeist die Grundlage allen Fortschritts ist und deshalb die Erfindung der Dampfmaschine der Auslöser für die im 18. Jahrhundert von England ausgegangene industrielle Revolution war. Folgt man dagegen dem amerikanischen Historiker Brooks Adams[3], so wurden die Voraussetzungen für die Industrialisierung zunächst durch machtmäßige Aneignung geschaffen. In der Schlacht bei Plassey 1767 gewann Britannien die Vorherrschaft über das durch die Produktion und Verarbeitung von Baumwolle zu großem Wohlstand gelangte Bengalen im Osten Indiens und erlangte in der Folge die Herrschaft über ganz Indien. Nach Brooks wurde durch die Plünderung Indiens das Kapital gewonnen, durch dessen Einsatz Erfindungen wie die der Dampfmaschine technisch so ausreifen konnten, dass eine ertragreiche industrielle Produktion möglich wurde. Andernfalls wären viele Erfindungen ungenutzt geblieben, da die Mittel fehlten, um sie in Bewegung zu setzen [1], vgl. auch [18].

---

[3] Brooks Adams (1848–1927), gesellschaftskritischer Historiker. Er war Urenkel von John Adams und Enkel von John Quincy Adams, die beide Präsident der Vereinigten Staaten waren.

2.2 Thermodynamik

Watts Dampfmaschine war zwar besser als alle vorhergehenden, aber immer noch wenig effektiv. Noch um 1880 war ein Nutzungsgrad von ca. 7 % für die Umsetzung des Brennstoffes in mechanische Energie alles, was man erwarten konnte. Das bedeutete, dass 93 % der eingesetzten Brennstoffenergie verloren gingen. Dies veranlasste namhafte Naturwissenschaftler und Ingenieure dazu darüber nachzudenken, wie die Effektivität der Dampfmaschinen verbessert werden könnte. Einer der Ersten war Carnot[4]. Im Jahr 1824 veröffentlichte er sein Buch, dessen Untertitel lautet:

Betrachtungen über die bewegende Kraft des Feuers [4]

Er eröffnete seine Arbeit mit den Worten:

Das Studium dieser Maschinen ist von höchstem Interesse, denn ihre Wichtigkeit ist ungeheuer, und ihre Anwendung steigert sich von Tag zu Tag. Sie scheinen bestimmt zu sein, eine große Umwälzung in der Kulturwelt zu bewirken.

Carnot konnte zeigen, dass der von der zugeführten Wärme in mechanische Arbeit umgewandelte Anteil nur von der Temperaturdifferenz zwischen der zugeführten (T_1) und abgeführten (T_2) Wärme abhängt, d. h. der Wirkungsgrad ist gegeben durch:

$$\eta = \frac{T_1 - T_2}{T_1} \qquad (2.1)$$

In der Formel sind T_1 und T_2 absolute Temperaturen; dies wurde allerdings erst etwa 15 Jahre nach Carnots Tod von Kelvin[5] herausgearbeitet [11]. Carnot war der erste, der den Zusammenhang zwischen Wärme und Arbeit erkannte. Bei der Herleitung der nach ihm benannten Formel ging Carnot allerdings von einer falschen Vorstellung aus. Er glaubte der von Lavoisier[6] entwickelten Theorie von einem Wärmestoff, einer Art gewichtslosen Flüssigkeit. So wie sich die Wassermenge bei der Strömung durch ein Wasserrad nicht ändert, glaubte Carnot auch, dass der Wärmestoff beim Durchströmen der Dampfmaschine erhalten bleibt. Nach Carnots Vorstellung konnte die Maschine Arbeit leisten, weil der Wärmestoff von der heißen Quelle zum kühlen Kondensator fließt.

Die Äquivalenz von Wärme und mechanischer Arbeit war damals noch nicht erkannt, sie wurde erst von den Forschern der nächsten Generation formuliert. 1842 haben Mayer[7]

---
[4] Nicolas Léonard Sadi Carnot (1796–1832), französischer Physiker.
[5] Lord Kelvin of Largs, vorher Sir William Thomson (1824–1907), schottischer Physiker.
[6] Antonie-Laurent Lavoisier (1743–1794), französischer Chemiker.
[7] Julius Mayer (1814–1878) präsentierte eine Abschätzung des mechanischen Wärmeäquivalents und formulierte noch vor Joule und Helmholtz den Satz von der Erhaltung der Energie. In Anerkennung seiner Leistung wurde ihm vom württembergischen König der Adelstitel „von" verliehen, vgl. [12], [14].

und Joule[8] experimentell bewiesen, dass Wärme nicht erhalten bleibt, sondern z. B. in mechanische Arbeit umgewandelt werden kann.

Nachdem die Stofftheorie der Wärme widerlegt war, trat an ihre Stelle zunächst die *mechanische Wärmetheorie*. Diese Theorie gründete auf der Annahme, dass die ganze Physik auf die Mechanik zurückzuführen sei. Einen wesentlichen Beitrag dazu und gleichzeitig eine Anregung zu ihrer Überwindung gab 1847 Helmholtz mit seiner Arbeit: *„Über die Erhaltung der Kraft"* [7]. Darin stellt er den Ansatz dar, mit dem sich die Phänomene Wärme, Licht, Elektrizität und Magnetismus durch Wirkung einer *lebendigen Kraft* erklären lassen, die später als Energie bezeichnet wurde. Im Rückblick wird deutlich, dass die Entwicklung auf den Energieerhaltungssatz zusteuerte.

Bemerkenswert ist, dass zwischen 1842 und 1854 die Hypothese von der Energieerhaltung von zwölf in weiter Entfernung voneinander arbeitenden Wissenschaftlern öffentlich geäußert wurde und dass sechs von diesen Pionieren aus dem Gebiet des 1871 gegründeten Deutschen Reiches stammten, neben zweien aus deutsch beeinflussten Regionen. Der amerikanische Wissenschaftshistoriker Thomas Kuhn [10] verweist zur Erklärung dieser Häufung auf den Philosophen Schelling[9], der bereits 1799 in seinen Vorlesungen an der Universität Jena

> *ein einigendes Prinzip aller Naturvorgänge hervorhob und behauptete, dass die magnetischen, elektrischen, chemischen und endlich auch die organischen Erscheinungen in einem großen Zusammenhang verflochten (sind), ... der sich über die ganze Natur (erstreckt).*

Noch vor der Erfindung der Akkumulatoren behauptete Schelling, dass

> *ohne Zweifel ... im Licht, in der Elektrizität usw. nur eine Kraft als in ihren verschiedenen Erscheinungen hervortritt.* [15]

Der Widerspruch zwischen Carnot und den experimentellen Ergebnissen von Mayer und Joule wurde von Clausius[10] aufgelöst. In einer präzisen Analyse befreite er Carnots Argumentation von der Annahme eines Wärmestoffs und zeigte Wege auf, um Wärme mit dem Verhalten von Materieteilchen zu erklären [5]. Er leitete damit die Entwicklung der modernen Thermodynamik ein, er gilt zusammen mit Carnot, Mayer, Joule und Kelvin als deren Begründer. Unter dem merkwürdigen Namen Thermodynamik verbirgt sich einer der fruchtbarsten Zweige der Physik. Sie ist nach Einstein *„die einzige physikalische*

---

[8] James Prescott Joule (1818–1889), englischer Physiker, er bestimmte das Wärmeäquivalent experimentell fundiert, so dass die wissenschaftliche Welt es anerkennen musste. Er hat 1840 die Formel für die Wärmeentwicklung durch elektrischen Strom gefunden, heute „Joulesche Wärme" genannt. Joule zu Ehren wird die Einheit der Energie „Joule (J)" genannt.

[9] Friedrich Wilhelm Joseph Schelling (1775–1854), als Philosoph Hauptvertreter des Deutschen Idealismus.

[10] Rudolf Julius Emanuel Clausius (1822–1888), als Rudolf J. E. Gottlieb geboren, nahm er im Trend seiner Zeit den klassischen Namen Clausius an. Er war einer der ersten theoretischen Physiker. Er stellte mathematische Theorien auf, die die Beobachtungen und Experimente anderer Wissenschaftler erklären konnten.

2.2 Thermodynamik

Theorie allgemeinen Inhalts, von der er überzeugt ist, dass sie im Rahmen der Anwendbarkeit ihrer Grundbegriffe niemals umgestoßen werden wird" [16]. Die Aussagen der Thermodynamik lassen sich in vier Erfahrungssätzen zusammenfassen, die das Verhalten thermodynamischer Systeme beschreiben und Hauptsätze heißen.

Der **nullte Hauptsatz**, der erst nach den drei übrigen formuliert wurde, aber von grundlegender Bedeutung ist, begründet das Konzept der Temperatur. Er besagt, dass jeder Körper eine Eigenschaft besitzt, die wir Temperatur nennen, und dass zwei Körper, die sich berühren, einem Gleichgewicht zustreben, in dem ihre Temperaturen sich ausgleichen. Damit wird die Temperatur als eine Größe definiert, die das thermische Gleichgewicht zwischen zwei Körpern feststellt, mag es sich dabei um ein bestimmtes Volumen Wasser oder einen Metallblock handeln. Denn so verschieden die sich im thermischen Gleichgewicht befindlichen Körper auch sein mögen, ihre Temperatur ist dieselbe.

Der **erste Hauptsatz** sagt:

Energie kann weder erzeugt noch vernichtet werden, die Größe Energie erfüllt einen Erhaltungssatz.

Wenn z. B. ein Gummiball der Masse m mit der Geschwindigkeit v zu Boden geworfen wird, kommt er nach einiger Zeit zur Ruhe. Dabei wird seine kinetische Energie $\frac{1}{2}mv^2$ infolge der inneren Reibung des Ballmaterials in „innere Energie" umgewandelt, die um $\Delta Q = \frac{1}{2}mv^2$ zunimmt. Die innere Energie des Balls ist über die chaotische Wärmebewegung seiner Moleküle mit seiner Temperatur ϑ verknüpft: $Q = cm\vartheta$; so dass sich schließlich eine Erhöhung der Balltemperatur um

$$\Delta \vartheta = \frac{\Delta Q}{cm} = \frac{\frac{1}{2}mv^2}{cm}$$

ergibt. c steht für die spezifische Wärme des Materials, aus dem der Ball besteht.

Die ursprünglich kinetische Energie des Balls wurde in fühlbare Wärme umgewandelt, womit der Energieerhaltungssatz erfüllt ist.

Der **zweite Hauptsatz** gibt trotz seines Alters immer noch Anlass zu Diskussionen. Er basiert auf der Erfahrung, dass es zwar für die Umwandlung von Arbeit in Wärme keine Grenzen gibt, wohl aber für den umgekehrten Vorgang. Aufgrund der Asymmetrie zwischen Wärme und Arbeit privilegiert der zweite Hauptsatz unter den Vorgängen, die nach dem ersten Hauptsatz möglich wären, jene, die in eine bestimmte Richtung verlaufen und trägt somit der Erfahrung Rechnung, dass zahlreiche physikalische Vorgänge offenbar nicht umkehrbar sind. Es wäre z. B. ein bisher noch nie beobachtetes Wunder, wenn der auf dem Boden liegende Ball in unserem vorstehenden Beispiel sich spontan abkühlen und wieder mit der Geschwindigkeit v in die Höhe springen würde.

Eine quantitative Formulierung des Satzes ist durch Einführung des thermodynamischen Begriffs der Entropie S möglich:

Natürliche Vorgänge innerhalb eines geschlossenen Systems sind stets mit einer Zunahme der Entropie verbunden.

Die Entropieänderung eines Systems ΔS infolge einer infinitesimalen Wärmezufuhr ϑQ_{rev}, die reversibel[11] bei einer Temperatur T vor sich geht, ist definiert als:

$$\Delta S = \frac{\vartheta Q_{rev}}{T} \tag{2.2}$$

Im Unterschied zur Energie gilt für die Entropie kein Erhaltungssatz; ihr Wert kann sich bei Abnahme nur durch Austausch mit einem anderen System verringern, bei Zunahme aber auch durch Erzeugung erhöhen. Die Entropie erfüllt damit sozusagen nur einen halben Erhaltungssatz in Richtung der Abnahme: Nimmt in einem System beim Übergang von einem Zustand in einen anderen die Entropie um ΔS ab, muss gleichzeitig in einem anderen System, z. B. seiner Umgebung, die Entropie um ΔS zunehmen. Clausius hat das so formuliert:

Die Energie der Welt ist konstant – die Entropie der Welt strebt einem Maximum zu.

Der **dritte Hauptsatz**[12] betrifft Systeme mit sehr niedrigen Temperaturen. Er sagt aus, dass es unmöglich ist, den absoluten Nullpunkt der Temperatur ($-273,15\,°C$) in einer endlichen Zahl von Schritten zu erreichen.

Energie

Der Energiebegriff in seiner heutigen Bedeutung wurde in der zweiten Hälfte des 19. Jahrhunderts eingeführt, um eine Reihe von scheinbar unzusammenhängenden Erscheinungen einer gemeinsamen Beschreibung und quantitativen Berechnung zugänglich zu machen. Dazu wurden die verschiedenen Energieformen, die einem materiellen System zukommen können, additiv zu seiner Gesamtenergie E zusammengefasst:

$$E = E_{kin} + E_{pot} + U + E_{chem} + E_{nuk} + E_{el} + E_{mag} \tag{2.3}$$

Die Gesamtenergie eines materiellen Systems setzt sich damit additiv zusammen aus:

- der *kinetischen Energie* E_{kin} aufgrund seiner Bewegung
- der *potentiellen Energie* E_{pot} aufgrund seiner Lage
- der *inneren Energie* U aufgrund der thermischen Bewegung seiner Moleküle
- der *chemischen Energie* E_{chem} seiner Moleküle, die mit einer Veränderung der Molekülstruktur verbunden ist
- der *nuklearen Energie* seiner Atomkerne, die bei Kernspaltungen bzw. Kernfusionen frei wird
- der *elektrischen* E_{el} und *magnetischen* E_{mag} Energie. Moleküle mit einem elektrischen oder einem magnetischen Dipol können Energie speichern, wenn sie sich in elektrischen oder magnetischen Feldern befinden. Diese Energieformen resultieren aus der Wechselwirkung der molekularen Dipole mit den elektrischen Ladungen und Strömen, die die externen elektrischen und magnetischen Felder hervorrufen.

---

[11] Die reversible Zufuhr von Wärme zu einem System ist als Grenzfall denkbar, aber in der Wirklichkeit nur in großer Annäherung realisierbar.
[12] Der 3. Hauptsatz wurde von dem Physikochemiker Walter Ernst (1864–1941) entdeckt.

Die Energieformen sind Zustandsgrößen in dem Sinne, dass ihr Zahlenwert nur von dem momentanen Zustand des betrachteten Objekts abhängt und nicht davon, wie es in diesen Zustand gelangt ist.

Nach dem ersten Hauptsatz gilt für die Energie ein Erhaltungssatz. Wenn wir z. B. dem in Rede stehenden System die Wärmemenge ΔQ zuführen und das System die Arbeit ΔW an seine Umgebung abgibt, verlangt der erste Hauptsatz unter Berücksichtigung von Gl. 2.3 eine Änderung seiner Gesamtenergie um

$$\Delta E = \Delta Q - \Delta W. \tag{2.4}$$

Alle Energieformen werden in der Einheit *Joule* (J) angegeben; diese ist definiert als

$$1\,\mathrm{J} = 1\,\mathrm{N\,m} = 1\,\mathrm{kg\,m^2\,s^{-2}}.$$

2.3 Kreisprozesse zur Umwandlung von Wärme in Arbeit

Größte Herausforderung bei der Herstellung von Dampfmaschinen war bis ins 19. Jahrhundert die maßgenaue Fertigung der Dampfzylinder und Kolben. Maßdifferenzen von bis zu 2 % des Zylinderdurchmessers waren nicht ungewöhnlich. Das Bedürfnis für die Erkundung der Vorgänge bei der Energiewandlung entstand erst, nachdem es Wilkinson[13] um 1800 gelungen war, Dampfzylinder mit einer Genauigkeit von 0,1 % des Zylinderdurchmessers herzustellen. Zur weiteren Verbesserung der Dampfmaschinen trat danach die von Carnot begonnene Erforschung der Energiewandlung in den Vordergrund.

Die Umwandlung von Wärme in Arbeit wird mit Hilfe von thermodynamischen Kreisprozessen durchgeführt. Dabei wird einem Arbeitsmittel, etwa einem Dampf oder Gas, das sich in einer Maschine befindet, zunächst Hochtemperaturwärme zugeführt. Im daran anschließenden Schritt leistet das Arbeitsmittel in der Maschine mechanische Arbeit, die als Nutzarbeit entnommen werden kann, und gibt schließlich Niedertemperaturwärme ab. Ein Kreisprozess ist dadurch ausgezeichnet, dass der Endzustand des Arbeitsmittels wieder mit dem Ausgangszustand identisch ist.

Carnot-Prozess Unter den Kreisprozessen nimmt der von Carnot 1824 eingeführte eine besondere Rolle ein. Er hat zwar nur eine geringe praktische Bedeutung, illustriert aber in klarer Weise die durch den zweiten Hauptsatz gesetzten Grenzen für die Umwandlung von Wärme in Arbeit.

Für die Durchführung nehmen wir an, dass die Carnot-Maschine ihren Zustand nur reversibel verändert und den Prozess zyklisch durchläuft, vgl. Abb. 2.2. Die Maschine entnimmt aus einer Wärmequelle der Temperatur T_h die Wärmemenge q_h, erzeugt daraus die Arbeit w und gibt die Differenzwärme $q_k = q_h - w$ an eine Wärmesenke der Temperatur T_k ab. Damit folgt aus dem Erhaltungssatz der Energie für die aus dem Prozess entnehmbare mechanische Arbeit w:

$$w = q_h - q_k \tag{2.5}$$

---

[13] John Wilkinson (1728–1808) gilt als Erfinder der Zylinderbohrmaschine.

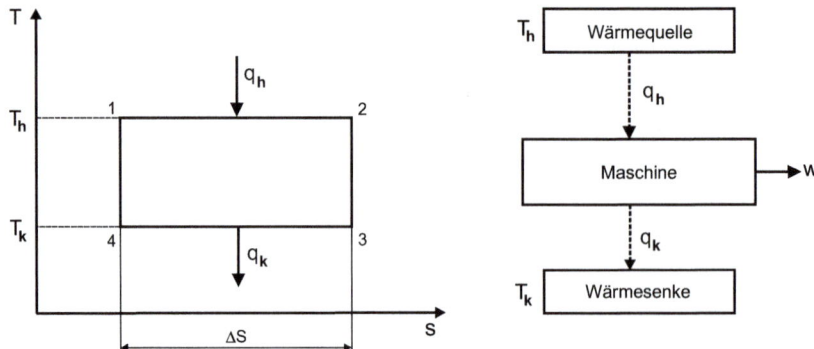

Abb. 2.2 Carnot-Prozess mit einem idealen Gas als Arbeitsmittel. Der Prozess setzt sich zusammen aus einer isothermen (1–2) und einer isentropen (2–3) Expansion sowie einer isothermen (3–4) und einer isentropen (4–1) des Gases. Während der isothermen Expansion wird die Wärme q_h aus einer Quelle zugeführt und bei der isothermen Kompression die Wärme q_k in eine Wärmesenke abgegeben

Aus dem Temperatur-Entropie Diagramm Gl. 2.1 folgt, dass der Carnot-Prozess nur dann geschlossen, d. h. das Arbeitsmittel wieder in seinen anfänglichen Zustand gebracht werden kann, wenn der Anstieg der Entropie des Arbeitsmittels ΔS infolge der Wärmezufuhr q_h durch eine gleichgroße Entropieabnahme infolge Abgabe der Wärme q_k vom Arbeitsmittel an die Umgebung ausgeglichen wird; damit gilt:

$$\frac{q_h}{T_h} = \frac{q_k}{T_k} \tag{2.6}$$

Gl. 2.5 sagt, dass Wärme und Arbeit gleichwertige Energieformen sind und aus Gl. 2.6 folgt, dass es unmöglich ist, mit einer Maschine verfügbare Wärme vollständig in Arbeit umzuwandeln: immer muss dazu als Tribut ein Teil der zugeführten Wärme in eine Senke abgegeben werden.

Eine wichtige Größe für die Bewertung eines Prozesses zur Energiewandlung ist der Wirkungsgrad. Darunter versteht man das Verhältnis zwischen der vom Prozess abgegebenen Arbeit zu der dem Prozess zugeführten Wärme. Durch Kombination der beiden Relationen Gl. 2.5 und 2.6 folgt für den thermischen Wirkungsgrad des Carnot-Prozesses:

$$\eta_{th} = \frac{w}{q_h} = 1 - \frac{q_k}{q_h} = 1 - \frac{T_h}{T_k} \tag{2.7}$$

Der Wirkungsgrad η_{th} der reversiblen Carnot Maschine hängt weder von deren Konstruktion noch vom verwendeten Arbeitsmittel ab, sondern nur von den Temperaturen der beiden Wärmespeicher. Es kann gezeigt werden, dass es keine Maschine gibt, die die reversible Carnot-Maschine im Wirkungsgrad übertrifft.

2.3 Kreisprozesse zur Umwandlung von Wärme in Arbeit

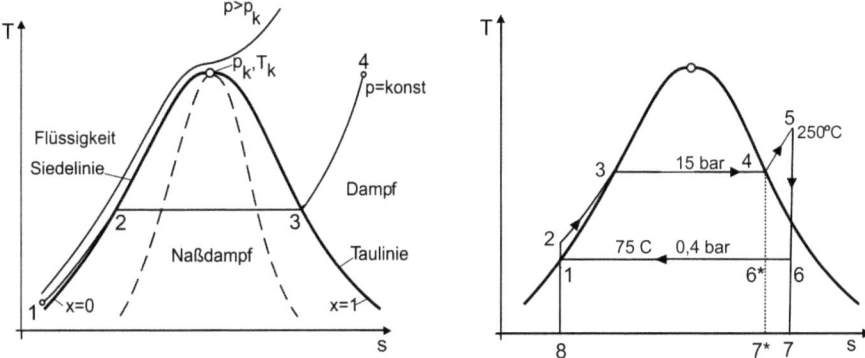

Abb. 2.3 a Das linke Teilbild zeigt das T-s-Diagramm für Wasser; ($p_k = 221{,}20$ bar, $T_k = 374{,}15\,°C$) ist der kritische Punkt, in dem die gasförmige und flüssige Phase in all ihren Eigenschaften übereinstimmen. Oberhalb seiner kritischen Temperatur lässt sich ein Gas nicht verflüssigen. **b** Das rechte Teilbild zeigt einen Sattdampfprozess (1–2–3–4–6*–1) und einen Dampfprozess mit Überhitzung (1–2–3–4–5–6–1). Beide Prozesse wurden gegen Ende des 19. Jahrhunderts bei Kolbendampfmaschinen angewandt. Die Überhitzung wird mit zunehmendem Frischdampfdruck notwendig, weil dann der Endpunkt der Entspannung mehr und mehr im Nassdampfgebiet endet. Die im rechten Teilbild eingetragene Überhitzung auf 250 °C bringt einen Anstieg des Wirkungsgrades von den 21,1 % des Sattdampfprozesses auf 23,5 %. (1–2) isentrope Verdichtung, (2–3–4–5) isobare Wärmezufuhr im Kessel, (5–6) isentrope Expansion in der Maschine, (6–1) isobare Kondensation

Dampfkraftprozess Bei der Realisierung von Dampfprozessen wird mit einer heterogenen Substanz gearbeitet, die im Verlauf des Prozesses als Flüssigkeit und als Dampf auftritt. In den Anwendungen wird als Arbeitsmittel fast ausschließlich Wasser verwendet. Für die Durchführung des Prozesses wird der Zusammenhang zwischen Druck und Temperatur des gesättigten Wasserdampfes genutzt. Dazu wird Wasser im Kessel bei der Temperatur T_1 und dem zugehörigen Siededruck p_1 durch Wärmezufuhr verdampft und, nach der Arbeitsleistung in der Maschine, bei geringerem Druck und niedrigerer Temperatur T_2 kondensiert.

Im rechten Teilbild von Abb. 2.3 ist mit dem Linienzug (1–2–3–4–6*–1) ein Prozess dargestellt, wie er um 1890 in Dampfmaschinen durchgeführt wurde. Die hier noch geringen Abweichungen zum Idealprozess, dem Carnot-Prozess, bestehen darin, dass die Kompression nicht im Nassdampfgebiet durchgeführt wird und so die Wärmezufuhr bei einer niedrigeren Temperatur als der oberen Prozesstemperatur beginnt. Noch deutlicher sind die Abweichungen für den Prozess mit Überhitzung, vgl. Linienzug (1–2–3–4–5–6–1) in Abb. 2.3.

Dem ersten Anschein nach war die Kenntnis der physikalischen Eigenschaften des Wasserdampfes keine Voraussetzung für die ersten Schritte der Dampftechnik. Für die Dimensionierung der größer werdenden Maschinen wurde die Kenntnis der thermischen

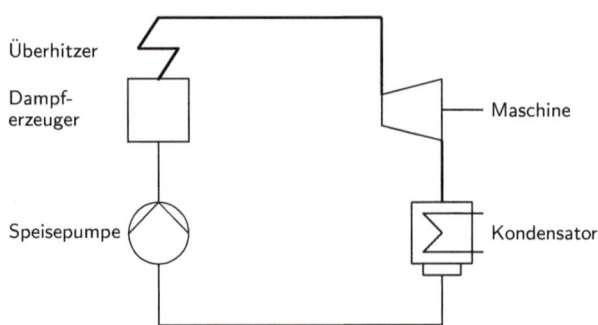

Abb. 2.4 Notwendige Komponenten einer Dampfkraftanlage

und stofflichen Eigenschaften des Wasserdampfes aber unerlässlich. Deshalb führte Watt selbst im Jahr 1764 Versuche aus, um den Zusammenhang zwischen Druck und Temperatur des gesättigten Wasserdampfes festzustellen [2]. Seine Ergebnisse aus dem Jahr 1764 erfassten den Druckbereich zwischen 0,01 ata und 4 ata[14]. Die Dampftechnik und die Wasserdampfforschung waren so von Anfang an miteinander verknüpft.

Die Einführung der Temperatur-Entropie Diagramme (T-s-Diagramme) für Wasserdampf zur Darstellung des Prozessverlaufes wurde 1874 von Belpaire[15] eingeführt [17], vgl. Abb. 2.3. Das T-s-Diagramm war für die Technik ein großer Fortschritt, weil sich die dem Dampfprozess zu- und abgeführten Wärmemengen als Flächen darstellen ließen. Eine große Verbesserung brachte dann 1904 die Einführung des Begriffs Enthalpie als Variable zur Beschreibung der Zustandsänderungen durch Mollier[16] und des Enthalpie-Entropie Diagramms (h-s-Diagramm) [13]. Die Entropie h ist definiert als:

$$h = u + pv \qquad (2.8)$$

Hierbei ist u die *innere Energie*[17] pro Masseneinheit, p der Druck und v das spezifische Volumen des Arbeitsmittels.

Das in Abb. 2.3 beispielhaft für einen Dampfprozess mit Überhitzung dargestellte h-s Diagramm ist eines der gebräuchlichsten Hilfsmittel für die thermodynamische Berechnung und die Darstellung von Dampfkraftprozessen. Der sich aus der Nutzung ergebende Vorteil liegt darin, dass sich sowohl die isobar im Kessel zugeführten und im Kondensator abgegebenen Wärmemengen als auch die in der Turbine entnommene und die in der Speisepumpe zugeführte Arbeit als Längen abgreifen lassen.

---

[14] ata ist eine veraltete, nicht SI-konforme Druckeinheit und steht für Technische Atmosphäre; 1 ata war definiert als Druck einer 10 m hohen Wassersäule.
[15] Alfred Belpaire (1820–1903), belgischer Eisenbahningenieur.
[16] Richard Mollier (1863–1935), Professor für Maschinenbau an der TH Dresden, war Pionier der modernen Wasserdampf-Forschung.
[17] Für Anwendungen in der Dampftechnik ist die innere Energie nur eine Funktion der Temperatur. Es gilt $u = c_v T$, c_v ist die spezifische Wärme.

2.3 Kreisprozesse zur Umwandlung von Wärme in Arbeit

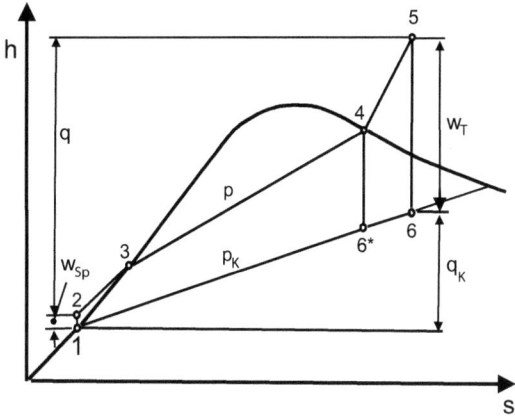

Abb. 2.5 Clausius-Rankine-Prozess für überhitzten Dampf im Mollier h-s-Diagramm. Die Wärmezufuhr im Kessel und die Wärmeabgabe im Kondensator erfolgen längs der Isobaren $p =$ konst bzw. $p_o =$ konst

Enthalpie

Für den Begriff Enthalpie gibt es eine einfache physikalische Interpretation. Wir betrachten dazu als System die Einheitsmasse eines Fluids in einer Umgebung mit einem konstanten Druck, der gleich dem Druck p im Fluid sei. Wenn eine kleine Wärmemenge dq dem System zugefügt wird, erhöht sich seine Temperatur um dT, weiter vergrößert sich sein Volumen infolge der Wärmeausdehnung um dv. Zur Zunahme des Volumens muss gegen den Umgebungsdruck die Arbeit pdv geleistet werden. Nach dem ersten Hauptsatz gilt für die Änderung der inneren Energie e:

$$de = dq - pdv$$

Wegen $p =$ konst ist auch:

$$dq = de + pdv = de + d(pv) = d(e + pv) = dh$$

Die einem System unter konstantem Druck zugeführte Wärme dq entspricht der Änderung der Enthalpie des Systems.

Im allgemeinen Fall gilt:

$$dq = de + pdv = de + d(pv) - p = dh - vdp$$

und in integraler Form:

$$\Delta q = \Delta h - \int_1^2 vdp = \Delta h - \Delta w$$

Hierbei ist Δw die dem System an der Welle der Dampfmaschine bzw. Turbine entnehmbare Arbeit. Bei einer isentropen Zustandsänderung ($s =$ konst, $\Delta q = 0$) gilt:

$$\Delta h = \Delta w$$

Abb. 2.6 T-s-Diagramm eines Prozesses mit Zwischenüberhitzung (ZÜ). *Schraffierte Fläche*: Einfacher Prozess ohne ZÜ. T_m: Mittlere Temperatur der Wärmezufuhr des einfachen Prozesses, $T_{mZÜ}$: Mittlere Temperatur des Prozesses mit ZÜ

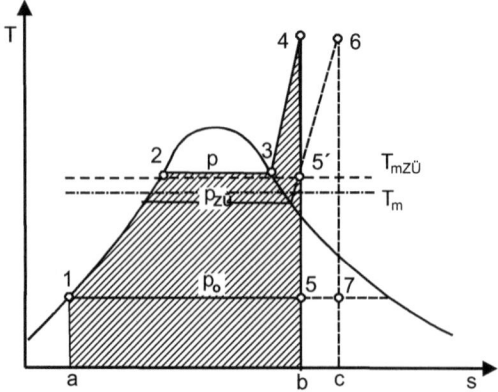

Angeregt durch die Arbeiten von Joule beschäftigte sich William Siemens[18] mit der Erhöhung des Wirkungsgrades von Dampfmaschinen und allgemein der Umsetzung von Wärme in Arbeit. Er baute eine Regenerativ-Dampfmaschine, bei welcher der Dampf vor Eintritt in die Maschine überhitzt wurde. Nach dem Ausströmen aus dem Expansionszylinder wurde der austretende Sattdampf in einer anschließenden Stufe durch Zumischen von überhitztem Dampf erneut überhitzt und wieder zur Arbeitsleistung herangezogen. Siemens hat seine Regenerations-Dampfmaschine auf der Pariser Weltausstellung 1855 vorgestellt [3]. Er hat damit als einer der ersten die Überhitzung und Zwischenüberhitzung in die Dampftechnik eingeführt. Allerdings konnten die Ideen von William Siemens erst mittels der Dampftafel begründet werden.

Nach Gl. 2.7 ist klar, dass zur optimalen Gestaltung des Wirkungsgrades die zugeführte Wärmemenge möglichst groß und die abgeführte möglichst klein gehalten werden muss. Aus Abb. 2.3 ist zu erkennen, dass die zugeführte Wärmemenge sowohl mit der Temperatur als auch dem Druck des Frischdampfes zunimmt. Das gilt auch für den Wirkungsgrad, der sich aus dem Verhältnis der Flächen (1–2–3–4–5–6–1) und (8–1–2–3–4–5–6–7–8) ergibt.

Der Erhöhung der Wärmezufuhr durch Anhebung der Frischdampftemperatur sind Grenzen gesetzt, da die Festigkeit der Werkstoffe die zulässige Dampftemperatur begrenzt. Bei einem vorgegebenen Arbeitsdruck p kann pro Masseneinheit des Arbeitsmittels nur eine Wärmemenge entsprechend der Fläche a–1–2–3–4–b zugeführt werden, vgl. Abb. 2.6. Diese Beschränkung lässt sich durch die Zwischenüberhitzung umgehen. Aufgrund der Zwischenüberhitzung erhöht sich die mittlere Temperatur der Wärmezufuhr

---

[18] Karl Wilhelm (Sir William) Siemens (1823–1883) gehörte zu einer deutsche Erfinderdynastie, deren Anfang auf seinen älteren Bruder Werner Siemens zurückgeht. Er ging 1842 nach England, um ein neuartiges Verfahren zur Elektrobeschichtung von Metallen einzuführen, das er zusammen mit seinem Bruder Werner entwickelt hatte. Dabei stellte er fest, dass das englische Patentrecht schützender war als das deutsche. Er blieb deshalb in England, erhielt 1859 die englische Staatsbürgerschaft und wurde 1862 in die Royal Society gewählt.

Abb. 2.7 Regenerative Speisewasservorwärmung und Carnotisierung des Clausius-Rankine-Prozesses im T-s-Diagramm. Das Bild zeigt eine dreistufige Anzapfung. Dampf wird mittels der Anzapfungen a1 bis a3 entnommen und den Vorwärmern zugeführt

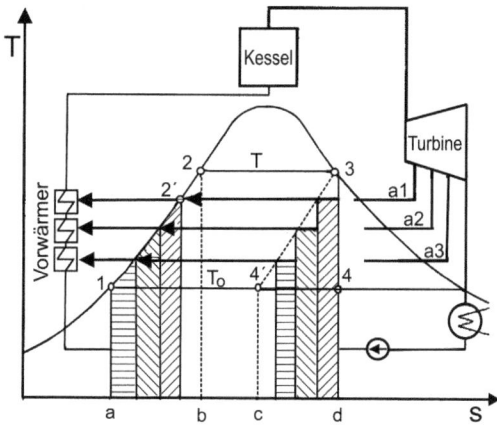

und damit auch der Wirkungsgrad. Die mittlere Temperatur der Wärmezufuhr ist dabei nichts anderes als die obere Temperatur eines dem Clausius-Rankine-Prozess gleichwertigen Carnot-Prozesses.

Eine weitere Möglichkeit zur Annäherung an den Carnot-Prozess ergibt sich durch die Vorwärmung des Speisewassers. Dieses Verfahren ist für einen Sattdampfprozess in Abb. 2.7. Bei diesem Verfahren wird ein Teil des Arbeitsdampfes aus der Maschine entnommen und zur Vorwärmung des Speisewassers benutzt. Die Kondensationswärme des Anzapfdampfes wird dabei dem Speisewasser als Flüssigkeitswärme zugeführt und bleibt daher im Prozess enthalten. Bei theoretisch unendlich vielen Anzapfstufen wird die gestrichelte Linie 4′–3 verwirklicht und damit eine vollkommene Carnotisierung mit Erreichen des Carnot-Wirkungsgrades erzielt.

Aus der regenerativen Speisewasservorwärmung resultieren Sekundärwirkungen, die zu einer zusätzlichen Verbesserung des Prozesses bei mit Turbinen betriebenen Anlagen führen. So kommt es durch die Anzapfung zu einer Verminderung des Dampfstroms im Niederdruckteil der Turbine und zu einer Erhöhung im Hochdruckteil. Damit verbunden ist eine Verringerung der sogenannten Spaltverluste. Ferner kommt es zu einer Verminderung der Kondensatdampfmenge, was zu einer Verkleinerung des Kondensators führt.

Die genannten Prozessverbesserungen:

- Erhöhung des Frischdampfzustandes
- Zwischenüberhitzung des Arbeitsmittels
- Regenerative Speisewasservorwärmung

wurden von Anfang an zusammen angewandt und aufeinander abgestimmt. In Abb. 2.8 ist das Schema eines Dampfprozesses mit Zwischenüberhitzung und regenerativer Speisewasservorwärmung dargestellt. Praktisch geht man wegen der Komplizierung der technischen Durchführung nicht über 9 Vorwärmstufen hinaus.

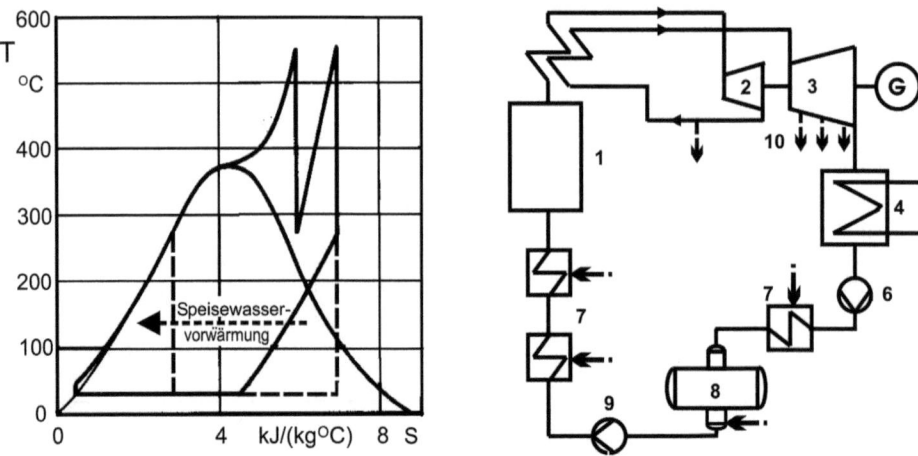

Abb. 2.8 a Das linke Teilbild zeigt das T-s-Diagramm für einen Prozess mit Zwischenüberhitzung und regenerativer Speisewasservorwärmung. b Rechts das Schaltschema des Prozesses mit den notwendigen Komponenten. *1*: Kessel, *2*: Hd-Turbine, *3*: ND-Turbine, *4*: Generator, *5*: Kondensator, *6*: Kondensatpumpe, *7*: Vorwärmer, *8*: Entgaser/Speisewasserbehälter, *9*: Speisepumpe, *10*: Anzapfungen

Damit bestehen zur Anhebung des Wirkungsgrads drei Möglichkeiten:

- Anhebung der Dampfparameter
- Zwischenüberhitzung
- regenerative Speisewasservorwärmung

Für die Beurteilung der Güte der Energiewandlung in einem Kraftwerk ist in der Energiewirtschaft der Begriff des Wärmeverbrauchs w gebräuchlich. Für die Umrechnung gilt die Beziehung:

$$w = 1/\eta$$

Wird der Wärmeverbrauch in kJ/kWh und der Wirkungsgrad in Prozent angegeben, lautet die Zahlenwertgleichung

$$w = 3600 \cdot 100/\eta$$

Der Nettowirkungsgrad η_N eines Kraftwerkes errechnet sich nach:

$$\eta_N = \eta_{DK} \cdot \eta_K \cdot \eta_G \cdot \eta_T \cdot \left[1 - \frac{P_{EB}}{P_G}\right]$$

Hierbei sind:

η_{DK} Wirkungsgrad des Dampfkreislaufs
η_K Wirkungsgrad des Kessels

η_G Wirkungsgrad des Generators
η_T Wirkungsgrad des Transformators
P_{EB} Eigenbedarf des Kraftwerks für den Betrieb der Hilfsmaschinen
P_G Generatorleistung

Die Nettowirkungsgrade moderner Kraftwerke betragen im Auslegungspunkt 40 bis 45 Prozent, entsprechend liegt der Wärmebedarf für eine kWh erzeugtem Strom zwischen 8000 und 9000 kJ.

Wasserdampfforschung Die Bedeutung der Wasserdampfforschung für die Dampftechnik wurde bereits früh erkannt und zunächst unabhängig voneinander von Wissenschaftlern verschiedener Länder betrieben. Gründer dieser Forschungsrichtung in Deutschland waren Richard Mollier von der TH Dresden [13] und Oscar Knoblauch[19] vom Laboratorium für technische Physik der TU München [9]. Ziel der frühen Forschungen war es, experimentell den Zusammenhang zwischen Enthalpie, Druck und Temperatur im thermodynamischen Gleichgewicht zu ermitteln. Wegen der internationalen Verflechtung der Wissenschaft und Wirtschaft war ein Abgleich der in verschiedenen Ländern entwickelten Diagramme und Tabellen wichtig, denn die Abweichung der einzelnen Dampftafeln untereinander war so groß, dass sich die thermischen Wirkungsgrade ein und derselben Maschine um bis zu 5 % unterscheiden konnten.

Die erste internationale Dampftafelkonferenz, an der Forscher aus Kanada, England, Deutschland, den USA und der damaligen Tschechoslowakei teilnahmen, fand 1929 in London statt [6]. Die heutige Nachfolgerin dieser Konferenz ist die „International Association for the Properties of Steam", kurz „IAPWS" genannt, die sich als „non-profit"-Zusammenschluss der nationalen Komitees der Wasserdampf-Forschung versteht[20]. In Deutschland ist dies die VDI-Gesellschaft für Energie und Umwelt. Die 15. IAWPS Konferenz fand im Herbst 2008 in Berlin statt.

2.4 Resümee

Durch den kommerziellen Erfolg der Dampfmaschine wurden Mitte des 19. Jahrhunderts zahlreiche Untersuchungen zur Analyse der dabei ablaufenden mechanischen Vorgänge und der thermischen Prozesse angeregt. Obwohl die Beherrschung der mechanischen Abläufe noch in den Anfängen steckte, rückte die Untersuchung ihres Grundprinzips, die Umwandlung von Wärme in mechanische Energie, in den Vordergrund. Es kam zu einem intensiven Austausch von Erkenntnissen zwischen Forschern, die sich mit der naturwissenschaftlichen Begründung der Vorgänge befassten, und Ingenieuren, die sich mit der Entwicklung einer technischen Wärmelehre beschäftigten. Herausragende Beiträge

---

[19] Oscar Knoblauch (1862–1946) war ab 1910 Professor für technische Physik an der damals Königlich Technischen Hochschule München.
[20] iapws.com

kamen von William Rankine[21] und Rudolf Zeuner[22]. Für die Beschreibung des Dampfkraftprozesses verwendete Rankine den von Clausius in die Thermodynamik eingeführten Begriff des Kreisprozesses.

Literatur

1. Adams, B.: The Law of Civilization and Decay. S. 259 f. Swan Sonnenschein & Co, London (1895). Reprint: British Library (2010). Deutsch: Das Gesetz der Zivilisation und des Zerfalls. Akademie Verlag, Wien/Leipzig (1907)
2. Bonin, H.: Die Entwicklung der wärmewirtschaftlichen Grundlagen des Kesselbaus. Archiv Wärmewirtschaft **13**, 57–68 (1932)
3. Brockhaus Enzyklopädie, Bd. 2, S. 122 (1967)
4. Carnot, N. L. S.: Betrachtungen über die bewegende Kraft des Feuers und die zur Entwicklung dieser Kraft geeigneten Maschinen. In: Ostwald, W. (Hrsg.) Ostwald's Klassiker der exakten Naturwissenschaften, Bd. 37. Engelmann, Leipzig (1892)
5. Clausius, R.: Über die bewegende Kraft der Wärme und die Gesetze, welche sich daraus für die Wärmelehre selbst ableiten lassen. Poggendorffs Annalen **79**, 368–397, 500–524 (1850)
6. Die erste internationale Dampftafelkonferenz. VDI-Zeitschrift **73**, 1856–1858 (1929)
7. von Helmholtz, H: Über die Erhaltung der Kraft. In: W. Ostwald (Hrsg.) Ostwald's Klassiker der exakten Naturwissenschaften, Bd. 1. Engelmann, Leipzig (1847). Reprint: Deutsch, Frankfurt am Main (1996)
8. Hoffmann, D. (Hrsg.): Max Planck und die moderne Physik, S. 52–56. Springer, Berlin (2010)
9. Knoblauch, O., Raisch, E., Hausen, H.: Tabellen und Diagramme für Wasserdampf. Oldenbourg, München (1932)
10. Kuhn, T. S.: Die Entstehung des Neuen, S. 146 f. Suhrkamp (1978)
11. Lord Kelvin of Largs (William Thomson): On an absolute thermometric scale. Philosophical Magazine, London, October 1848
12. Mayer, R.: Bemerkungen über die Kräfte in der unbelebten Natur. Annalen der Chemie und Pharmacie, Leipzig (1842)
13. Mollier, R.: Neue Diagramme zur technischen Wärmelehre. VDI-Zeitschrift **48**, 271–275 (1904)
14. Müller, I.: A history of Thermodynamics: the Doctrine of Energy and Entropy. Springer, Berlin (2007)
15. Schellings Erster Entwurf eines Systems der Naturphilosophie (1799), Werke, Bd. 3, Stuttgart/Augsburg (1858). Zitiert nach Kuhn, T. S.: Die Entstehung des Neuen. Suhrkamp (1978)
16. Schlipp, P. A. (Hrsg.): Albert Einstein: Philosopher-Scientist. The Library of Living Philosophers, Bd. VII. Evanston, IL (1949)

---

[21] Rankine, William John Macquorn (1820–1872) war ein schottischer Ingenieur. Er hat zur Beschreibung des Dampfkraftprozesses eine Kreisprozess vorgeschlagen. Mit einem solchen Prozess hatte Clausius den Begriff Entropie eingeführt, vgl. [5], [8].

[22] Zeuner, Gustav Anton (1828–1907) war ein deutscher Ingenieur und Hochschullehrer. Mit seinem Lehrbuch „Grundzüge der Wärmetheorie" aus dem Jahr 1858 begründete er die Technische Thermodynamik in Deutschland.

17. Schmidt, E.: Einführung in die technische Thermodynamik, 2. Aufl., S. 93. Springer, Berlin (1944)
18. von Tunzelmann, Alex: Indian Summer. Simon and Schuster, New York (2007)

Teil II
Die Evolution der fossil gefeuerten Wärmekraftwerke

3 Entwicklungsabschnitte des Kraftwerkbaus

Die Entwicklung der Wärmekraftwerke von den Anfängen am Ende des 19. Jahrhunderts bis zur heutigen Form lässt sich in ausgeprägte Entwicklungs- und Zeitabschnitte unterteilen:

1. Abschnitt von 1883 bis 1918
2. Abschnitt von 1919 bis 1945
3. Abschnitt von 1946 bis 1960
4. Abschnitt von 1961 bis 1980
5. Abschnitt ab   1981

Die Unterteilung erschließt sich zurückschauend aus technischen Neuerungen, aber auch aus einschneidenden wirtschaftlichen Gegebenheiten, wie sie jeweils durch die beiden Weltkriege des vergangenen Jahrhunderts in Erscheinung traten. In den daran beteiligten Ländern kam es zu Kriegszeiten praktisch zu einem Stillstand der Entwicklung, da alle Kräfte von den Kriegsbedürfnissen in Anspruch genommen waren. Die Möglichkeit der Unterteilung in Entwicklungsschritte ist auch ein Hinweis darauf, dass die Ausformung unserer modernen Technik ein überwiegend allmählicher, evolutionärer Prozess ist. Besonders deutlich kann dies anhand der Entwicklung der mit fossilen Brennstoffen gefeuerten Dampfkraftwerke gezeigt werden.

In fossil gefeuerten Dampfkraftwerken wird die latent gebundene chemische Energie eines Brennstoffs zunächst in Wärme eines lediglich als Transportmittel dienenden Gases umgewandelt. Die als Wärme transportierte Energie wird im Dampferzeuger an das eigentliche Arbeitsmittel übertragen, welches seinen Aggregatzustand von flüssig in gasförmig ändert und mit hohem Druck und hoher Temperatur zur Turbine strömt. Dort wird die Wärme hoher Temperatur des Arbeitsmittels in mechanische Energie und Wärme geringer Temperatur umgewandelt. Die mechanische Energie wird im Generator schließlich in elektrische Energie umgewandelt, vgl. Abb. 3.1.

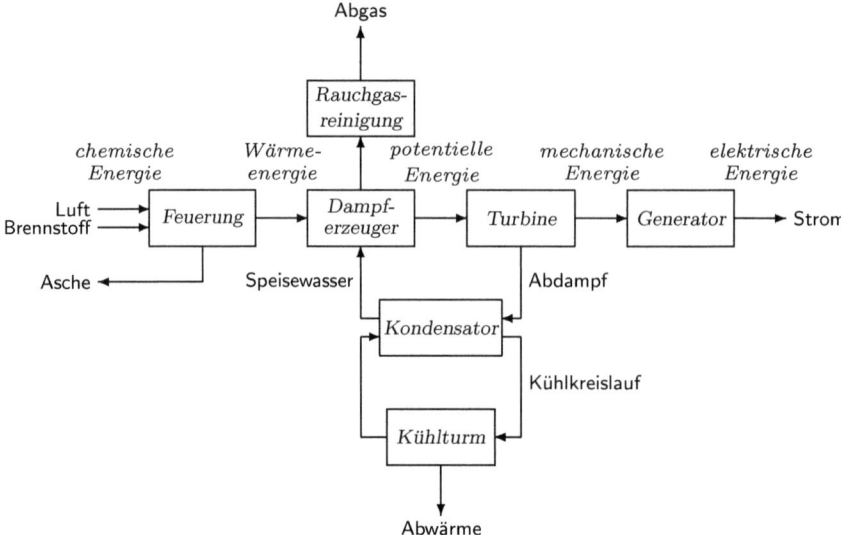

Abb. 3.1 Energie- und Stoffströme in kohlegefeuerten Dampfkraftwerken

Wichtigster Energielieferant für die Stromerzeugung war bis zur Mitte des vergangenen Jahrhunderts neben den fossilen Brennstoffen die Wasserkraft. Zur Planung des ersten großen Wasserkraftwerks in Europa, der Anlage Rheinfelden, war 1889 von der AEG in Verbindung mit Escher Wyss & Cie.[1] und der Maschinenfabrik Oerlikon eine Vorbereitungsgesellschaft gegründet worden, die 1894 in die Aktiengesellschaft „Kraftübertragung Rheinfelden" überführt wurde. Gebaut wurde die mit AEG Drehstromgeneratoren ausgerüstete Anlage schließlich in Kooperation zwischen dem damaligen Großherzogtum Baden und der Schweiz. Sie wurde 1898 mit einer Leistung von 11 MW in Betrieb genommen [19].

In den Staaten war bereits 1895 das Kraftwerk an den Niagarafällen mit einer Leistung von 15,1 MW in Betrieb gegangen [21]. Die Firma Westinghouse, die das Kraftwerk plante und die Generatoren lieferte, hatte sich für „Tesla-Generatoren" entschieden, welche zweiphasigen Wechselstrom erzeugten. Aber schon bei der ersten Erweiterung im Jahr 1903 wandte sich das Kraftwerk vom Zweiphasenstrom ab und bestellte die neuen Generatoren nach dem Drehstromsystem.

---

[1] Ein von Hans Caspar Escher und Salomon von Wyss 1805 in Zürich als Baumwollspinnerei gegründetes und zu einer Maschinenfabrik ausgebautes Unternehmen. Escher Wyss & Cie entsprangen wegweisende Innovationen auf den Gebieten der Wasserkraftnutzung, des Dampfturbinenbaus, der Hydraulik und der Papierherstellung. Im Zuge des tiefgreifenden Strukturwandels wurden in der Zeitspanne von 1970 bis 1980 die Geschäftsbereiche der Escher Wyss & Cie. von anderen Gesellschaften übernommen.

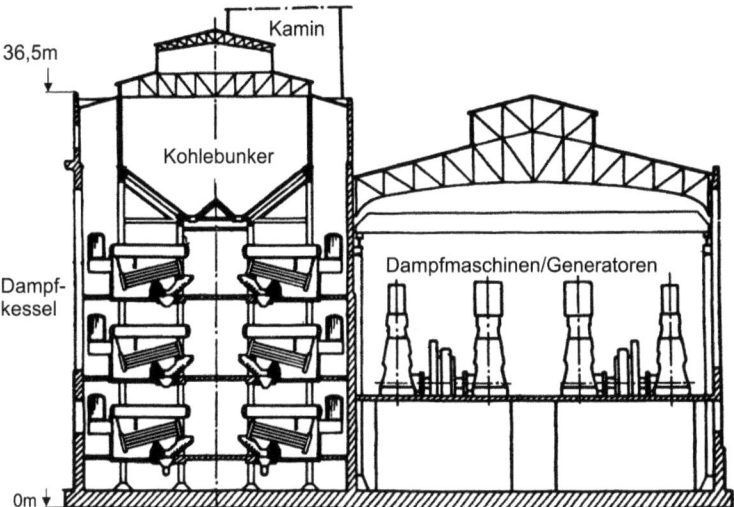

Abb. 3.2 Kraftwerk 96. Straße in New York, Baujahr 1898, Leistung 30 MW. Im Kesselhaus waren 87 Kessel von je 230 m² in drei Stockwerken untergebracht. Sie versorgten 11 Dampfmaschinen von je 2 750 kW Leistung mit Dampf

3.1 Erster Abschnitt: Zusammenstellung des Dampfkraftwerks aus bekannten Elementen

Edison konnte für den Aufbau seiner ersten Zentralstation in der Pearl Street auf die damals im Prinzip bereits verfügbaren Komponenten Kessel, Dampfmaschine und Generator zurückgreifen. Diese Komponenten mussten aber aus kleinsten Anfängen heraus entwickelt und so verbessert werden, dass schließlich die Betriebssicherheit der Gesamtanlage gesichert war. Um die Akzeptanz der elektrischen Beleuchtung zu gewinnen, mussten die über das Verteilungsnetz angeschlossenen Lampen jederzeit ein- und ausgeschaltet werden können. Die größten Schwierigkeiten für den störungsfreien Betrieb bereiteten bei den frühen Zentralstationen die Antriebsmaschinen der Generatoren. Kessel und Dampfmaschinen ließen sich damals nur schwer den Laständerungen des rasch wechselnden Lichtbetriebs anpassen. Über die Art der bei den ersten Anlagen in Berlin auftretenden Probleme wurden viele Geschichten kolportiert, so z. B. die, dass Oskar von Miller sich im Keller um Kessel und Dampfmaschine kümmerte, während Rathenau im Salon die Kunden unterhielt und beruhigte, wenn wieder mal plötzlich das Licht ausging, [13], S. 72. Trotz der Anlaufschwierigkeiten bei den ersten Anlagen erfolgte der Aufbau der Berliner Zentralstationen rasch. Bereits im Jahr 1888 betrug deren Gesamtleistung 4 000 PS, was damals für 50 000 Lampen reichte [17].

Als Antriebsmaschinen für die Generatoren wurden anfänglich auch Gasmotoren verwendet, zu denen später noch die Dieselmotoren kamen. Obwohl beide Maschinen mit ca.

15 % bzw. 20 % bessere Wirkungsgrade als der damalige Niederdruck-Sattdampfprozess aufwiesen, der es bei einem Dampfdruck von 6 bar nur auf ca. 5 % brachte, konnten sich beide Maschinen wegen der schon damals höheren Brennstoffkosten für Gas bzw. Dieselöl bei großen Zentralstationen nicht durchsetzen. Zudem nahm die Leistung der Dampfmaschinen und der Generatoren noch vor der Jahrhundertwende rasch zu. Bei dem Berliner Kraftwerk in der Spandauer Strasse wurden 1889 bereits Maschinensätze mit 1200 PS verwendet. Durch Überhitzung[2] des Dampfes wurde die Kondensation beim Einströmen in die Maschine vermieden, so dass sich der Wirkungsgrad auf ca. 7,5 % verbesserte, [1], S. 9.

Das 1898 fertig gestellte Kraftwerk in der 96. Straße in New York war mit 30 000 KW die leistungsstärkste Anlage ihrer Zeit. In der Anlage waren die Kessel in drei Stockwerken neben dem Maschinenhaus angeordnet. Elf Maschinensätze mit einer Leistung von jeweils 2 750 KW wurden von 87 Kesseln mit Dampf versorgt. Das Verhältnis der Kesselzahl zur Zahl der Maschinen zeigt, dass sich bei den Dampfmaschinen die Einheitsleistung innerhalb von 15 Jahren um den Faktor 100 vergrößert hatte, bei den Kesseln hatte es dagegen nur geringe Fortschritte gegeben. Dies weist darauf hin, dass die Grundlagen für das Verständnis der mechanischen und elektrischen Vorgänge in den Maschinen bereits weitgehend bekannt und berechenbar waren, während es bei den Kesseln daran mangelte. Dies zeigte sich auch in den damals nicht seltenen Unfällen durch „Kesselexplosionen", die letztlich ihre Ursache in dem mangelnden Wissen über die Festigkeitseigenschaften der verwendeten Werkstoffe hatten [6]. Um Abhilfe zu schaffen, wurden in Deutschland nach der Reichsgründung 1871 die ersten Materialprüfungsanstalten eingerichtet [4] und von staatlicher Seite erste Vorschriften für den Bau und Betrieb von Dampfkesseln erlassen. Sie waren die Vorläufer der heutigen TRD-Richtlinien.[3] Parallel dazu gründeten Kesselbesitzer regionale Dampfkessel-Überwachungs- und Revisions-Vereine, diese waren die Vorläufer der heutigen Technischen Überwachungsvereine.

3.1.1 Dampferzeuger: Kessel und Feuerung

Beim Bau eines Dampfkraftwerkes sind drei Aufgaben zu lösen: Nutzung der chemischen Energie eines Brennstoffes zur Dampferzeugung, Umwandlung von Enthalpie des Dampfes in mechanische Energie in der Maschine und Erzeugung des elektrischen Stroms im Generator. Ein Dampferzeuger besteht aus den Komponenten Feuerung und Kessel. In

---

[2] Wilhelm Schmidt, genannt „Heißdampf-Schmidt" (1858–1924), Erfinder und Gründer der Schmidtschen Heißdampfgesellschaft. Schmidt führte die Überhitzung in die Dampftechnik ein [27].
[3] TRD: Technische Regeln für Dampfkessel. Technische Regeln sind Vorschriften, die einen Weg zur Einhaltung eines Gesetzes bzw. einer Verordnung für einen technischen Ablauf weisen. Werden diese Regeln eingehalten, ist davon auszugehen, dass der technische Ablauf dem Stand der Technik entsprechend erfolgt. Im Fall eines Unfalls kann damit nachgewiesen werden, dass keine Fahrlässigkeit vorlag.

Abb. 3.3 Ein Flammrohrkessel bestand aus einer zylindrischen, teilweise mit Wasser gefüllten Trommel, in die ein oder mehrere Flammrohre eingenietet waren. Nach Austritt aus dem Flammrohr strömten die Rauchgase meist um den Außenmantel der Trommel herum zum Schornstein

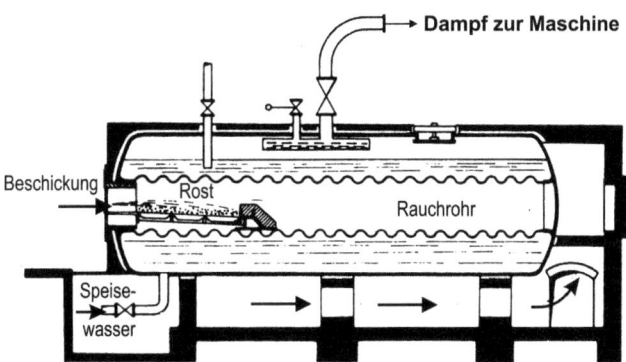

Abb. 3.4 Kraftwerk Schiffbauer Damm, Berlin, Blick ins Kesselhaus (1896)

der Feuerung wird der Brennstoff gezündet, die für die Verbrennung notwendige Luft zugeführt und die heißen Verbrennungsgase zum Kessel weitergeleitet. Der Kessel ist ein Wärmetauscher, der die fühlbare Wärme der heißen Verbrennungsgase an das Wasser überträgt.

Die ersten Kessel waren mit dem zu verdampfenden Wasser gefüllte zylindrische Behälter mit einem Durchmesser von bis zu 2 m, die von einem Flammrohr von ca. 1 m Durchmesser durchzogen waren, vgl. Abb. 3.3 und deshalb Flammrohr- bzw. Rauchrohrkessel genannt wurden. Im Flammrohr war der handgeschürte Rost untergebracht, auf dem der Brennstoff verbrannte. Der Wärmetransport erfolgte von den heißen Rauchgasen durch die Wand des Flammrohrs zum Siedewasser im Kessel. Zur Zuführung der benötigten Frischluft waren die Roste für die Außenluft geöffnet. Die Rauchgase wurden vom Kessel zum Schornstein weitergeleitet. Da die Temperatur der aus einem Kessel ausströmenden Rauchgase höher ist als die der Außenluft, entstand im Schornstein infolge des Auftriebs eine Aufwärtsströmung. Der so erzeugte Zug des Schornsteins reichte aus, um

Abb. 3.5 Braunkohle gefeuerter Kessel mit Treppen-Schürrost

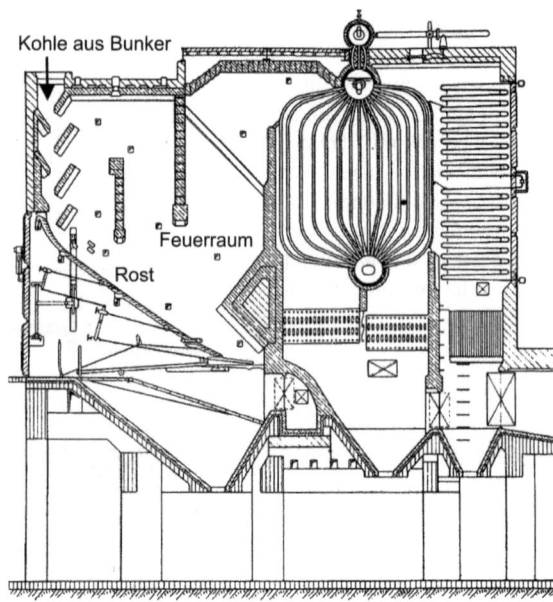

die für die Verbrennung benötigte Luftmenge anzusaugen und die Rauchgase durch den Schornstein in die Umgebung abzugeben.

Die Entwicklungsgrenzen bei den Flammrohrkesseln waren durch die innerhalb des Rauchrohres unterzubringenden Flächen für die Roste gegeben und durch den zulässigen Dampfdruck in der beheizten Kesseltrommel. Kritisch war besonders das durch den Druck in der Trommel auf Einbeulen beanspruchte Flammrohr. Durch diese Einschränkungen waren der Leistung und der Effektivität der Gesamtanlage Grenzen gesetzt.

Bei den Dampfkraftwerken wurde deshalb schon in den ersten Jahren der Entwicklung die Flammrohr-Bauart durch die Wasserrohrkessel verdrängt, bei denen die heißen Verbrennungsgase um wassergefüllte Siede- bzw. um dampfgefüllte Überhitzerrohre strömen. Die Wasserrohrkessel brachten eine größere Freizügigkeit für die Gestaltung der Feuerung und für die Anordnung der rohrförmigen Heizflächen außerhalb der Kesseltrommel, vgl. Abb. 3.5. Die Rostfläche und damit die Feuerleistung konnten vergrößert und der Trommeldurchmesser vermindert werden. Damit konnten mit den damals verfügbaren Werkstoffen für die Trommel der Druck und die Temperatur des erzeugten Dampfes angehoben werden. Die Kesseltrommeln wurden aus Blechen gefertigt, der Trommelmantel durch Einrollen und die halbkugelförmigen Böden aus Segmenten zusammengesetzt. Die Längsnaht des Trommelmantels und die Verbindung der Trommelböden mit dem Zylindermantel wurde anfangs mittels Nieten zusammengefügt und durch Bördeln abgedichtet. Erst nach 1900 war die Entwicklung der Technik des Schweißens soweit entwickelt, dass man die Trommelnähte schweißen konnte.

Die Feuerungen der frühen Kessel waren als feststehende Roste ausgeführt. Das Beschicken der Roste mit Kohle erfolgte von Hand, ebenso das Schüren und der Ascheaus-

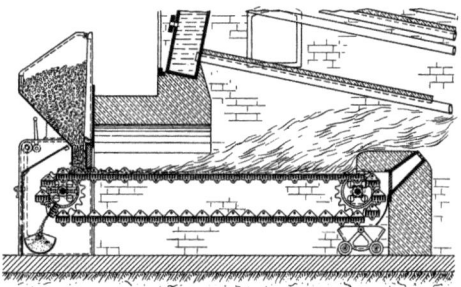

Abb. 3.6 Beim Wanderrost findet die Verbrennung auf einer endlosen Rostbahn statt, die aus einer großen Zahl hintereinander angeordneter Roststäbe besteht und über zwei Rollen umläuft. Der Brennstoff rutscht vom Kohlebunker auf den Rost, wird in den Feuerraum eingetragen, durch Wärmeeinstrahlung gezündet und verbrennt auf dem Weg bis zur Rostumlenkung. Dort wird das Unverbrannte in den Aschentrichter abgeworfen

trag. Das war nicht nur arbeitsaufwendig und mühsam, sondern hatte oft eine unvollständige Verbrennung mit hohen CO Emissionen und Rauchbildung zur Folge[4]. Um diesem Mangel abzuhelfen, setzte auf diesem Gebiet eine stürmische Erfindertätigkeit ein. Die Vorgänge bei der Verbrennung waren damals noch nicht geklärt. Die Erfahrung hatte aber gelehrt, dass eine stetige Zuteilung des Brennstoffes und der Luft eine notwendige Voraussetzung ist, um eine vollständige und annähernd rauchfreie Verbrennung zu erreichen. Zur Lösung der Aufgabe wurden nach unterschiedlichen Prinzipien funktionierende Vorrichtungen zur stetigen Zuführung des Brennstoffes und zur Steuerung des Ablaufs der Verbrennung geschaffen.

In den Kraftwerken wurden damals fast ausschließlich Kohlen verfeuert. Der Begriff Kohle umfasst einen weiten Bereich organischer Mineralien mit unterschiedlichen Eigenschaften und Zusammensetzungen. Zwischen den einzelnen Kohlenarten bestehen große Unterschiede hinsichtlich des Zündverhaltens und des Ausbrands, die bei der Gestaltung der Feuerung zu berücksichtigen sind. Für Braunkohlen wurden Treppenroste gewählt, bei denen die Neigung der Rostbahn dem Brennstoff angepasst werden konnte.

Erst mit der Entwicklung des Wanderrosts gelang es, eine Feuerung für ein weites Brennstoffband zu schaffen, vgl. Abb. 3.6, so dass mit einem Rost mehrere Kohlearten verfeuert werden konnten. Der erste brauchbare Wanderrost wurde von Eckley B. Coxe für die Verfeuerung von Anthrazit entwickelt und 1893 in einem Industriekraftwerk eingesetzt[5] [5]. Mit dem Rost von Coxe konnte erstmals auch Kohle geringer Körnung verfeuert werden, die zuvor als Abfall verworfen wurde. Beim Wanderrost wird der Brennstoff in einer 70 bis 150 mm dicken Schicht in den Feuerraum eingetragen, durch Wärmestrah-

---

[4] Die von den Feuerstätten ausgehende Rauchbelästigung wurde als so schlimm empfunden, dass der VDI in seiner 31. Hauptversammlung 1890 einen mit der damals hohen Summe von 8 000 Mark dotierten Preis für eine Abhandlung zur Erzielung einer rauchfreien Verbrennung ausschrieb, [20].
[5] Eckley Brinton Coxe (1835–1895) amerikanischer Ingenieur.

Abb. 3.7 Wanderrostkessel mit mechanischer Beschickung im Kraftwerk Hattingen 1925

lung getrocknet, gezündet und verbrennt schließlich auf dem Weg bis zum Rostende, wo das Unverbrannte in den Aschetrichter fällt. Da man die Vorteile großer Feuerräume noch nicht kannte, ordnete man zum Zünden über dem Rost gemauerte Zündgewölbe an, vgl. Abb. 3.6. Auch bei für die Rostverbrennung gut geeigneten Kohlen konnten pro m^2 Rostfläche nur 80 bis 120 kg/h Steinkohle verbrannt werden. Für einen Kessel mit einer Dampfleistung von 15 t/h war eine Rostfläche von ca. 20 m^2 erforderlich. Begrenzt wurde die Rostbreite durch die beherrschbare Länge der Schürstangen, die Rostlänge durch den erforderlichen Ausbrandweg der Kohle festgelegt.

Der Wanderrost hat sich für die Verbrennung von Steinkohle in der Weiterentwicklung als besonders geeignet erwiesen und wird noch immer für Kesselanlagen mit Wärmeleistungen bis ca. 100 MW eingesetzt. Vorteil der Rostfeuerungen sind:

- einfacher und übersichtlicher Aufbau
- geringer Kraftbedarf und geringer Verschleiß
- geringer Flugstaubauswurf
- geringer Investitionsbedarf

Bei den frühen Rostfeuerungen war der Raum zwischen dem auf dem Rost liegenden Feuerbett und den Wärmetauscherrohren zu knapp bemessen, so dass die Feuergase zu rasch abgekühlten und die Flamme nicht ausbrennen konnte. Daraus resultierten die Qualmwolken, die durch die Schornsteine ausgestoßen wurden. Qualmende Schornsteine waren Wahrzeichen der Dampfkessel und synonym für eine florierende Wirtschaft.

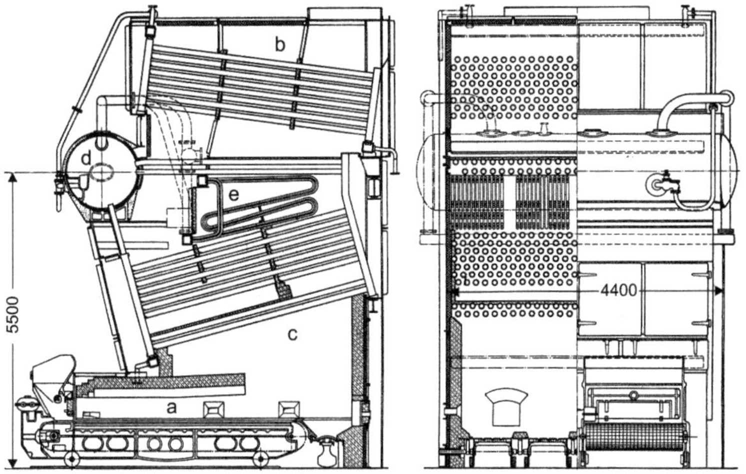

Abb. 3.8 Schrägrohrkessel der Firma Babcock & Wilcox Co., London (1915). *a*: Rost, *b*: Economizer, *c*: Verdampfer, *d*: Trommel und *e*: Überhitzer. Aufgabe der Trommel ist, den erzeugten Dampf vom Wasser zu trennen

Unfälle mit Dampfkesseln – Kesselexplosionen

In den ersten Jahrzehnten der Nutzung der Dampftechnik waren Kesselexplosionen keine Seltenheit. Allein im Jahr 1912 gab es auf dem Gebiet des damaligen Deutschen Reiches 11 Vorfälle mit 10 Toten und 16 Schwerverletzten [14].

Dampfkessel sind mächtige Energiespeicher. Das sich im Siedezustand befindliche Kesselwasser in den Verdampferrohren und der Trommel hat bei einem Druck von 2 MPa eine Temperatur von 212 °C und einen Energieinhalt von 908 kJ/kg. Bei einem Druckabfall im Verdampfersystem, z. B. verursacht durch einen Riss in der Trommel, wird etwa die Hälfte dieser Energie innert einer kurzen Zeitspanne frei und es kommt infolge der Druckentlastung zu einer Nachverdampfung. Pro kg Siedewasser werden bei einer Druckabsenkung auf Umgebungsdruck 0,22 kg Sattdampf frei. Bei einem Kesselinhalt von 10 Tonnen entsteht so eine Druckwelle mit einer Energie von 450 GJ, die großen Schaden verursachen kann.

Man fürchtete am meisten die Flammrohrkessel, bei denen große Flächen der Wandungen dem Feuer ausgesetzt waren. Bei einem Versagen der Werkstoffe, z. B. durch Überhitzen, *wurden die Wandungen gesprengt und die Kessel selbst weit fort geschleudert, furchtbare Zerstörungen auf ihrem Weg hinterlassend; fliegen doch Flammrohrkessel, wenn die Flammrohre aufreißen, wie abgeschossene Torpedos von ihren Fundamenten, wobei sie dicke Mauern durchschlagen und oft erst 50 bis 100 m von ihrer Betriebsstrecke entfernt zur Ruhe kommen* [11]. Als die Wasserrohrkessel eingeführt wurden, war es nicht zuletzt ihre vermeintliche Explosionssicherheit, die als einer ihrer größten Vorzüge ins Feld geführt wurde.

In England waren alle Unfälle mit Dampfkesseln seit 1880 meldepflichtig. Im Durchschnitt wurden in den Jahren von 1880 bis 1930 pro Jahr 66 Unfälle gemeldet, bei denen pro Jahr 53,7 Menschen verletzt und 22,3 getötet wurden [9]. Ursache für die Unfälle waren Materialüberhitzung aufgrund von Kühlwassermangel, Materialermüdung, Schweißfehler, mangelnde Wartung und unzulässige Beanspruchung.

Kesselexplosion Reisholz

Im Jahr 1920 ereignete sich in einem Kraftwerk der RWE in Reisholz, einem heutigen Stadtteil von Düsseldorf, eine folgenschwere Kesselexplosion. Dabei wurde das Kesselhaus des Blocks III stark beschädigt, 27 Arbeiter starben und 20 wurden schwer verletzt. Das Kraftwerk war zur Zeit der Kesselexplosion das weltweit größte Steinkohlekraftwerk.

Der große Schaden der Explosion in Reisholz veranlasste den Gesetzgeber im damaligen Deutschen Reich zur Verschärfung der technischen Vorschriften für den Bau und Betrieb von Dampfkesseln. Parallel dazu sahen sich die damals zehn größten Elektrizitätswerke und die chemische Industrie in der Pflicht, große Anstrengungen zu unternehmen, um Unfälle mit Kesseln zu vermeiden. Sie gründeten noch im selben Jahr einen Fachverband, dessen Ziel es war in Kraftwerksanlagen Qualitätsmängel zu erkennen und zu beseitigen, um letztendlich Arbeitssicherheit, Betriebssicherheit und Verfügbarkeit zu steigern. Dieser Fachverband mit dem Namen „VGB", die Abkürzung leitete sich von „Vereinigung der Großkesselbesitzer e. V." ab, hat sich große Verdienste um die Entwicklung der Kraftwerkstechnik erworben. Unter dem Namen *VGB PowerTech* sieht sich der frühere VGB heute als europäischer technischer Fachverband der Strom- und Wärmeerzeugung für alle Erzeugungsarten.

3.1.2 Die Entwicklung der Dampfturbinen

Spektakulärer als bei den Kesseln erfolgte die Entwicklung bei den Kraftmaschinen. In dem im Jahr 1884/85 gebauten ersten öffentlichen Berliner Kraftwerk in der Markgrafenstraße waren Dampfmaschinen mit einer bescheidenen Leistung von 180 PS installiert, die über Riemen die Generatoren antrieben. Bei den Dampfmaschinen setzte eine rasche Leistungssteigerung ein, bereits um die Jahrhundertwende erreichte der Bau dieser Maschinen seinen Höhepunkt, als im Jahr 1904 im Berliner Kraftwerk Moabit eine von der MAN gebaute Maschine mit einer Leistung von 6 000 PS aufgestellt wurde.

Zu den Dampfmaschinen liegender und stehender Bauart kam als neue Großmaschine die Dampfturbine, die gegen Ende des ersten Entwicklungsabschnitts die Dampfmaschine vollständig verdrängte. Die Entwicklung der modernen Dampfturbine wurde zwischen 1880 und 1890 von de Laval[6] und Parsons[7] geleistet. Sie hatten Vorläufer. Nach Matschoss [16] wurden in der Zeit von 1784 bis 1880 in England 134 Patente für Dampfturbinen erteilt. Darunter 1852 auch die Patente für Christian Schiele[8] mit der Nr. 13965, der von Frankfurt nach England gekommen war. Schieles Maschinen gehörten zu den ersten Dampfturbinen, die über Patentamt und Versuchsstand hinaus kamen und einen gewissen wirtschaftlichen Erfolg hatten.Schieles Turbinen wurden mit Leistungen zwischen 1 und 64 PS gebaut und fanden in Stahlwerken Anwendung als Antriebsmaschinen für Ventilatoren bei Schmiedefeuern und Kopolöfen. Schieles Turbine gehört zu den ersten marktfähigen Konstruktionen, konnte sich allerdings keinen dauerhaften Erfolg sichern [8]. Typisch für Turbinen ist die hohe Drehzahl der Welle. Ein Bedarf für schnell drehende Antriebsmaschinen entstand erst für den Antrieb der Generatoren nach Einführung der Elektrizität. Schiele war mit seinen Turbinen der Zeit voraus.

---

[6] Carl-Gustav de Laval (1845–1913), schwedischer Ingenieur, Erfinder der Milchzentrifuge und der Laval-Düse. Mit einer Lavaldüse können Gase auf Überschallgeschwindigkeit beschleunigt werden.
[7] Charles Algernon Parsons (1854–1931), englischer Ingenieur und Unternehmer.
[8] Christian Schiele (1832–1869).

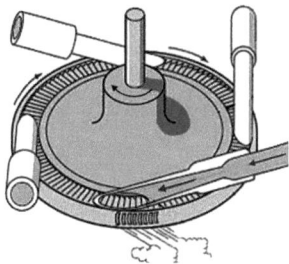

Abb. 3.9 Prinzip der Turbine von de Laval, nach Stodola [25]. Die von ursprünglich von de Laval gebaute Turbine war eine einstufige Gleichdruckturbine. Es wurden Anlagen mit Leistungen bis 500 PS gebaut, die u. a. zum Antrieb von Generatoren für die Beleuchtung von Schiffen eingesetzt wurden. Wegen der mit Laval-Düsen erreichten hohen Dampfgeschwindigkeit von 600 m/s ergaben sich bei Turbinenraddurchmessern von 500 mm Drehzahlen der Turbinenwelle von 20 000 bis 30 000 min^{-1}

De Laval konstruierte 1883 seine erste Leistung abgebende Turbine, indem er einen oder mehrere Dampf-Freistrahlen auf ein einzelnes Turbinenrad einwirken ließ, vgl. Abb. 3.9. Er setzte dazu das ganze Druckgefälle des Dampfes in einer Düse in kinetische Energie eines Dampf-Freistrahls um, indem er die nach ihm benannte Düse verwendete. Durch Umlenkung des Dampfstrahls in den Schaufeln des Turbinenrades wird dieses in Drehung versetzt. Es war der Vorläufer der sogenannten Aktions- oder Impulsturbine. Weil vor und hinter dem Turbinenrad der gleiche Druck vorliegt, spricht man auch von einem Gleichdruckrad. Die ganze Turbine wurde entsprechend als Aktions- bzw. Gleichdruckturbine bezeichnet. Die Geschwindigkeit der Dampfstrahlen von de Lavals Turbinen lag bei 400 m/s und die Drehzahl des Turbinenrades bei einigen Tausend Umdrehungen pro Minute. Zur Herabsetzung der Drehzahl waren Zahnradgetriebe erforderlich. Laval-Turbinen wurden in den neunziger Jahren des 19. Jahrhunderts von der Firma Humbolt in Köln-Kalk gebaut.

Einen anderen Weg ging Parsons. Seine Turbine, die er 1884 der Öffentlichkeit vorstellte, bestand aus 15 Turbinenstufen, die hintereinander angeordnet waren und axial durchströmt wurden. Jede Turbinenstufe bestand aus einem feststehenden Leitrad und einem Laufrad. Zweck der Anordnung war es, das Druckgefälle zwischen dem Kesseldruck und dem Turbinenauslass in Stufen zu unterteilen, um mit einer geringeren Drehzahl auszukommen. Die Umwandlung des Druckgefälles der einzelnen Stufen in kinetische Energie erfolgte durch entsprechende Bemessung der Strömungsquerschnitte sowohl im Leit- als auch im Laufrad. Da auch im Laufrad eine Expansion erfolgt, erfahren die Schaufeln eine Reaktionswirkung. Diese Bauart wurde als Reaktions- oder Überdruck-Turbine bezeichnet.

Die Erfolge von de Laval und Parsons regten etliche Konstrukteure zu Eigenentwicklungen an und so entstanden eine ganze Reihe von Turbinenbauarten[9]. Von den beiden

---

[9] Um 1920 gab es allein in Deutschland ca. 20 Hersteller von Dampfturbinen. Eine ausführliche Darstellung der wichtigsten Bauarten findet sich in [25].

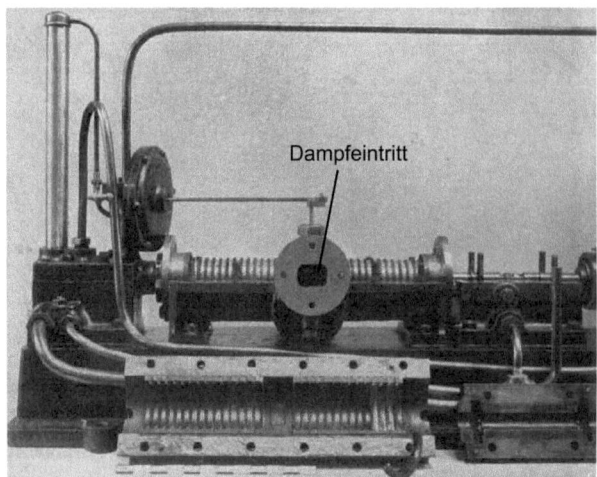

Abb. 3.10 Parsons Versuchsturbine aus dem Jahr 1884, nach Stodola [25]. Das Bild zeigt die geöffnete Turbine. Zwei Gruppen von je 15 hintereinander angeordneten Stufen aus je einem Leit- und Laufrad waren in dem gemeinsamen Gehäuse untergebracht. Zweck war es, das Druckgefälle zu unterteilen, um mit einer geringeren Drehzahl auszukommen. Die Laufräder von Parsons Turbine hatten einen Durchmesser von ca. 7 cm. Die Turbine drehte mit ca. 17 000 min^{-1} und entwickelte eine Leistung von 10 PS (Bildarchive Deutsches Museum)

Extrembauweisen konnte keine die Vorherrschaft gewinnen. Im Laufe der Zeit bildeten sich die heutigen Bauarten aus, die von beiden Grundprinzipien Gebrauch machen. Es dauerte noch 15 Jahre, bis die Turbinen erstmals in einer Zentralstation eingesetzt wurden. Die Installation der zwei ersten großen Parsons-Turbinen mit einer Leistung von je 1 000 kW erfolgte 1899 bei den Städtischen Elektrizitätswerken in Wuppertal-Elberfeld [15]. Bei einem Frischdampfzustand von ca. 9,2 bar, 190 °C und einem Kondensatordruck von 0,05 bar betrug der Dampfverbrauch 9,1 kg/kWh gegenüber einem Dampfverbrauch von 6,7 kg/kWh bei den damals besten Kolbendampfmaschinen. Aber schon 1906 lag der Dampfverbrauch bei den 3 000 kW Turbinen des Kraftwerks Moabit bei ca. 5,8 kg/kWh [25], S. 537 und 561.

Als Erster hatte Parsons bei seiner Überdruckturbine 1884 das Prinzip der Mehrstufigkeit eingeführt. Er konnte damit Energie des vom Kessel zuströmenden Hochdruckdampfes bei mäßigen Drehzahlen und Umfangsgeschwindigkeiten in kinetische Energie umwandeln. Parsons verteilte das Druckgefälle gleichmäßig auf Leit- und Laufrad. Im Jahr 1902 hat dann Rateau[10] eine Turbine vorgestellt, bei der er das Druckgefälle in jeder Stufe bereits im Leitrad vollständig in kinetische Energie umsetzte und den beschleunigten Dampf im Laufrad nur noch umlenkte. Rateau war es damit gelungen, das von Laval

---

[10] Auguste Rateau (1863–1930), französischer Turbinen-Ingenieur.

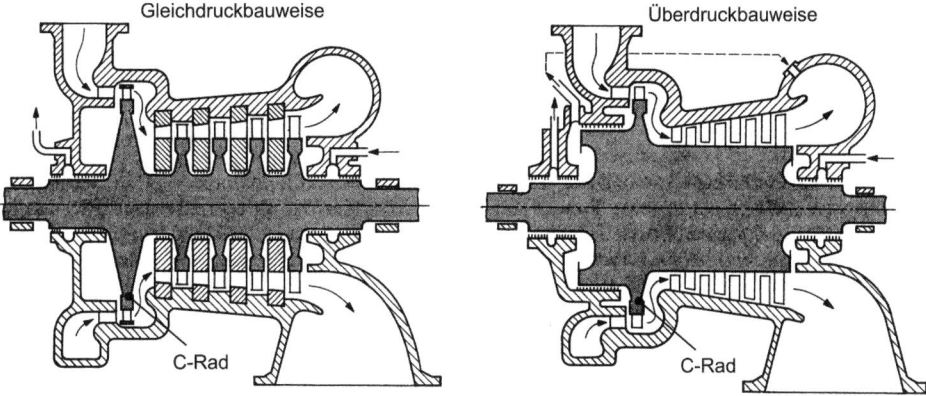

Abb. 3.11 Prinzipieller Aufbau heutiger Dampfturbinen. Sowohl der Gleichdruck- als auch der Gegendruckturbine ist ein so genanntes C-Rad vorgeschaltet. Der Fluss des Dampfes ist durch die Pfeile angedeutet

eingeführte Gleichdruckprinzip auf die Stufenturbine zu übertragen. Parsons und Rateau wandten die axiale Bauart an, die heute vorherrscht, Abb. 3.11. Bei gleicher Umfangsgeschwindigkeit der Turbinenräder benötigt die Rateausche Turbine allerdings nur halb so viele Stufen wie die Parsonsche, dies führt aber zu höheren Geschwindigkeiten und größeren Richtungsänderungen bei der Dampfströmung. Weil das Druckgefälle in den Leiträdern etwa doppelt so groß ist wie bei der Überdruckturbine, muss bei der Gleichdruckturbine die Abdichtung der Spalte zwischen Leitrad und Welle besonders wirksam sein. Diese Aufgabe wird mit der im Bild dargestellten „Kammerbauweise" am ehesten erfüllt. Deshalb wird im Unterschied zur „Trommelbauart" der Überdruckturbinen das Laufrad in Form einer Scheibe ausgeführt und der Durchmesser der Turbinenwelle so dünn gewählt, wie es mit Rücksicht auf die Festigkeit möglich ist.

Beim Betrieb beider Turbinenbauarten wurde der Druck im Kessel konstant gehalten (Festdruckbetrieb). Die Leistung wurde durch Drosselung des Dampfstroms mittels der Stellventile geregelt, vgl. Abb. 3.12. Dazu wurde bei beiden Bauarten ein Gleichdruckrad vorgeschaltet, das mittels Düsensegmenten auch teilbeaufschlagt werden konnte. Die Einführung des Gleichdruckrades wurde von Curtis[11] 1896 vorgeschlagen. In seiner Patentschrift hatte er eine Laval-Turbine einer Parsons-Stufenturbine vorgeschaltet, entsprechend dem rechten Teilbild in Abb. 3.11. Das Gleichdruckrad wird einstufig als Aktionsrad (A-Rad) oder zweistufig als Curtis-Rad (C-Rad) ausgeführt.

Bei hohen Dampfdrücken können die für die Expansion des Dampfes erforderlichen Stufen nicht mehr in einem einzigen Gehäuse untergebracht werden. Man unterteilt deshalb große Turbinen in einen Hochdruckteil, der aus warmfestem Material gefertigt ist,

---

[11] Charles Gordon Curtis (1860–1953), amerikanischer Ingenieur, Erfinder und Patentanwalt.

Abb. 3.12 Prinzip der Frischdampfeinströmung in ein Turbinengehäuse mit drei Düsensegmenten. Der Dampfstrom und damit die Leistung der Turbine wird mittels der Stellventile geregelt

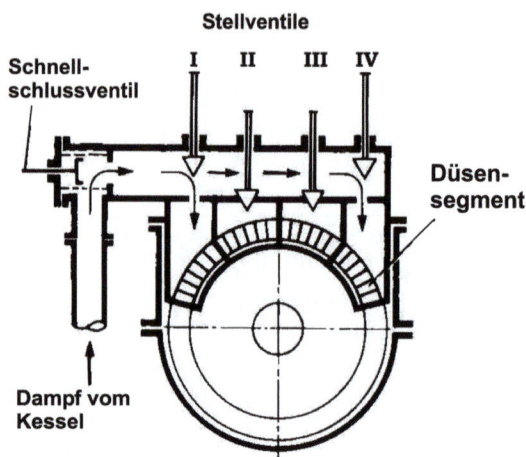

sowie ein oder mehrere Mittel- und Niederdruckteile, die aus entsprechend weniger hochwertigem Material hergestellt werden können.

Ausgehend von den im Jahr 1900 im Städtischen Elektrizitätswerk Wuppertal installierten ersten 1 000 kW Dampfturbinen haben noch im ersten Entwicklungsabschnitt bei den Turbinen große konstruktive Änderungen und wesentliche dampftechnische Verbesserungen stattgefunden. Damit konnten die anfänglichen Schwierigkeiten mit den kritischen Drehzahlen und den Eigenschwingungen der Turbinenwelle, der Abdichtung der Welle zwischen den einzelnen Stufen und am Durchtritt durch das Gehäuse überwunden werden. Auch gelang es, mit der sogenannten Stromfadentheorie einen ersten Ansatz für die Berechnung der Dampfströmung in der Turbine zu entwickeln. Die Fortschritte schienen so groß, dass sich Stodola in der zweiten Auflage seines Buches veranlasst sah festzustellen, *„dass auf dem Gebiet des Dampfturbinenbaus ein großer umgestaltender Gedanke kaum noch zu erwarten ist."* Tatsächlich hatten die Dampfturbinen bereits am Ende unseres ersten Entwicklungsabschnitts ihre Form gefunden, wie zuvor schon die Turbogeneratoren. Nachdem die Grundlagen für das Verständnis und die Vorausberechnung der Turbinen geschaffen und durch Erfahrung bestätigt waren, kam es bei den Turbinen zu einer raschen Leistungssteigerung. In der ersten Erweiterung des Kraftwerks Zschornewitz im Jahr 1930 wurden bereits Turbinen mit einer Leistung von 85 MW installiert, vgl. Abb. 3.34.

Die Turbinen beanspruchten weniger Platz als Dampfmaschinen, konnten mit größeren Einheitsleistungen gefertigt werden, waren billiger in der Herstellung, einfacher zu betreiben und dominierten deshalb bereits ab 1910 als Kraftmaschinen in den Kraftwerken. So waren in dem im Jahr 1915 fertig gestellten Kraftwerk Zschornewitz acht Turbinen mit einer Leistung von je 16 000 kW aufgestellt. Das Leistungsgewicht dieser Turbinen betrug nur noch 14,5 kg/kW gegenüber 40 kg/kW der ersten 1 000 kW Turbine. Zur Dampfversorgung des Kraftwerks waren vierundsechzig mit Braunkohle gefeuerte Kessel notwendig. Es war damals das weltweit größte einheitliche Dampfkraftwerk.

3.1 Erster Abschnitt: Zusammenstellung des Dampfkraftwerks aus bekannten Elementen 59

Abb. 3.13 Das Bild zeigt den für die Städtischen Elektrizitätswerke Wuppertal von der Firma Parsons gefertigten Turbogenerator bei den Abnahmeversuchen im Herstellerwerk. Es war seinerzeit die erste 1 000 kW Turbogruppe in Europa. Rechts im Bild der Generator mit feststehenden Induktoren (Außenpol-Anordnung)

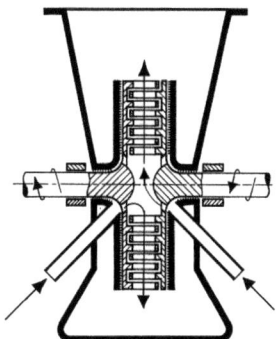

Abb. 3.14 Neben den axial durchströmten Turbinen wurden auch Radialturbinen entwickelt. Bemerkenswert war die von den schwedischen Erfindern und Unternehmern Birger Ljunström (1872–1948) und Frederik Ljungström (1875–1965) entwickelte Bauart, bei dieser strömte der Dampf in radialer Richtung von innen nach außen. Sie bestand aus zwei in entgegengesetzt zueinander drehenden Hälften. Die Beschaufelung war so angeordnet, dass die Laufschaufeln der einen Turbinen-Hälfte Leitschaufeln der anderen Hälfte waren. Durch die Geometrie bedingt eignete sich diese Bauart nur für Leistungen bis ca. 30 MW. Die Radialturbinen haben an Bedeutung verloren, nachdem durch Weiterentwicklung der Axialturbinen ihre Vorteile übernommen und ihre Nachteile vermieden werden konnten

Die Leistung der Turbinen wurde durch Änderung des Dampfstroms durch Verstellen des Querschnittes der Turbineneinlassventile geregelt, vgl. Abb. 3.12. Die erforderliche Anpassung des im Kessel erzeugten Dampfes an den von der Turbine verbrauchten erfolgte durch Regelung des Dampfdrucks vor der Turbine auf einen konstanten Wert. Stellgröße bei dieser als Festdruck bezeichneten Betriebsweise ist neben den Turbinenventilen noch der dem Kessel zugeführte Brennstoffstrom.

3.1.3 Generatoren

Die 1881 auf der Pariser Elektrizitätsausstellung vorgeführte Glühlampe erforderte eine gleich bleibende Spannung. Edison orientierte sich bei der Entwicklung seiner Dynamomaschine an der vom damals führenden Hersteller Gramme eingeführten Bauweise: Es handelte sich um eine Außenpol-Maschine mit feststehenden bipolaren Magneten und einem Ringanker. Auf der Welle des Ringankers war eine Kommutator genannte Vorrichtung angebracht, von der der produzierte Strom mittels Schleifringen abgegriffen werden konnte. In den ersten Kraftwerken trieb eine Dampfmaschine über Treibriemen mehrere Dynamomaschinen an. Dies war erforderlich, da damals die Dynamomaschinen die Leistung des Gesamtsystems begrenzten. Es gab zwei Möglichkeiten die Leistung zu erhöhen: Anhebung der Drehzahl oder Anzahl der Magnetpole vergrößern.

Dampfmaschinen, von denen ein hoher Wirkungsgrad verlangt wurde, mussten nach dem damaligen Stand der Technik langsam laufen (100–$200 \, \text{min}^{-1}$). Deshalb blieb nur die zweite Möglichkeit. Bei direkter Kopplung von Dampf- und Dynamomaschine führte dies zu den sogenannten Schwungradgeneratoren mit ca. 60 Polen, die über den Läuferumfang verteilt waren, wobei die Läufer Durchmesser von ca. 4 m hatten. Die Kombination aus Dampfmaschine und Dynamomaschine war damit um die Jahrhundertwende an die Leistungsgrenze gekommen und wurde in der Folgezeit innerhalb weniger Jahre von den neuen Dampfturbinen und Turbogeneratoren verdrängt.

Neue Aufgaben stellten sich für den Generatorenbau durch die Einführung der Dampfturbinen. Antrieb dafür waren der geringere Platzbedarf der Dampfturbine im Vergleich zur Dampfmaschine und die geringeren Kosten für die Turbogeneratoren gegenüber den Dampfdynamos und damit auch der Kosten für Bau und Betrieb der Kraftwerke, vgl. Abb. 3.15. Das Problem bei den direkt mit der Dampfturbine gekoppelten und somit auch mit $1\,500$ bzw. $3\,000 \, \text{min}^{-1}$ drehenden Turbogeneratoren war der Bau der Induktoren. Infolge der quadratisch mit der Drehgeschwindigkeit anwachsenden Fliehkräfte war es nicht möglich, ausgeprägte Pole wie bei langsam drehenden Dampfdynamos zu verwenden, vielmehr mussten die konzentrierten Feldspulen aufgelöst und als Einzelspulen über den Umfang verteilt werden.

Als einer der ersten hat Charles E. L. Brown erkannt, dass die Anwendung hoher Umfangsgeschwindigkeiten wesentliche Änderungen der Konstruktion der Dynamomaschinen erfordert und hat in seiner Patentschrift mit der Nummer CH 25338 aus dem Jahr 1901 *„Rotierender Feldmagnet mit Gleichstromerregung"* eine Lösung vorgeschlagen. Er erfand den für den Turbomaschinenbau richtungsweisenden Walzenläufer, bei dem die Erregerwicklung in über den Umfang der Rotoren gleichmäßig verteilt eingefrästen Nuten untergebracht ist. Von den Konkurrenzfirmen wurde vergeblich versucht, das Patent zu umgehen. Schlussendlich blieb ihnen nichts anderes übrig, als Lizenzgebühren zu bezahlen oder den Ablauf des Patentschutzes abzuwarten [7]. Der erste Generator mit einem solchen Walzenläufer hatte bei einer Spannung von $2\,000 \, \text{V}$ eine Leistung von $250 \, \text{kVA}$ und eine Drehzahl von $3\,900 \, \text{min}^{-1}$ entsprechend 65 Hz. Er wurde 1902 für das Elektrizitätswerk der Stadt Chur hergestellt. Die zur Abfuhr der Verlustwärme notwendige

Abb. 3.15 Größenvergleich zwischen einer 3 000 kW Turbogruppe, im Vordergrund, mit zwei Kolbendampfmaschinen von je 1 100 kW mit Schwungradgeneratoren

Kühlung erfolgte mittels einer Luftströmung, die von einem auf der Rotorwelle angebrachten Ventilator erzeugt wurde [24].

Die Nachfrage nach elektrischem Strom stieg nach 1900 rasch an und damit auch die Forderung nach Generatoren höherer Leistung. Der Leistungssteigerung stand jedoch ein großes Hindernis entgegen: Wegen des damals bereits bekannten *skin effektes* verteilte sich der Strom nicht mehr mit gleichmäßiger Dichte über den gesamten Querschnitt der in die Nuten des Generatorstators eingelegten Kupferstäbe, sondern konzentrierte sich in der äußersten Schmalseite der Stäbe. Dabei entstanden verlustbringende Wirbelströme und die Kupferstäbe wurden unzulässig heiß. Selbst wenn die Querschnitte vergrößert wurden, änderte sich daran nichts. Man musste zur Kenntnis nehmen, dass sich der Mehraufwand an Kupfer nicht lohnte. Abhilfe brachte eine Idee von *Ludwig Roebel*[12]. In seiner Konstruktion unterteilt Roebel den Kupferstab in mehrere isolierte Teilleiter, die ihrerseits untereinander verdrillt sind, wobei jeder Teilleiter seinen Platz im Querschnitt des Gesamtleiters längs der Walzennut laufend ändert. Damit konnte Roebel die Wirbelstrom- und Wärmebildung in den Kupferleitern vermeiden. Am 19. März 1912 wurde auf den *Roebelstab* das Deutsche Patent Nr. 277012 erteilt. Das Prinzip des Roebelstabs wird auch heute noch zur Unterdrückung der zusätzlichen Wirbelströme in der Statorwicklung eines

---

[12] Ludwig Roebel (1878–1934), deutscher Elektrotechniker und Erfinder, Dr.-Ing. E.h. der Technischen Hochschule Danzig (1933). Roebel studierte an der TH München Elektrotechnik. Danach arbeitete er von 1905–1908 bei den Siemens-Schuckert-Werken und danach bei der Brown, Boveri & Cie in Mannheim.

Abb. 3.16 Innenpol-Dynamomaschine. Wie seinerzeit bei Innenpol-Dynamos üblich, sind die Induktor-Spulen über den Umfang des Läufers verteilt. Die Anlage war Teil der 1910 errichteten Kraftzentrale der Möbelfabrik Kruss in Melle, Niedersachsen. Sie wurde schon seit etlichen Jahren nicht mehr genutzt und erst 1986 demontiert. Die Dynamomaschine ist seither in Melle an der Geamolder Straße als technisches Denkmal aufgestellt

Generators verwendet. Die Patente von Roebel und Brown sicherten BBC für lange Zeit einen Vorsprung auf dem Gebiet des Generatorbaus.

Seit der Einführung des Walzenläufers erfolgte eine schnelle Steigerung der Einheitsleistung der Turbogeneratoren, von den 250 kVA in Chur im Jahr 1902 über 100 MVA 1930 im Kraftwerk Zschornewitz auf 1 600 MVA bei den Kernkraftwerken. Die Energiewandlung in modernen Generatoren erfolgt mit einem Wirkungsgrad von 96 %. Die Leistungssteigerung und der hohe Wirkungsgrad wurde möglich durch Überwindung von Grenzen, von denen hier nur die Kühlung der Wicklungen und die Schmiedetechnik zur Herstellung der Rotoren genannt seien. Mit dem Walzenläufer und dem Roebelstab hatte der Turbogenerator seine Form gefunden, seine Konstruktion wurde seither nicht mehr grundsätzlich verändert, vgl. Abb. 3.17.

3.1.4 Kraftwerk Zschornewitz

Nach Beginn des Ersten Weltkrieges im Jahr 1914 wurde die Bereitstellung großer Strommengen für die Herstellung von Ammonium, Ammonsalpeter, Salpetersäure und Aluminium erforderlich, die für die Produktion von Waffen gebraucht wurden. Dieser Strombedarf

Abb. 3.17 Einlegen der Erregerwicklung in den Walzenläufer eines Turbogenerators [10]

konnte mit den vorhandenen Kraftwerken nicht gedeckt werden. Deshalb wurde ein zuvor von der AEG für die Stromversorgung Berlins vorgeschlagenes Projekt aufgegriffen, im Mitteldeutschen Braunkohlegebiet nahe Bitterfeld ein Kraftwerk zu bauen. Als Ausbauleistung in einem ersten Bauabschnitt wurden 128 MW beschlossen. Das Kraftwerk wurde innerhalb eines Jahres nach Plänen von Georg Klingenberg errichtet, dem erfolgreichen Planer großer Kraftwerke der AEG. Die Anlage wurde mit 8 Turbinen mit einer Leistung von je 16 MW bei 1500 1/min ausgerüstet. Als Frischdampfzustand wurden 15 atü und 350 °C gewählt. Eine Vorwärmung des Speisewassers mittels Anzapfdampf war nicht vorgesehen.

Die Entwicklung der Kessel hatte damals mit der Leistungssteigerung der Turbinen noch nicht Schritt gehalten. Deshalb waren für die Dampfbereitstellung 64 Kessel mit einer Dampfleistung von je 15 t/h erforderlich, die in vier riesigen Kesselhäusern aufgestellt wurden, vgl. Abb. 3.18 und 3.19. Die Mehrtrommel-Steilrohrkessel hatten eine Heizfläche von 500 m^2 und einen Ekonomiser von 320 m^2, der Kesselwirkungsgrad betrug 83 %. Jeder Kessel war mit vier ungekühlten Rosten von 1,4 m Breite und 4,5 m Länge ausgerüstet, eine Luftvorwärmung war nicht vorgesehen. Je vier Kessel der äußeren bzw. je 8 Kessel der drei inneren Kesselreihen wurden an je einen gemeinsamen 100 m hohen Schornstein mit einem oberen lichten Durchmesser von 5 m angeschlossen. Man wählte so hohe Schornsteine, um die Belastung der Umgebung durch Flugstaub in Grenzen zu halten.

Die Kessel wurden mit mitteldeutscher Braunkohle aus der benachbarten Grube Golpa gefeuert, die einen Heizwert von 2 300 bis 2 600 kcal/kg aufwies bei einem Wassergehalt von 54 % und einen Aschegehalt von 5–7 %. Der Heizwert lag nur bei etwa einem Drittel desjenigen von Steinkohle. Infolge ihrer großen Feuchtigkeit, ihrer oft sehr feinen, von groben Stücken durchsetzten Körnung und der großen Änderungen, die Korngröße und Gewicht bei fortschreitender Trocknung auf dem Rost erfahren, stellt Braunkohle an Roste besondere Anforderungen. Für Zschornewitz wurde ein einfacher, starrer Treppenrost

Abb. 3.18 Lageplan des Dampfkraftwerks Zschornewitz, erste Ausbaustufe 1915

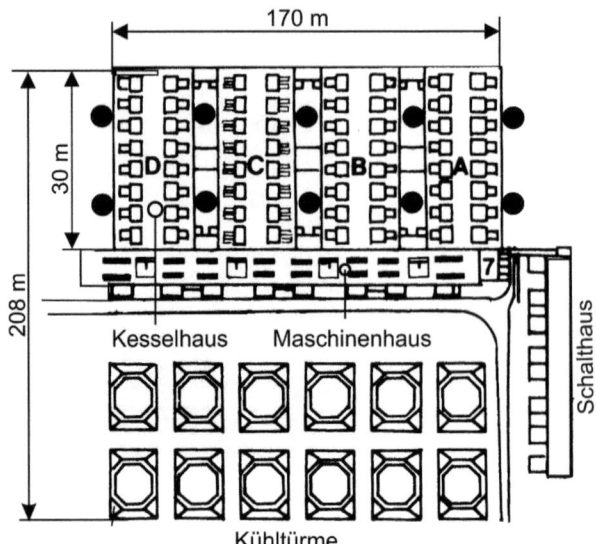

gewählt, über den die Kohle während der Trockenphase auf einen horizontalen Ausbrennrost niederrieselte. Die Beschickung der Roste mit Brennstoff geschah mechanisch, das Schüren des Feuers war Aufgabe von Heizern, die je zwei Kessel zu bedienen hatten.

Mit den festgelegten Dampfparametern ergab sich ein Anlagenwirkungsgrad von 15 %, so dass für den Volllastbetrieb 300 t/h Kohle erforderlich waren. Die vorgebrochene Kohle aus dem benachbarten Tagebau wurde mit Gurtförderern zu den Kesseln transportiert. Das Unverbrannte fiel zu 80 % als Schlacke und zu 15 % als Flugstaub an, diese wurden mit Kippwagen zurück zur Grube gebracht und dort deponiert.

Jede der acht Turbinen hatte zwei Kondensatoren. Da in der Nähe des Kraftwerks kein Flusswasser für die direkte Kühlung der Kondensatoren vorhanden war, wurden zur Rück-

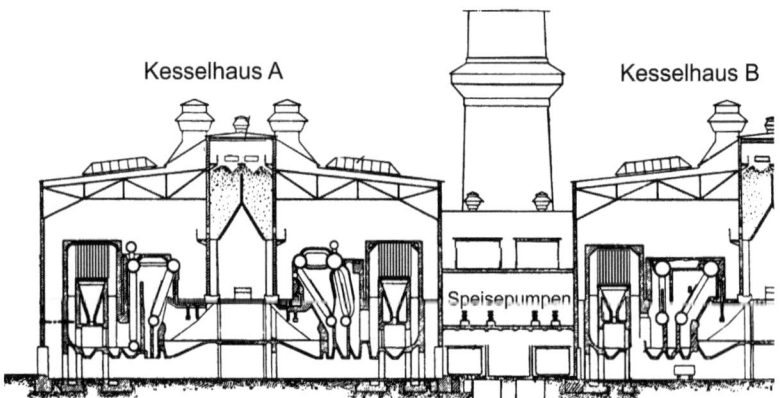

Abb. 3.19 Kraftwerk Zschornewitz: Schnitt durch das Kesselhaus

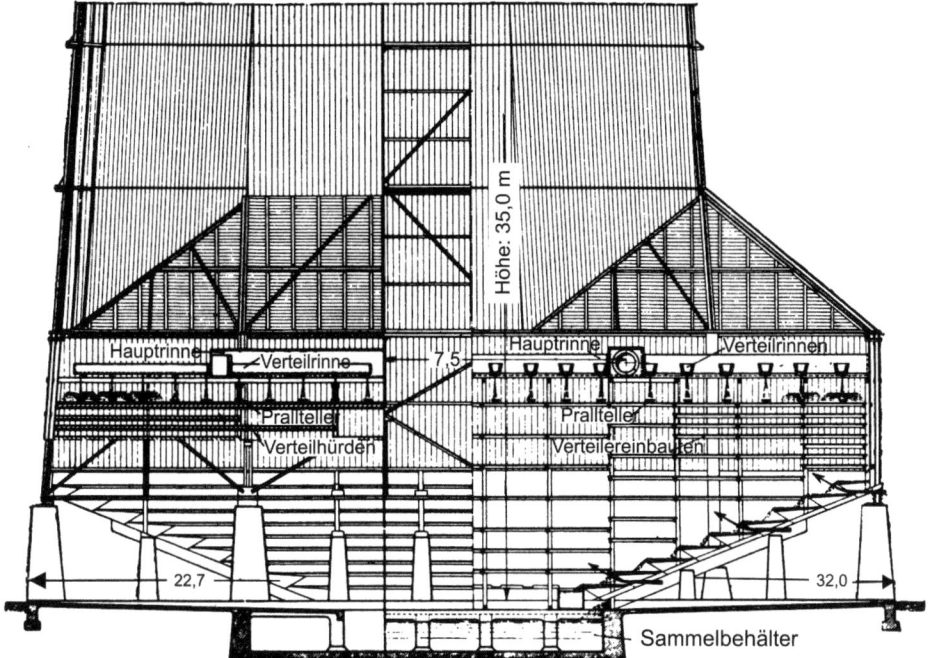

Abb. 3.20 Kühlturm des Kraftwerks Zschornewitz 1915

kühlung des Kondensatorkühlwassers Kühltürme errichtet, vgl. Abb. 3.20 und [2], [18]. Vorbild bei der Entwicklung der Kühltürme waren die Gradierwerke zur Gewinnung von Kochsalz aus Salzsole, wie sie von alters her in den Salinen verwendet wurden. Gradierwerke waren etwa 5 bis 10 m hohe, ca. 1 m tiefe und etliche Meter breite Holzgerüste, die mit Holzreisern ausgefüllt und quer zur vorherrschenden Windrichtung aufgestellt waren. Erwärmte Salzsole wurde auf Gerüsthöhe gepumpt, mittels Verteilerrinnen gleichmäßig verteilt und rieselte dann über die Reiser wieder herab. Damit wurde erreicht, dass die Salzsole in möglichst großen Oberflächen der kühlenden Wirkung der Luft ausgesetzt war. Gradierwerke fanden zunächst auch bei der Rückkühlung von Dampfmaschinen Verwendung.

Im Vergleich zu den Salinen sind bei der Rückkühlung in Kraftwerken viel größere Wassermengen zu kühlen. In Zschornewitz waren es ca. 30 000 m³/h. Um Wasserverluste durch das Versprühen bei heftigem Wind und um eine Belästigung der Nachbarschaft zu vermeiden, findet bei der Rückkühlung in Kraftwerken der Wärmeaustausch innerhalb eines Kühlkamins statt. Dazu wird das zu kühlende Wasser innerhalb des Kühlkamins versprüht. Durch den Auftrieb der dann erwärmten Luft ergibt sich so im Kamin eine Zugwirkung, die für einen ausreichenden Luftdurchsatz sorgt, und dies unabhängig von den wetterbedingten Windverhältnissen. Als einer der ersten Autoren hat O. H. Weiß [29], [28] die Grundlagen der physikalischen Vorgänge in Kühltürmen bereits 1888 klargestellt.

In Zschornewitz wurde das Kühlwasser aus dem Kondensator mittels Pumpen zu den Hauptverteilerrinnen in den Kühltürmen auf 7,5 m Höhe gefördert und von diesen in weitere Verteilerrinnen ausgegossen. Von den Rinnen fiel das Kühlwasser auf Prallteller, die es fein zerstäubten. Die durch Öffnungen am Umfang des Kühlturms unterhalb der Rieseleinbauten eintretende Kühlluft wurde mittels treppenartig angeordneter Führungsflächen über den gesamten Querschnitt des Kühlturms verteilt. Die Luft strömte im Gegenstrom zu den fallenden Wassertropfen, die Wärme wurde dem Kühlwasser zum überwiegenden Teil durch Verdampfen einer kleinen Teilmenge, zum kleineren Teil durch Konvektion mit der Luft entzogen. Kühltürme waren zuvor schon an anderen Anlagen zum Einsatz gekommen, aber nicht in dieser Größenordnung.

Mit der Einführung der Wasserkühlung der Kondensatoren und der Rückkühlung kam zum Speisewasser-Dampfkreislauf noch der Kühlkreislauf, wodurch sich der Umfang der zu einem Kraftwerk gehörenden Anlagenteile nochmals vergrößerte. Bei der Rückkühlung des Kühlwassers im Kühlturm gehen ca. 2 % Kühlwasser als Schwaden an die Atmosphäre verloren und muss durch Frischwasser ersetzt werden. Infolge des Wasserverlusts kam es im Kühlkreislauf zu einer Salz-Anreicherung. Wasser aus dem Kühlwasserkreis musste deshalb von Zeit zu Zeit abgeschlämmt werden. Das Abschlämmwasser wurde zusammen mit den Wassermengen aus der Speisewasseraufbereitung in Klärteichen gereinigt und neutralisiert. Die „Kraftwerkschemie" bekam mit der Rückkühlung ein noch größeres Gewicht.

Nach einer Bauzeit von neun Monaten konnte am 15. Dezember 1915 die Stromlieferung aufgenommen werden. Die Anlage Zschornewitz war zu jener Zeit das größte einheitliche Dampfkraftwerk weltweit.

3.1.5 Elektrizitätsverteilung

Wegen der Konkurrenz mit den Gaswerken, die, ähnlich den Zentralstationen, ihre Kunden ebenfalls über ein Leitungsnetz belieferten und ihnen das für den Betrieb des Glühlichts erforderliche Gas zu jeder Zeit in der gewünschten Menge zur Verfügung stellten, waren die Zentralstationen gezwungen es diesen gleichzutun. In den Anfängen der Elektrizitätswerke konnte diese Forderung nicht erfüllt werden. Wenn in den Städten z. B. die Theater ihre elektrischen Lampen einschalteten, mussten andere Verbraucher die ihrigen ausschalten und Gaslichter in Betrieb nehmen. Ein gewisser Ausgleich brachte bei den frühen Gleichstromanlagen die Verwendung von Akkumulatoren, doch konnte damit nur wenig erreicht werden. Abhilfe brachte erst die Einführung des Wechselstroms im Zusammenspiel mit der Einrichtung der Verbundnetze zur Verteilung des Stroms von parallel geschalteten Kraftstationen an eine große Zahl von Verbrauchern mit sich statistisch ergänzenden Anforderungsprofilen.

Commonwealth Edison Chicago Die ersten regional begrenzten Netze für die Verteilung des elektrischen Stroms entstanden gegen Ende des 19. Jahrhunderts in großen Städten und Ballungszentren. Eines der ersten wurde von Samuel Insull[13] in Chicago eingerichtet. Unter Insulls Leitung kaufte Chicago Edison nach der Finanzkrise der 1890er Jahre alle konkurrierenden Gesellschaften für einen bescheidenen Betrag auf. 1907 hatte seine Firma, die Commonwealth Edison, ein Monopol für die Erzeugung und Verteilung von Strom in Chicago. Insulls ökonomischer Erfolg beruhte auf den von ihm eingeführten Tarifen, nach diesen war in Zeiten hoher Auslastung seiner Kraftwerke der Strompreis höher als in Zeiten geringer Auslastung. Dadurch gelang es ihm, die Auslastung seiner Anlagen zu steigern und damit auch die Kosten der Stromerzeugung zu senken. Insull hatte früh erkannt, dass niedrige Preise eine Voraussetzung für die gedeihliche Entwicklung eines Energieversorgers sind.

Voraussetzung dafür war ein integriertes Verteilernetz, welches die Gesamtheit aller zur Erzeugung, Übertragung und Verteilung der elektrischen Energie notwendigen Vorrichtungen miteinander verknüpfte, mit dem die Leistungsabgabe erfasst und auf der Basis statistischer Daten die Betriebsbereitschaft der einzelnen Erzeuger voraus geplant werden konnte. Das Verteilungsnetz Chicagos gehörte in den 1920er Jahren zu den modernsten der Welt [26].

Rheinisch-Westfälisches-Elektrizitätswerk (RWE) Auch in Europa wurden noch vor 1900 die ersten größeren Verteilungsnetze eingerichtet. So wurde 1898 von der Elektrizitäts Aktiengesellschaft vorm Lahmeyer & Co., Frankfurt am Main das Rheinisch-Westfälische Elektrizitätswerk (RWE) zur Licht- und Kraft-Versorgung der Stadt Essen gegründet. Weil die Gründung von vornherein auf Expansion ausgerichtet war, entschied man sich für das Drehstromsystem. Das erste Kraftwerk wurde auf dem Gelände der Zeche Victoria-Mathias des Bergbauunternehmers Hugo Stinnes in Essen errichtet, die den Dampf für den Betrieb des Kraftwerks lieferte und 1900 in Betrieb genommen. Dies war von Vorteil, da zum einen die Zahlung der Kohlenumlage an das Rheinisch-Westfälische Kohlen-Syndikat gespart wurde und zum andern die Zeche bei geringer Stromnachfrage der Kunden den Strom für die Wasserhaltung nutzte, was zu einer hohen Auslastung des Kraftwerks beitrug. Ferner sicherte sich Hugo Stinnes[14] einen regelmäßigen Absatz und einen Aufsichtsratsposten, ohne an der RWE beteiligt zu sein. Im Jahr 1902, während der Krise der Deutschen Elektroindustrie, musste die Elektrizitäts Aktiengesellschaft ihre RWE Anteile an ein von Hugo Stinnes und August Thyssen[15] geführtes Konsortium verkaufen. Stinnes übernahm den größeren Anteil und wurde Aufsichtsratsvorsitzender.

---

[13] Samuel Insull (1859–1938) war ein enger Mitarbeiter von Edison. Auf Betreiben der Geldgeber Edisons wurden 1889 die Edison gegründeten Firmen zur Edison General Electric zusammengeführt. Bis 1892 war Insull Vice-President dieser Gesellschaft und wechselte 1892 als President zur Chicago Edison Co, die seit 1885 im Zentrum von Chicago eine Zentralstation betrieb.
[14] Hugo Stinnes (1870–1924), deutscher Industrieller und Politiker. Er gründete 1892 die Hugo Stinnes GmbH, auf deren Basis er nach dem 1. Weltkrieg ein Konglomerat aus Montan-, Industrie- und Handelsfirmen schuf. Er war zu seiner Zeit der einflussreichste Industrielle Deutschlands.
[15] August Thyssen (1842–1926), deutscher Industrieller, er gründete 1867 ein Walzwerk in Duisburg und entwickelte nach 1871 einen der größten vertikal gegliederten Konzerne der Montan-, Eisen-, Stahl- und Maschinenindustrie im Deutschen Reich.

Unter seiner Führung wurde RWE von einem städtischen Elektrizitätswerk zu einer Überlandzentrale ausgebaut. Sein Motto lautete:

Wir betrachten es im Gegensatz zu den meisten Kommunalbetrieben nicht als unsere Aufgabe, unter Ausnutzung unserer Monopolstellung in einzelnen Gemeinden bei geringem Stromabsatz großen Gewinn zu machen, sondern wir gedenken dadurch unsere Aufgaben für uns und die Allgemeinheit zu erfüllen, daß wir den Konsumenten, insbesondere der Eisenbahnverwaltung und der Industrie zu den denkbar billigsten Preisen größtmögliche Strommengen zur Verfügung stellen. Infolge rationeller Ausnutzung unserer Kraftstationen und des Kabelnetzes werden wir dann auf die Dauer bei ermäßigten Selbstkosten unsere Rechnung finden. [30]

Stinnes und Thyssen erkannten das wirtschaftliche Potential, das in einer Elektrifizierung des Ruhrgebiets steckte und, damit verbunden, die Bedeutung einer künftigen Elektrizitätswirtschaft als Kohleverbraucher. In der Elektrizität, *dem Kohleverkauf per Draht*, sah der Kohlebergbau eine große Absatzmöglichkeit für sein Produkt und in Angliederung der Kraftwerke einen weiteren Baustein für die vertikale Konzernbildung neben der Eisen- und Stahlindustrie [30]. In Verfolgung dieses Zieles schloss RWE Verträge mit benachbarten Zechen über gegenseitige Stromlieferungen, denn durch Vorausplanung der Arbeitsabläufe konnten diese die Zeiten ihres Strombedarfs vorausplanen. Während der Stunden nach Mitternacht und am Vormittag lieferte das RWE Strom an die Zechen, die im Gegenzug während der spätnachmittäglichen Lastspitzen Strom aus ihren Zechenkraftwerken an das RWE lieferten. Auf diese Weise wurde eine gleichmäßigere Auslastung sowohl der RWE- als auch der Zechenkraftwerke erreicht und der Aufbau von Reservekapazitäten auf das Notwendigste beschränkt. Resultierende Kosteneinsparungen gab das RWE teilweise an seine Kunden weiter. Die RWE sah ihre Aufgabe darin, *den Konsumenten zu billigsten Preisen größtmögliche Strommengen zur Verfügung zu stellen* [3].

Anders als kommunale Unternehmen agierte das RWE über die Stadtgrenzen hinaus und hatte aufgrund der Kapitalkraft seiner Eigentümer die finanzielle Basis, um sich bietende Gelegenheiten für Expansionen zu nutzen. Diese Politik stieß auf Widerstände. Vor allem westfälische Landräte vertraten die antimonopolistische Politik Preußens und etliche Gemeinden und Städte wollten den Einfluss auf die Elektrizitätsversorgung nicht verlieren. Mit der zweiten Gruppe konnte sich Stinnes verständigen. 1905 wurde die RWE in ein gemeinwirtschaftliches Unternehmen umgewandelt, in welchem die in das Verteilungsnetz einbezogenen Kommunen Sitz und Stimme hatten. Eine Struktur, die für die Energiewirtschaft in Deutschland bis in die Gegenwart Bestand hat. In der Folge erwarb die RWE eine Reihe kommunaler Kraftwerke, die aber erst in den 1920er Jahren durch ein gemeinsames Drehstromnetz verbunden wurden.

3.1.6 Resümee

Am Ende der Lehrjahre des Kraftwerkbaus, wie wir diesen ersten Zeitabschnitt vielleicht treffender charakterisieren können, hatten sich die Dampfkraftwerke als zuverlässige und kostengünstige Anlagen zur Bereitstellung von elektrischer Energie etabliert. Die größte Leistung in dieser Periode war die Entwicklung der Turbinen und Generatoren. Demgegenüber waren der Entwicklungsstand und die Fortschritte bei den Kesseln und Feuerungen sowie auf dem Gebiet der Stromverteilung noch unbefriedigend.

Am Ende des ersten Abschnitts waren auch die Auseinandersetzungen um die Stromart zwischen Gleichstrom, Wechselstrom, Drehstrom entschieden. Die ständig wachsende Akzeptanz der Elektrizität als Energielieferant für Haushalt und Industrie und die damit verbundene Zunahme der Auslastung und Ausdehnung der elektrischen Netze führte zur Vorherrschaft des Drehstroms. Bei der Wahl der Frequenz des Drehstroms war man zunächst völlig frei und so entstanden zunächst Anlagen mit unterschiedlicher Frequenz, in Lauffen waren es 40 Hz und bei den Niagarafällen 25 Hz. Ein entscheidender Grund für die Wahl höherer Frequenzen war das störende Flimmern des elektrischen Lichtes bei zu geringen Frequenzen.

Man ging mit der Frequenz solange in die Höhe, bis das durch den Polwechsel entstehende Flimmern nicht mehr als störend empfunden wurde, was ab 50 Hz der Fall war. Zitiert nach [22], S. 55.

3.2 Zweiter Zeitabschnitt: Großfeuerungsanlagen und Verbundnetz

Ausgelöst durch die Kriegsnöte rückte nach dem Ende des Ersten Weltkriegs in Europa der Zwang zur wirtschaftlichen Stromerzeugung und Verteilung in den Vordergrund. Zur Erreichung dieses Zieles waren die Planer und Hersteller von Kraftwerken gefordert, das beim Bau verwendete Material besser zu nutzen, den umbauten Raum und die bebaute Grundfläche zu verkleinern, den Wirkungsgrad der Anlagen zu erhöhen sowie die Betriebssicherheit und die Betriebsbereitschaft zu verbessern. Einen wesentlichen Beitrag zur Lösung dieser Aufgaben hat Klingenberg[16] gegeben. Wie andere Ingenieure der 2. Generation sah er in der Elektrizität eine neue Energiequelle, die es galt, an jedem Ort zur Verfügung zu stellen. Als erster sah er in einem Kraftwerk ein einheitliches Ganzes, eine stromerzeugende Fabrik, die wirtschaftlich arbeiten musste. Er hat die im Kraftwerk ablaufenden Vorgänge, vom Kohletransport bis zur Stromabgabe an das Netz, systematisch erfasst und daraus Richtlinien für den Bau neuer Kraftwerke abgeleitet. [45]. Er postulierte das Prinzip der kürzesten Wege für Kohle, Dampf und Strom und die lineare Strukturierung der Komponenten nach dem Energiefluss, vgl. Abb. 3.21 und gab neue Impulse für den Kesselbau.

Um die Forderungen von Klingenberg erfüllen zu können, mussten die im Kraftwerk verbundenen Maschinen eine hohen Reifungsgrad haben. Bei den Turbinen und Genera-

---

[16] Georg Klingenberg (1870–1925) war ab 1902 Leiter der Sektion Zentralstationen und Vorstandsmitglied der AEG, er wurde durch seine innovativen Konzepte für den Kraftwerksbau international bekannt. Unter seiner Leitung plante und baute die AEG zwischen 1893 und 1925 mehr als 70 Kraftwerke.

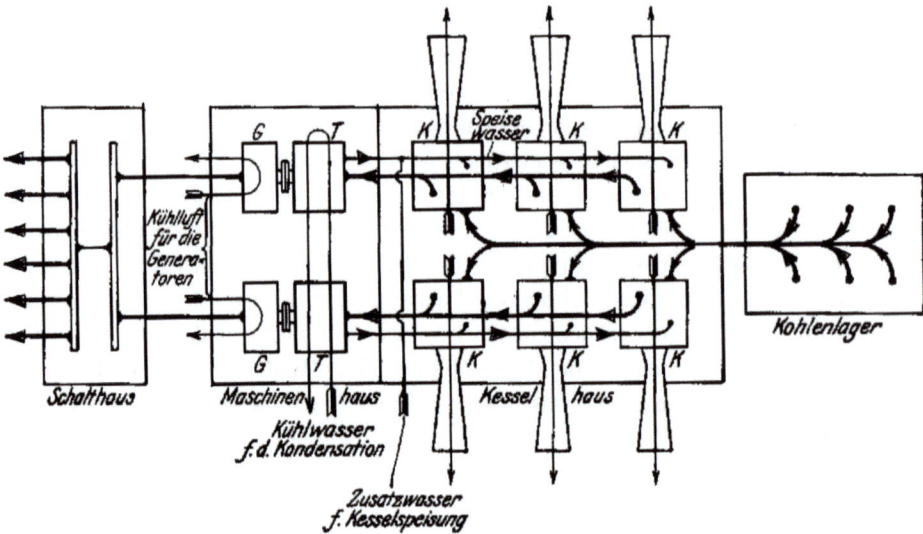

Abb. 3.21 Anordnung der Anlagenteile eines Kraftwerks nach dem Energiefluss [45]. K: Kessel, T: Turbine, G: Generator. Jedem Kessel wurde von Klingenberg ein Schornstein zugeordnet

toren war dies zu Beginn der zweiten Entwicklungsperiode durchaus gegeben. Für diese Maschinen wurden bereits damals Vorausberechnungen durchgeführt. Zur Einschätzung der damaligen Lage sei für die Turbinen auf das Buch von Stodola [65], das in erster Auflage im Jahr 1903 erschien, und für die Generatoren auf die Monographien des englischen Physikers Sylvanus P. Thomson [67] und von Erasmus Kittler [44] verwiesen. In beiden Büchern wurde die Theorie der Dynamomaschine dargestellt und die bis dahin bekannt gewordenen Gleichstrommaschinen beschrieben. Die Kenntnisse über die Theorie des Magnetismus und der Elektrizität hatte sich innerhalb weniger Jahre verbessert. Noch Mitte der 1880er Jahre sagt v. Hefner-Alteneck[17], „*dass es Glücksache sei, ein neues Dynamomodell zu bauen*", bereits 1889 konnte v. Dolivo-Dobrowolsky sagen „... *dass er in der Lage sei, die Maschinen mit einer Genauigkeit von 5 % zu entwerfen*" [38].

Zu Beginn des zweiten Zeitabschnitts waren die Dampfkraftwerke bereits Großanlagen zur Bereitstellung von elektrischem Strom. Getrieben durch den Strombedarf im damaligen Deutschen Reich wuchs in den beiden ersten Jahrzehnten des 20. Jahrhunderts die Stromproduktion pro Jahr mit einer Rate von 10 %. Möglich wurde dies durch den raschen Fortschritt beim Bau der Dampfkraftwerke. Durch konstruktive Verbesserungen in Verbindung mit neuen Werkstoffen war es bei den Turbogeneratoren zu raschen Leistungssteigerungen in Verbindung mit einem geringeren Material- und Raumbedarf gekommen. Dies besiegelte die Überlegenheit der Turbinen als Kraftmaschinen so stark, dass größere,

---

[17] Friedrich von Hefner-Alteneck (1845–1904), Mitarbeiter von Werner von Siemens. Erfinder des Trommelankers für elektrische Maschinen. Diese Konstruktion ist noch heute gebräuchlich.

3.2 Zweiter Zeitabschnitt: Großfeuerungsanlagen und Verbundnetz

neue Kraftwerke nur noch mit Turbogeneratoren gebaut wurden. So wurden in den Jahren von 1917 bis 1920 im RWE Kraftwerk Goldenberg[18] im rheinischen Braunkohlegebiet die ersten 50 MW Turbogeneratoren installiert, es waren damals weltweit die leistungsstärksten Maschinen.

Im Unterschied zu den Turbinen und Generatoren waren Kessel und Feuerung noch wenig erforscht, ihre Dimensionierung und Konstruktion wurde rein empirisch betrieben. Dies erkennt man schon daran, dass damals zur Kennzeichnung der Kapazität eines Kessels die Angabe Heizflächengröße in m^2 ausreichte. Die Feuerräume waren aus Mauerwerk und die Heizflächen waren bei den Wasserrohrkesseln als Rohrbündel in sogenannten Rauchgaszügen angeordnet. Die Bedeutung des Feuerraumvolumens für die Entwicklung und den Ausbrand der Flammen war noch nicht erkannt. Bei den damaligen Kesseln wurde ausschließlich die Rostfeuerung angewandt. Die Kohlen wurden in den Kraftwerken mit Förderbändern vom Kohlebunker bzw. Lagerplatz zur Feuerung transportiert und unter Zuhilfenahme mechanischer Vorrichtungen aufgegeben, vgl. Abb. 3.6. Auf den Rosten konnten pro Stunde und m^2 Rostfläche nur ca. 100 kg Kohle verbrannt werden. Bei Überschreiten dieser Grenze kam es durch das dann heißere Feuer zum Anschmelzen der mineralischen Bestandteile der Kohle auf dem Rost. Durch dieses „Verbacken" der Kohle wurde der Zustrom der Verbrennungsluft zu der auf dem Rost liegenden Kohle behindert, was zu einer Verminderung der Feuerleistung durch unvollständige Verbrennung und zu Rauchbildung führte. Da die maximal ausführbare Größe der Rostfläche ca. 20 m^2 betrug, war die Dampfleistung der Kessel durch die Feuerung auf ca. 20 t/h beschränkt.

Abhilfe brachte die Einführung der Kohlenstaubfeuerung. Obwohl dafür in England bereits zu Beginn des 19. Jahrhunderts Patente angemeldet wurden, erfolgte die Entwicklung der Kohlenstaubfeuerung zur technischen Reife in der amerikanischen Zementindustrie. Dort war man mit dem Umgang mit Mühlen und staubförmigem Gut vertraut und die hohen Temperaturen bei der Kohlenstaubverbrennung waren erwünscht. Gegen Ende des 19. Jahrhunderts wurden wegen der geringeren Brennstoffkosten Kohlenstaubflammen zur Beheizung der riesigen Drehrohröfen für das Brennen des Zements verwendet. Das Zusammentreffen von Asche und Schlacke aus der Kohlenstaubflamme mit dem Ausgangsmaterial des Zements führte dort zu keinen Störungen, sondern es war sogar erwünscht. Denn die Asche wurde in den Zement eingebunden und damit zu einem verkäuflichen Produkt statt zu einem unerwünschten und lästigen Abfall.

Die Konkurrenz mit der Staubfeuerung führte auch zu einem Entwicklungsschub bei den Rostfeuerungen. Nach Einführung der mechanischen Beschickung, der Luftkühlung der Roststäbe und höherer Brennkammern konnten ursprüngliche Funktionsnachteile teilweise ausgeglichen werden. Hauptvorteile dieser Feuerungsart sind die geringen Anlagekosten und der einfache Aufbau. Rostfeuerungen unterschiedlicher Bauart finden deshalb immer noch Anwendung bei Heizwerken, Industrieanlagen und bei der Verfeuerung von

---

[18] Bernhard Goldenberg (1872–1917) war 1903 bis 1917 Vorstand der RWE. Unter seiner Leitung wurden im Rheinland die ersten Braunkohlekraftwerke geplant und gebaut. Das Kraftwerk in Köln-Knapsack ist nach ihm benannt.

Sonderbrennstoffen. Was blieb, war die Leistungsbeschränkung, die bei einer Feuerleistung von 100 bis 150 MW liegt, und der im Vergleich zur Staubfeuerung höhere Verlust durch nicht verbrannte Brennstoffteile, die mit der Asche ausgetragen werden.

3.2.1 Einführung der Kohlenstaubfeuerung für Kraftwerke

3.2.1.1 Staubfeuerungen mit trockenem Ascheabzug

In den USA wurden während des Wirtschaftsaufschwungs nach dem ersten Weltkrieg die für Rostfeuerungen geeigneten Kohlen knapp und teuer. Im Unterschied zu diesen Kohlen waren aschereiche Kohlen und Kohlen feiner Körnung in großen Mengen verfügbar und billig. Diese konnten aber nicht mit den verfügbaren Rostfeuerungen genutzt werden. In Übertragung von Erfahrungen aus der Zementindustrie wurde vermutet, dass mit der in dieser Industrie praktizierten Verfeuerung von Kohlenstaub auch aschereiche Kohlen in einer Kesselfeuerung verbrannt werden könnten. Der erste erfolgreiche systematische Versuch mit einer Staubfeuerung in einem Kraftwerkskessel wurde 1919 von John Anderson in der Oneida Street Station der Milwaukee Railway & Light Co. unternommen. Bei den Versuchen wurde fein gemahlene Kohle zusammen mit der erforderlichen Luft zur Verbrennung in einen eigens dafür gebauten Feuerraum kontinuierlich eingeblasen und mit einer Fackel entzündet. Nach der Zündung brannte das Kohlenstaub/Luft-Gemisch in einer langen Flamme aus. Von Anderson wurden umfangreiche Tests durchgeführt, um den Einfluss des Wasser- und Aschegehalts der Kohle, der Korngröße der gemahlenen Kohle und des Kohlenstaub/Luft-Verhältnisses zu studieren [51]. Sein Versuch war erfolgreich, weil der Feuerraum für die Ausbildung und den Ausbrand der Kohlenstaubflamme groß genug war und die sich am Boden des Feuerraums angesammelten heißen Ascheteilchen mit einem gekühlten Ausbrandrost in fester Form abgezogen wurden. Feuerungen mit einem trockenen Ascheabzug aus der Brennkammer heißen *Trockenfeuerungen*. Die mit der Anlage erreichten Betriebsergebnisse waren so positiv, dass die Feuerungen von vier weiteren Kesseln mit Dampfleistungen von je 23 000 lb/h ebenfalls umgebaut wurden und bereits 1921 wurden im Kraftwerk Lakeside Station derselben Gesellschaft mit Kohlenstaub gefeuerte Kessel mit Dampfleistungen von 50 000 und 100 000 lb/h installiert [50], [36].

Die Versuche im Kraftwerk Oneida-Street hatten zum Ergebnis, dass Staubfeuerungen für die Nutzung eines weiten Kohlebandes geeignet sind und die Fähigkeit haben, die Feuerleistung schneller und einfacher als die Rostfeuerung der geforderten Kesselleistung anzupassen. Diese Vorzüge begründeten die spätere Vorherrschaft der Staubfeuerung in den großen mit Kohle gefeuerten Kraftwerken.

Die neuartige Staubfeuerung für die Kessel fand große Aufmerksamkeit, sowohl bei Befürwortern als auch Gegnern. Für Leute, die in der Umgebung des Kraftwerks lebten, war der im Vergleich zu den Rostfeuerungen höhere Staubauswurf aus den Kaminen Grund für Proteste. Von den Gegnern wurde Milwaukee als das „moderne Pompeii" be-

Abb. 3.22 Schnitt durch den Kessel in der Oneida Street. Der Feuerraum für den Versuch mit der Kohlenstaubfeuerung musste in einen älteren Kessel eingepasst werden. Die Wände des Feuerraums waren aus Mauerwerk und nicht gekühlt [36]. Für die Versuche wurde am Boden des Feuerraum ein gekühlter Ausbrandrost eingebaut. Der Kohlenstaub wurde zusammen mit ca. einem Fünftel der für die Verbrennung notwendigen Luft, als sogenannte Primärluft, von oben nach unten eingeblasen und verbrannte in einer so genannten Umkehrflamme. Die Zuführung der restlichen Verbrennungsluft, der Sekundärluft, erfolgte längs des Flammenwegs von der Seitenwand her

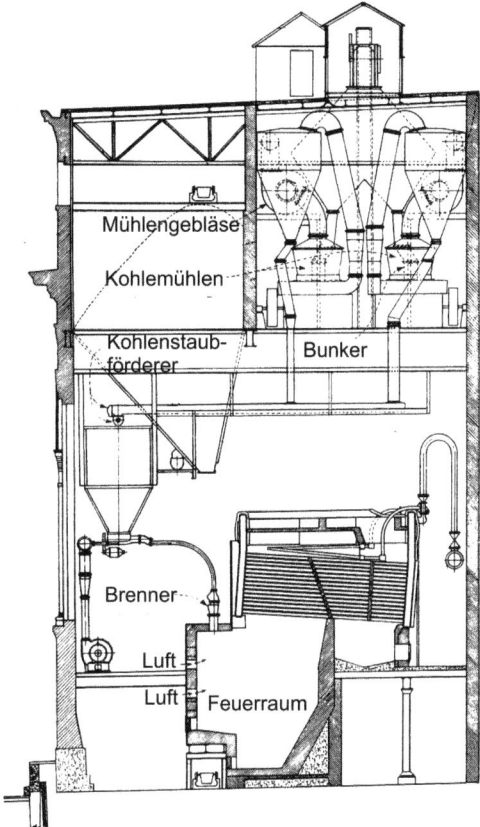

zeichnet, begraben unter dem Staub aus den modernen Kohlefeuerungen. Zur Behebung dieses Mangels installierte Anderson Nasswäscher zur Staubabscheidung aus den Rauchgasen. Dazu baute er in die Rauchgaskanäle Holzgitter ein, die mit Wasser besprüht wurden. Beim Vorbeiströmen der Rauchgase wurde an diesen Gittern ein Teil des Flugstaubes abgeschieden und so das Rauchgas „entstaubt" [50].

Die Entwicklung der Kohlenstaubfeuerung wurde zunächst unabhängig vom Kessel vollzogen, weil sie von Spezialisten durchgeführt wurde, die sich allein für die Feuerung interessierten. Dem Konzept der neuen Feuerungsart lag die Vorstellung zu Grunde, dass gemahlene Kohle wie ein Gas brennt, wenn sie nur fein genug gemahlen wird. Da für eine vollständige Verbrennung von einem kg Kohle ca. 7 m^3 Luft erforderlich sind, war notwendige Bedingung für eine vollkommene Verbrennung die homogene Vermischung zwischen Kohlenstaub und der Verbrennungsluft. Dies war insofern eine anspruchsvolle Aufgabe, als Kohlenstaub mit einem Volumen von einem Liter mit dem 8 000 fachen Volumen an Luft gemischt werden muss.

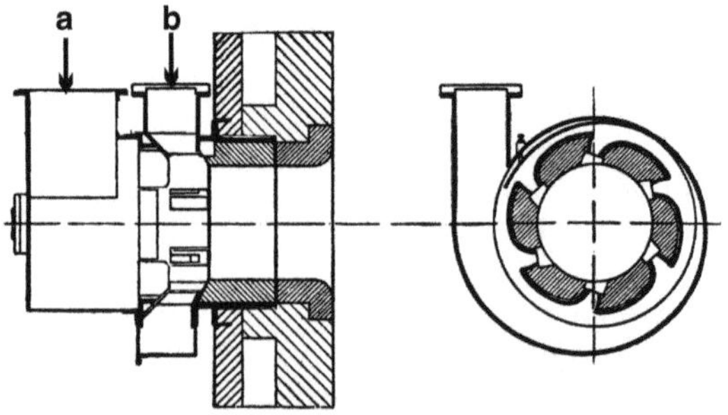

Abb. 3.23 Wirbelbrenner aus dem Jahr 1931. a: Kohlenstaub-Luftgemisch, b: Sekundärluft

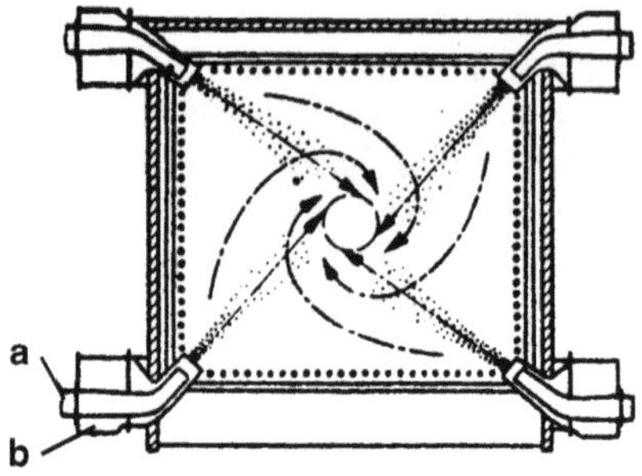

Abb. 3.24 Anordnung der Brenner in einer Eckenfeuerung der KSG aus dem Jahr 1932. a: Kohlenstaub-Luftgemisch, b: Sekundärluft

Von Kohlenstaubfeuerungen mit U-förmiger Flamme wie im Kraftwerk in der Oneida Street ist man rasch abgekommen. Man ging zu Brennern über, mit denen eine gezielte Vermischung des Staubluftgemischs mit der Sekundärluft erreicht wird. Ziel war, eine sichere Zündung und eine vollständige Verbrennung zu erreichen. Beim Wirbelbrenner in Abb. 3.23 strömt das Staubluftgemisch durch mehrere Düsen tangential gegen die axial strömende Sekundärluft, dies sorgt für eine Durchmischung beider Strahlen und gibt der Flamme einen Drall.

Einen anderen Weg ging man bei der sogenannten Eckenfeuerung oder Tangentialfeuerung nach Abb. 3.24. Bei dieser Feuerung blasen vier in den Ecken des Feuerraums angeordnete Brenner tangential auf einen gedachten Kreis in der Mitte des Feuerraums. Jeder der Brenner besteht aus Kohlenstaubdüsen mit zugeordneten Sekundärluftdüsen. Durch die Ausrichtung der Brenner auf einen Kreis entsteht in der Brennkammer eine Drallströmung, welche die Durchmischung fördert und die Stabilität der Flamme erhöht.

3.2.1.2 Die Entwicklung der Mühlenfeuerung für Braunkohle

In Deutschland hatte man vor 1900 begonnen, die in Mitteldeutschland und im Rheinland in mächtigen Lagerstätten vorkommende Braunkohle mechanisch im Tagebau zu fördern, woraus sich sehr geringe Kosten für die Rohkohle ergaben. 1913 förderten die deutschen Braunkohlegruben 125 Millionen Tonnen [41]. Braunkohlen enthalten 50 bis 60 % Wasser, 2 bis 10 % Asche und haben daher einen geringen Energieinhalt, der nur ein Viertel bis ein Drittel desjenigen von Steinkohle ausmacht. Trotz des geringen Energiegehaltes wurde besonders in Deutschland Rohbraunkohle zur Feuerung von mittelgroßen Dampf-

Abb. 3.25 Anordnung der Rauchgasrücksaugung und der Mühle bei der Nasskohlenfeuerung. *1*: Brennkammer, *2*: Rücksaugeschacht, *3*: Luftzugabe, *4*: Rohkohlenaufgabe, *5*: Mühle

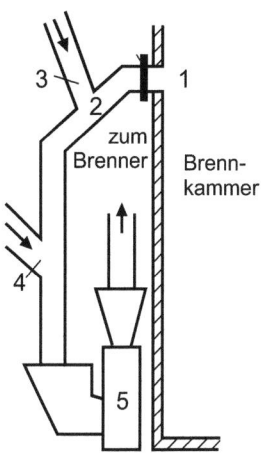

erzeugern für Kraftwerke genutzt und dazu auf feststehenden oder mechanischen Rosten verbrannt. Wegen des hohen Wassergehaltes und der erdigen Struktur der Braunkohle war die Verbrennungsleistung der Roste bald an eine technische Grenze gekommen.

Da es wegen des geringen Heizwertes nicht wirtschaftlich war, Rohbraunkohle zu transportieren, wurden in der Braunkohlenindustrie Verfahren zur Trocknung und Brikettierung entwickelt. Wegen der leichten Mahlbarkeit und den guten Brenneigenschaften ist getrocknete Braunkohle ein idealer Brennstoff für Staubfeuerungen. Andererseits ist Braunkohlenstaub unter gewissen Bedingungen ein explosiver Stoff. Es war deshalb ein mutiger Schritt, als sich 1926 die sächsische Chemiefabrik Böhlen entschied, acht mit Braunkohlenstaub gefeuerte Kessel mit einer Dampfleistung von je 136 t/h zu bauen. Obwohl im Anschluss noch etliche mit Trockenbraunkohle gefeuerte Kraftwerke gebaut wurden, hat sich diese Art der Feuerung nicht durchsetzen können. Der wirtschaftliche Grund dafür waren die hohen Anlagekosten und der Raumbedarf für die Trocknung, der technische Grund war das Aufkommen der Mühlenfeuerung.

Die Lösung brachte die Nasskohlenfeuerung der KSG,[19] vgl. Abb. 3.25. Für die Mahltrocknung werden dabei sogenannte Schlagradmühlen eingesetzt, bei denen das Zerkleinerungswerkzeug als Prallplatte auf dem umlaufenden Rad angebracht ist. Dieses Rad ist als Radialgebläsestufe ausgebildet, es saugt heißes Rauchgas aus der Brennkammer an und fördert die gemahlene Kohle zu den Brennern. Die in den Rücksaugschacht aufgegebene Rohkohle wird auf dem Weg zur Mühle vorgetrocknet und beim Aufprall auf die Prallplatten zerkleinert. Die gemahlene Kohle wird sodann gesichtet und zusammen mit den rückgesaugten Rauchgasen und der Verbrennungsluft in die Brennkammer eingeblasen. Mit der Entwicklung der Nasskohlenfeuerung hatte die Braunkohlenfeuerung ihre Form gefunden.

---

[19] KSG steht für: Kohlenscheidungs-Gesellschaft, eine der Pionierfirmen bei der Einführung der Kohlenstaubfeuerungen und der Nasskohlenfeuerung von Braunkohlen.

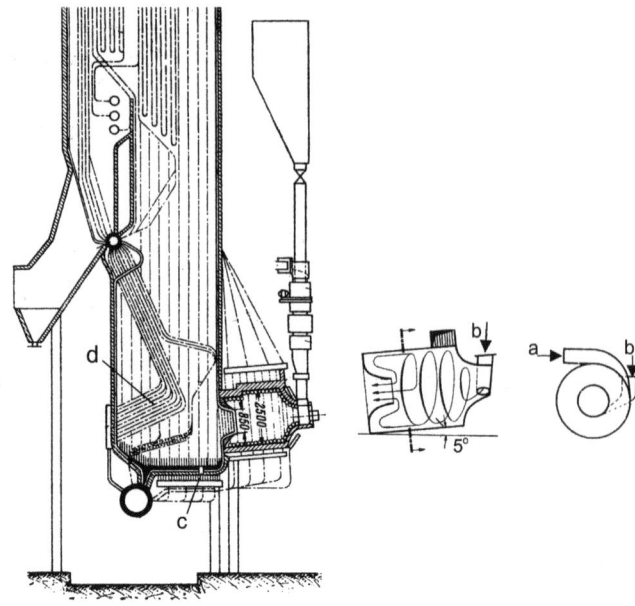

Abb. 3.26 Zyklon-Feuerung mit flüssigem Schlackenabzug im Calumet Kraftwerk in Chicago im Jahr 1940. Das rechte Teilbild zeigt schematisch die Funktionsweise des Zyklons. Um die angestrebten hohen Temperaturen von ca. 1 600 °C zu erreichen, wurden die Wände der Zyklone mit Isoliermaterial ausgekleidet. a: Kohlen-Luftgemisch, b: Sekundärluft, c: Schlackenabzug, d: Fangrost für mitgerissene flüssige Schlacke

3.2.1.3 Staubfeuerungen mit flüssigem Schlackenabzug

Bei den Staubfeuerungen wird die ebenfalls fein gemahlene nicht brennbare mineralische Kohlesubstanz, die nach der Verbrennung als Asche übrig bleibt, zusammen mit den Verbrennungsgasen auf Flammentemperatur erhitzt. Rauchgas und Ascheteilchen strömen gemeinsam durch den Kessel zum Kamin. Dabei können sich Teile der im heißen Zustand zum Teil klebrigen Asche an den Wänden der Brennkammer als Schlacke oder an Heizflächen des Kessels als Beläge ablagern. Der größere Teil der Ascheteilchen wird dabei vom Rauchgas mitgenommen, hinter dem Kessel mit Staubfiltern abgeschieden oder, nach dem Ausströmen aus dem Kamin, in die Umgebung verteilt. Die Ablagerungen im Kessel vermindern den Wärmetransport von den Rauchgasen zu den Heizflächen, verengen die Strömungsquerschnitte und führen in der Folge zu Lasteinschränkungen. Um dem abzuhelfen, entstand die Idee, die Asche bereits in der Brennkammer abzutrennen, denn dort fällt sie ja an. Dies führte zur Entwicklung der Schmelzfeuerungen.

Eine Schmelzfeuerung besteht aus einer Schmelzkammer und dem nachgeschalteten Strahlungsraum. Bei der Verbrennung in der Schmelzkammer wird die Temperatur so hoch getrieben, dass die Asche bereits dort zum Schmelzen kommt und als Schmelze in flüssiger Form abgezogen werden kann. Der Kohlenstaub verbrennt in der Fliehkraftströmung von Zyklonen, Abb. 3.26. Die flüssige Asche wird an den Wänden des Zyklons abgeschieden, in einem Trichter gesammelt und kann durch eine Abzugsöffnung abfließen. Bei den meisten Anlagen wurde die flüssige Asche unmittelbar nach dem Austritt aus dem Kessel in einem Wasserbad schlagartig abgekühlt und zerfiel dabei in glasartiges Granulat, das vielfältig industriell verwendet werden konnte. Die in der Schmelzkammer

Abb. 3.27 Verschlackung eines Überhitzers

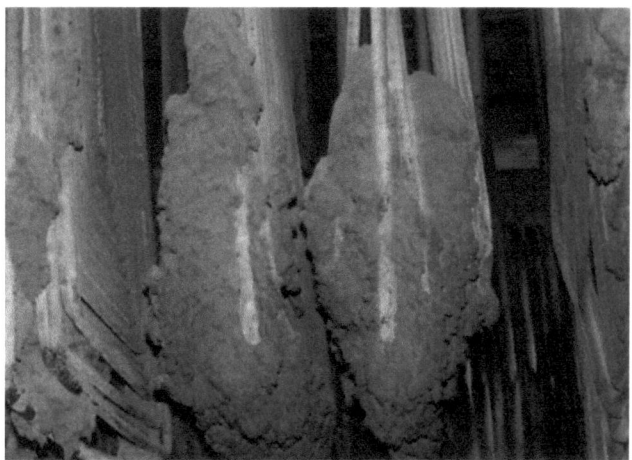

nicht eingebundene Asche wurde am Kesselende im Staubfilter gesammelt und konnte so durch Rückführung in die Brennkammer eingeschmolzen werden.

Die Schmelzfeuerungen wurden in den Vereinigten Staaten in der Zeit von 1925 bis 1935 für die Verfeuerung von aschereichen Kohlen zur industriellen Reife entwickelt [39]. Ziel der Entwicklung war es:

- hohe Brennkammertemperaturen, damit intensive Verbrennung und geringe Verluste durch Unverbranntes
- hoher Ascheeinbindungsgrad in der Brennkammer, damit Reduzierung der Ascheanlagerungen in den Kesselheizflächen und Verkleinerung der Staubfilter
- hohe Brennkammerbelastungen und damit Verkleinerung der Kessel
- Einsparung von Deponieflächen für die Asche, da Granulat industriell verwendbar war

Allerdings erreichte die Schmelzfeuerung die angestrebten Vorteile nur teilweise. Dessen ungeachtet wurden besonders in Deutschland im Zuge der Optimierung zahlreiche Varianten von Schmelzkammern entwickelt und in den Jahren von 1950 bis 1960 zahlreiche Anlagen mit Schmelzfeuerungen gebaut, vgl. [57]. Dieser Trend kam zu einem Ende, als in der Zementindustrie Verwendungsmöglichkeiten für die in den Staubfiltern der Kessel abgeschiedene feinkörnige Asche aus Trockenfeuerungen, der sogenannte Flugstaub, gefunden wurde. Ferner hatte sich auch gezeigt, dass Instandhaltung und Betrieb bei Anlagen mit Trockenfeuerungen problemloser sind als bei Schmelzfeuerungen.

3.2.2 Integration der Staubfeuerung in die Kessel – der Kampf mit der Asche

Die Integration der Staubfeuerung in den Kessel hat dazu geführt, dass die überkommenen Vorbilder von Kesseln und Feuerräumen verlassen und neue Bauformen entwickelt

Abb. 3.28 Strahlungskessel mit Zyklon-Schmelzfeuerung am Ende der zweiten Entwicklungsperiode. *a*: Zyklon, *b*: Verdampferrohre, *c*: Trommel, *d*: Fallrohre, *e*: Überhitzer. Die Kesselwände waren aus Mauerwerk, das von einem Stahlgerüst getragen wurde und der Feuerraum war mit dicht an dicht liegenden Verdampferrohren ausgekleidet

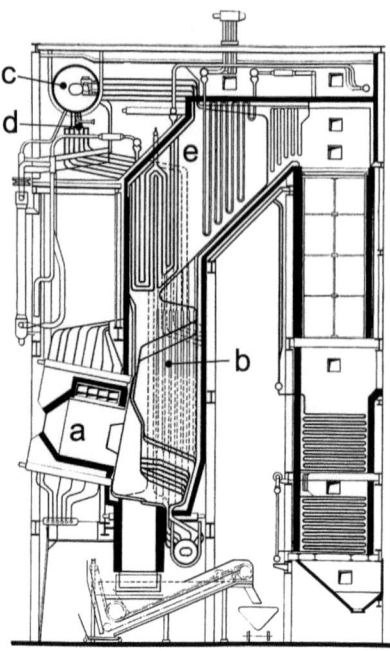

wurden. Der Unterschied zwischen den Bauformen wird deutlich im Vergleich des Kessels Abb. 3.8 mit Rostfeuerung zu dem sogenannten Strahlungskessel Abb. 3.28. Bei den frühen Kesseln mit Rostfeuerungen waren die Wände der Brennkammern aus Mauerwerk, wie man es vom Hausbau her kennt. Man ging damals noch von der Vorstellung aus, dass die Kohle auf dem Rost verbrennt, daher war das Volumen des Feuerraums knapp bemessen. Der Wärmetransport erfolgte mit der Konvektion der Rauchgase durch die Rohrbündel der Kesselheizflächen. Die Wichtigkeit eines großen Feuerraums für den vollständigen Ausbrand der Flamme war noch nicht erkannt.

Bei den Kesseln mit Staubfeuerungen wurde von Beginn an der Feuerraum in der Weise ausgebildet, dass der Kohlenstaub im Feuerraum vollständig verbrannte. Sie wurden im Vergleich zu den Rostfeuerungen mit geringerem Luftüberschuss betrieben und mit einer höheren Feuerleistung pro Flächeneinheit des Brennkammerquerschnitts. Dies hatte einen Anstieg der Flammentemperatur zur Folge, denen Feuerraumwände aus ungekühltem Mauerwerk schließlich nicht mehr standhalten konnten. Um dem abzuhelfen, wurden die Feuerräume der Staubfeuerungen mit wassergekühlten Rohren ausgekleidet. Damit wurde der Wärmeaustausch zwischen den Feuerungsgasen und den Wasser- bzw. dampfdurchströmten Kesselrohren mit zunehmender Auskleidung immer mehr in den Feuerraum verlegt, woraus sich schließlich ein neuer Dampferzeugertyp – der *Strahlungskessel* – entwickelte, dessen konsequente Ausführung nur noch geringe Ähnlichkeit mit den hergebrachten Kesseln mit Rostfeuerungen aufwies, vgl. Abb. 3.8.

Schon bei den ersten staubgefeuerten Anlagen erkannte man, dass der Feuerraum nicht nur groß sein muss, sondern auch die Temperatur der Rauchgase vor Verlassen des Feu-

3.2 Zweiter Zeitabschnitt: Großfeuerungsanlagen und Verbundnetz

erraums unterhalb der Schmelztemperatur der Asche liegen muss. Denn die von den Rauchgasen mitgerissenen Ascheteilchen werden in der Flamme bis auf ihre Schmelztemperatur erhitzt, woraus sich große Schwierigkeiten für den Kesselbetrieb entwickeln können. Treffen angeschmolzene Ascheteilchen auf Heizflächen oder die Feuerraumwände, so lagern sie sich an und bilden unerwünschte Ansätze. Diese Ascheschwierigkeiten können etwa folgendermaßen gekennzeichnet werden:

- Verschlackung[20] der Brennkammerwände
- Bildung von Verschmutzungen an den Konvektionsheizflächen
- Bildung von Schlackenbärten an den Brennern
- Anhäufung von halbgeschmolzener Schlacke am Boden der Brennkammern

Die Asche, das ist die Summe der mineralischen Anteile der Kohle, bestehend aus Eigenasche, das sind die von der Karbonisierung der ursprünglichen Pflanzen stammenden mineralischen Reste, aus Fremdasche, die sich gleichzeitig mit der organischen Substanz ablagerte und den Bergen, die bei der Förderung mit abgebaut wurden. Das Mineraliengemenge, das wir Asche nennen, besteht demnach aus einer Vielzahl chemischer Elemente. Als solche hat Asche keinen ausgeprägten Schmelzpunkt, sondern einen Erweichungs- und Schmelzbereich, der sich über einen großen Temperaturbereich ausdehnen kann. Wegen der Komplexität des Mineralgemenges ist das Ascheproblem in den Feuerungen nicht ein feststehendes chemisches, sondern ein beeinflussbares technisches Problem, das man beherrschen kann. Dazu standen folgende Maßnahmen zur Verfügung:

- Dimensionierung des Feuerraums:
  Die Verweilzeit der Rauchgase in der Brennkammer muss länger sein als die Brennzeit der gemahlenen Kohle[21].
- Auskleidung der Brennkammer mit Verdampferrohren:
  Die Verdampferrohre der Feuerraumauskleidung absorbieren die Wärmestrahlung der Flamme. Damit kann erreicht werden, dass die Temperatur der Rauchgase beim Eintritt in Konvektivheizflächen unter der Erweichungstemperatur der Asche liegt. Der Wärmeaustausch durch Strahlung zwischen Flamme und Wand war aus der Physik im Prinzip bekannt, aber die Wärmeabstrahlung staubbeladener Gase war noch Gegenstand der Forschung, vgl. [60], [42].
- Gestaltung der Brenner:
  Die Brenner mussten so gestaltet sein, dass eine gute Vermischung von Brennstoff und Luft bei jeder Belastung gegeben ist. Zonen örtlichen Luftmangels, örtliche Übertemperatur und Berührung der Flamme mit den Wänden musste vermieden werden.

---

[20] Der Unterschied zwischen Verschlackung und Verschmutzung besteht in der Struktur der Ansätze. Sind sie hart und durchgeschmolzen, so werden sie Verschlackung genannt. Bestehen sie aus angelagerten Ascheteilchen, die ihre Struktur nicht geändert haben, so spricht man von Verschmutzung.

[21] Die erste Theorie der Verbrennung eines Kohlekorns in einer Staubfeuerung wurde 1922 von Nusselt dargestellt [55].

Ein in der zweiten Entwicklungsperiode gestalteter Kessel für ein großes Dampfkraftwerk hatte die in Abb. 3.28 dargestellte Form. Er hatte einen großen, vollständig mit Verdampferrohren ausgekleideten Feuerraum, einen Luftvorwärmer und einen Ekonomiser. Die Abgastemperatur betrug ca. 140 °C und der Kesselwirkungsgrad ca. 90 %. Die Dimensionierung der Brenner, des Feuerraums und der Kesselheizflächen erfolgte mangels faktenbasierter Grundlagen noch immer aufgrund empirischen Wissens.

Die Konkurrenz mit der Staubfeuerung führte auch zu einem Entwicklungsschub bei den Rostfeuerungen. Durch Einführung der mechanischen Beschickung, der Luftkühlung der Roststäbe und höhere Brennkammern konnten einige der ursprünglichen Funktionsnachteile aufgehoben werden. Hauptvorteile dieser Feuerungsart sind die geringen Anlagekosten und der einfache Aufbau. Deshalb hat die Staubfeuerung die Rostfeuerung nicht vollständig verdrängt. Rostfeuerungen unterschiedlicher Bauart finden deshalb immer noch Anwendung bei Heizwerken, Industrieanlagen und bei der Verfeuerung von Sonderbrennstoffen. Was blieb, war die Leistungsbeschränkung, die nunmehr bei einer Feuerleistung von ca. 50 MW lag, und der im Vergleich zur Staubfeuerung höhere Verlust durch nicht verbrannte Brennstoffteile, die mit der Asche ausgetragen werden.

3.2.3 Weiterentwicklung der Turbinen und Turbogeneratoren

Die Dampfturbine ist eine Wärmekraftmaschine mit der Thermodynamik als Grundlage. Am Ende der zweiten Entwicklungsperiode waren die thermischen Eigenschaften des Wasserdampfes soweit erforscht, dass die für eine bestimmte Leistung einer Maschine erforderlichen Energie- und Stoffströme recht genau berechnet werden konnten. Allerdings erhielt man aus den Gleichungen der Thermodynamik und der Strömungsmechanik nur ein Gerüst für die Gestaltung der Turbine: Die Ergebnisse lieferten die Hauptabmessungen, die Strömungsquerschnitte und die Profilwinkel der Leit- und Laufräder, mit denen allein noch keine Maschine gebaut werden kann. Um eine Maschine zu bauen, musste die gestaltende Arbeit der Konstrukteure einsetzen. So ist auch der Wirkungsgrad einer Maschine nicht nur vom thermodynamischen Prozess und seinen Daten abhängig, sondern auch von der konstruktiven und fertigungstechnischen Ausführung der Strömungsführung des Arbeitsmittels, der günstigen Gestaltung der miteinander arbeitenden Leit- und Laufschaufeln sowie der Ausführung der Dichtungen an den notwendigen Stellen. Damit die Maschine auch betriebssicher ist, mussten die einzelnen Bauteile auf Festigkeit und hinsichtlich ihres Schwingungsverhaltens ausreichend stabil dimensioniert werden. Die Berechnungsmöglichkeiten waren damals noch recht beschränkt, bei der Weiterentwicklung war man in hohem Maße auf die Auswertung der Erfahrungen mit ausgeführten Anlagen angewiesen.

Um einen hohen Energieumsatz zu erreichen, war einerseits die Entwicklung strömungsgünstiger Profile für die Leitschaufeln und die Profile der Laufräder erforderlich. Anderserseits war es für die Betriebssicherheit wichtig, die kritischen Drehzahlen der Turbinenwelle und das Schwingungsverhalten der Laufschaufeln zu kennen und zu beherr-

3.2 Zweiter Zeitabschnitt: Großfeuerungsanlagen und Verbundnetz

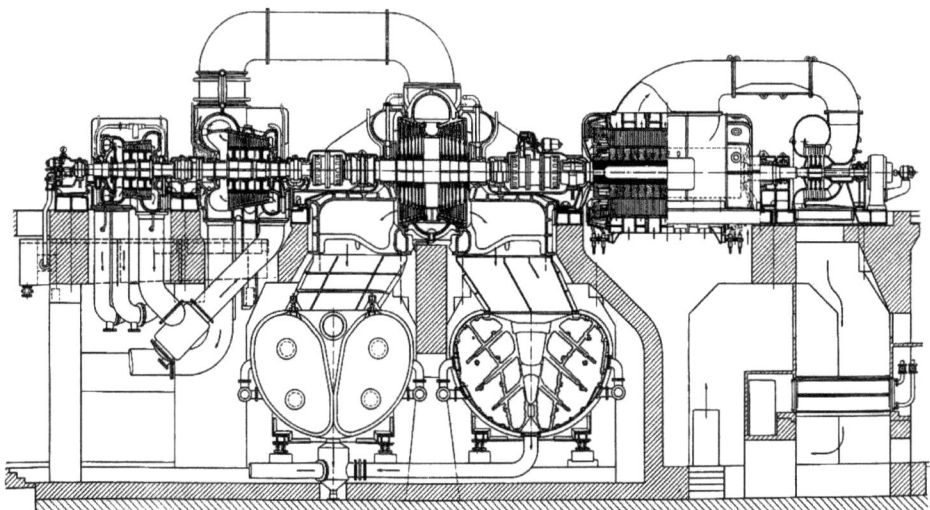

Abb. 3.29 Kraftwerk Zschornewitz, Erweiterung 1930: Einwelliger BBC Turbogenerator mit 85 MW bei 1500 min^{-1} [35]. Unter der zweiflutigen Niederdruckturbine sind die Kondensatoren angeordnet, jeder hatte eine Wärmeaustauscherfläche von 12 000 m^2. Die Gesamtlänge der Turbine war 27,5 m. Ganz rechts das Gebläse zur Förderung der Kühlluft für den Generator

schen. Beide Aufgaben wurden von den Herstellern im Rahmen einer die Auftragsbearbeitung begleitenden Zweckforschung gelöst. Diese Vorgehensweise war erfolgreich, so dass es bei den einwelligen Maschinen zu einer raschen Leistungssteigerung kam, von 1 MW im Jahr 1900 bei den Stadtwerken Wuppertal, 37 MW im Jahr 1926 in Zschornewitz und 150 MW im Kraftwerk State Line am Lake Michigan, USA.

Bei den Turbogeneratoren hatte sich die ursprünglich von BBC eingeführte Konstruktion der Volltrommelläufer mit in Nuten eingelegter Erregerwicklung sowie Kappen über den Wickelköpfen und Roebelstäben gut bewährt. Diese Konstruktion wurde in der Folgezeit von allen Herstellern übernommen. Die weitere Steigerung der Grenzleistungen wurde möglich durch die Entwicklung der Kühlsysteme zur Abführung der Verlustwärme an ihrem Entstehungsort und neue Werkstoffe.

Beim Bau der Dampfturbine und Turbogeneratoren lag von Anfang an das Bestreben vor, die Drehzahl der Maschinenwelle möglichst hoch zu wählen. Die Vorteile liegen dabei weniger in der besseren Nutzung des Wärmegefälles als in der besseren Materialausnutzung. Der Gewinn drückte sich in den geringer werdenden Gewichten und Preisen aus. Bei einem Turbogenerator mit der Leistung 20 MW verhalten sich die Gewichte bei 1 500 und 3 000 min^{-1} MW wie 3 : 2. Derartige Materialeinsparungen konnten aber nur mit höherwertigem Material erzielt werden.

Der Wirkungsgrad der Energiewandlung in der Turbine und damit ihre Wirtschaftlichkeit hängt stark vom Enthalpiegefälle des Dampfes ab, der in der Turbine verarbeitet wird. Dies zwang zur Erhöhung des Drucks und der Temperatur des Dampfes vor Eintritt in die Turbine. Dabei bringt die Erhöhung des Drucks weniger Schwierigkeiten als die Erhöhung der Temperatur, sie genügte allein aber nicht. Deshalb musste trotz aller Schwierigkeiten die Eintrittstemperatur gesteigert werden. In dieser Richtung brachten die Jahre von 1930 bis 1940 große Fortschritte. Während um 1930 die Eintrittstemperatur bei maximal 400 °C lag, wurde bereits 1935 bei den Farbwerken Höchst eine Turbine mit einer Eintrittstemperatur von 500 °C installiert. Die Hauptschwierigkeit bei der Anwendung hoher Temperaturen lag damals und liegt auch heute noch in der Beschaffung geeigneter Werkstoffe. Denn die Festigkeitseigenschaften aller Metalle hängen stark von der Temperatur ab, vor allem nimmt die Zerreißfestigkeit stark ab, wenn eine gewisse Temperatur überschritten wird. Die damalige Erhöhung der Dampftemperatur wurde erst durch die Entwicklung neuer Stahlsorten möglich.

Große Turbinen für mit fossilen Brennstoffen gefeuerte Dampfkraftwerke wurden nach 1940 in Europa nur noch mit einer Drehzahl von $3\,000/\text{min}^{-1}$ gebaut, bzw. mit $3\,600/\text{min}^{-1}$ in den USA.

Grund dafür war die Verbesserung der Wirtschaftlichkeit, die in zweierlei Hinsicht erfolgte:

- bei höherer Drehzahl sinkt der Dampfverbrauch
- das Eigengewicht der Turbine wird geringer

Unfälle mit Dampfturbinen – Turbinenexplosionen

Ein schwerer Betriebsunfall mit einer Dampfturbine ereignete sich im September 1921 im Schuykill Kraftwerk der Philadelphia Electric Co. Als bei der üblichen wöchentlich einmal stattfindenden Probe des Sicherheitsreglers, der bei 9 % Überdrehzahl auslösen sollte und dies auch tat, die Drehzahl der Welle sich bereits verminderte, explodierte eines der beiden letzten Laufräder der letzten Niederdruckstufe einer 30 MW Turbine. Die Wirkung war verheerend; nicht nur die Turbine wurde gänzlich zerstört, sondern auch der Generator durch den Bruch der Welle.

Der mittlere Laufraddurchmesser des explodierten Laufrads betrug 2,75 m, was bei einer Drehzahl von $1500\,\text{min}^{-1}$ einer Umfangsgeschwindigkeit von 215 m/s entspricht. Eines der Bruchstücke war etwa 1,5 m lang und 188 kg schwer, ein zweites 206 kg. Bei einem Schwerpunktradius von ca. 1 m betrug die Fliehkraft des schwereren Bruchstücks 153 000 N, das Turbinengehäuse konnte dem nicht standhalten. Ursache des Bruchs war Materialermüdung, unmittelbarer Anlass waren Schwingungen der Laufradscheibe.

Turbinenexplosionen sind eher seltene Ereignisse. In Deutschland ereignete sich der letzte schwere Vorfall 1987 im Kraftwerk Irsching der Isar-Amperwerke AG. Bei einem Kaltstart der 320 MW Dampfturbine zerbarst dort am 31. Dezember die Welle der Niederdruckturbine aufgrund von Materialfehlern. Acht von insgesamt 35 Bruchstücken mit einem Gewicht zwischen 600 und 3 000 kg flogen aus der Maschinenhalle in umliegende Gebäude. Ein Stahlteil mit einem Gewicht von 1 300 kg wurde über eine Entfernung von 1,3 km geschleudert und landete in einem Acker. Menschen kamen bei dem Vorfall nicht zu schaden. Ein Teil der damals zerstörten Welle ist im Kraftwerk ausgestellt.

3.2.3.1 Das Kraftwerk Klingenberg

In Deutschland gab es in den Jahren nach dem Ersten Weltkrieg einen Überfluss an billigen Feinkohlen, die für Roste wegen ihrer feinen Körnung und ihres hohen Staubgehalts

Abb. 3.30 Grundriss des Kraftwerks Klingenberg mit einer Leistung von 270 MW, 1929 [61]. *a*: Kesselhäuser, *b*: Hauptturbinen, *c*: Hilfsturbinen/Vorwärmeturbinen und Kühlwasserpumpen, *d*: Transformatoren, *e*: Kühlwasserpumpen, *f*: Schalthaus

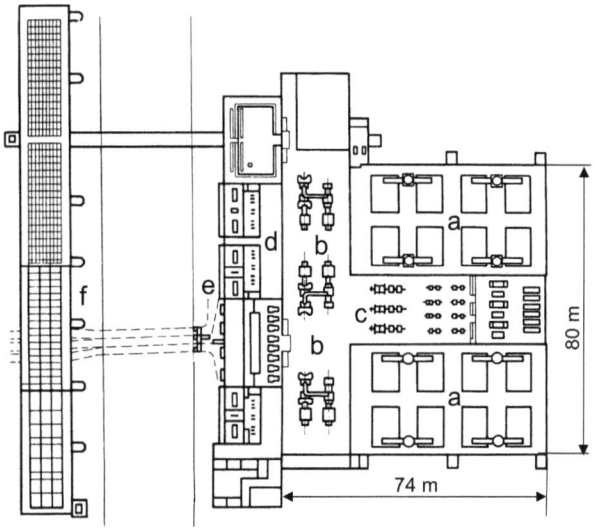

unbrauchbar waren, deren Heizwert aber praktisch nicht niedriger war als der klassierter Rostkohlen. Diese Kohlen konnten mit Staubfeuerungen mit Wirkungsgraden verfeuert werden, die höher waren als die mit klassierten Kohlen auf Rosten erreichten. Diese Feinkohlen waren so billig, dass auch nach Abzug der Aufbereitungskosten für die Staubfeuerungen noch viel übrig blieb. Eine auf die Nutzung dieser kostengünstigen Kohlen gegründete Entwicklung setzte ein.

Das erste deutsche Großkraftwerk, bei dem die Kohlenstaubfeuerung und auch andere Neuerungen der zweiten Entwicklungsstufe des Kraftwerksbaus Anwendung fanden, war das 1927 nach einer Bauzeit von 14 Monaten fertiggestellte Berliner Kraftwerk Klingenberg mit einer installierten Leistung von 240 MW. Als Dampfparameter wurden 35 atü und 425 °C festgelegt, was beim Druck eine Verdoppelung des bis dahin üblichen Wertes bedeutete und bei der Temperatur eine Erhöhung um 70 °C. Einen wärmetechnischen Gewinn brachte zusätzlich die regenerative Vorwärmung des Speisewassers in zwei Stufen auf 140 °C. Es war die erste Vorwärmung des Speisewassers im großen Maßstab. Zusammen mit der Vorwärmung der Verbrennungsluft für die mit Kohlenstaub gefeuerten Kessel brachten diese Maßnahmen eine erhebliche Verbesserung des Wirkungsgrades auf erstmals über 22 %, stellten aber gleichzeitig hohe Anforderungen hinsichtlich der Materialbeanspruchung der Kessel, Turbinen und Hilfseinrichtungen, für die damals noch keine Erfahrungen im Kraftwerksbau vorlagen. Die für Klingenberg gewählten Dampfparameter blieben für den zweiten Entwicklungsabschnitt richtungsgebend.

Das Kraftwerk wurde innerhalb von 14 Monaten in den Jahren 1926 und 1927 errichtet. In zwei Kesselhäusern waren 16 Kohlenstaubkessel aufgestellt, vgl. Abb. 3.30. Mit Rücksicht auf die Neuheit der Kohlenstaubfeuerung war die Leistung der Kessel auf

Abb. 3.31 Dreitrommel-Kessel mit Staubfeuerung des Kraftwerks Klingenberg, 1926. Bei den nun größeren Feuerräumen wurden Wände und Decken der Kessel aus Formsteinen aufgebaut, die in einer Stahlkonstruktion aufgehängt waren. Die Brennkammerwände wurden durch vorgehängte Verdampferrohre gekühlt. Der Kohlenstaub wurde in einer zentralen Mahlanlage bereitgestellt und pneumatisch zu den Brennern transportiert. Kesselleistung: 80 t/h, mit 35 atü und 425 °C [53]

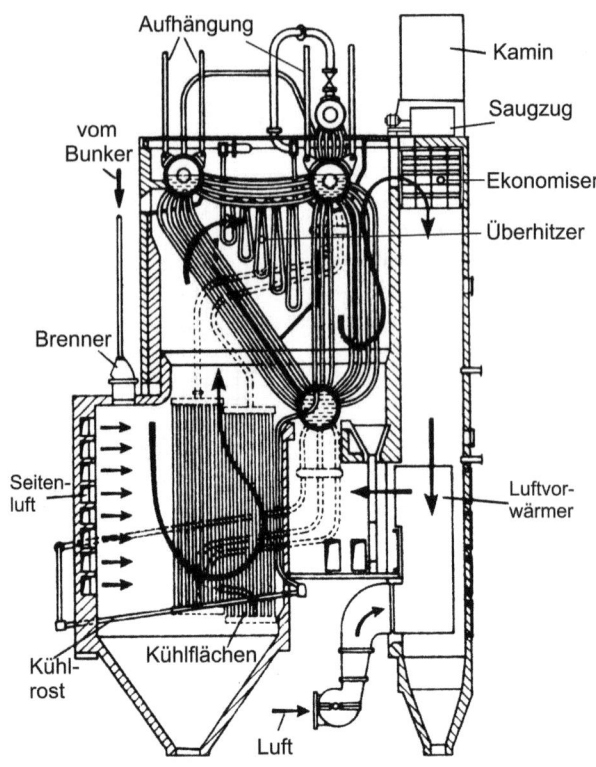

77 t/h festgelegt worden. Die Planung der Kesselanlage lag in den Händen von Friedrich Münzinger [53].[22]

Die Kohle wurde per Schiff über die am Kraftwerk vorbei fließende Spree angeliefert, in einer zentralen Aufbereitungsanlage getrocknet, gemahlen und in einem Bunker zwischengelagert. Von dort erfolgte die Zuteilung zu den zehn Brennern eines jeden Kessels mit Schneckenförderern. Der einem Brenner zugeteilte Kohlenstaub wurde mit vorgewärmter Verbrennungsluft mittels einer Venturidüse in die Brennkammer eingeblasen. Für das Einblasen des Kohlenstaubes mit der so genannten Primärluft wurde etwa ein Fünftel der für die Verbrennung erforderlichen Luftmenge verwendet. Der Hauptteil der Verbrennungsluft wurde mit separaten Düsen längs der sich entwickelnden Flamme zugeführt, vgl. Abb. 3.31. Die Kessel waren mit einem Frischluftgebläse für das Ansaugen der Verbrennungsluft ausgerüstet und ebenso einem Saugzuggebläse für die Förderung der Rauchgase zum Kamin. Die Rauchgase aus der Feuerung wurden damals noch ungefiltert in die Umgebung abgegeben. Zu diesem Zweck waren auf dem Dach des Kesselhauses 70 m hohe Schornsteine aufgesetzt.

---

[22] Friedrich Münzinger (1884–1962) studierte an der TH Berlin Maschinenbau Dipl.-Ing. (1910), Dr.-Ing. (1913); er war von 1913 bis 1953 an der Planung und dem Bau aller von AEG errichteten Kraftwerken beteiligt. Er verfasste das erste deutschsprachige Lehrbuch zu Kernreaktoren [54].

3.2 Zweiter Zeitabschnitt: Großfeuerungsanlagen und Verbundnetz

Abb. 3.32 Turbinensatz des Kraftwerks Klingenberg in Zweiwellenanordnung mit zwei Generatoren von je 40 MW, Drehzahl 1500 min^{-1}. Links die Hochdruck- und Mitteldruck-Turbine, rechts die zweiflutige Niederdruck-Turbine

Die Kesseleinheiten lieferten Hochdruckdampf für den Betrieb der drei Hauptturbinen mit einer Leistung von je 80 MW und der drei Vorwärmturbinen mit einer Leistung von je 10 MW, vgl. Abb. 3.32 [48]. Bei den Hauptturbinen wurde die Zweiwellenanordnung gewählt, weil bei dem damaligen Stand der Werkstoffentwicklung die rotierenden Teile der Stromerzeuger für eine Drehzahl von 1500 min^{-1} nur bis 40 MW Leistung gebaut werden konnten. Der Abdampf aus den Niederdruckturbinen wurde in flusswassergekühlten Oberflächenkondensatoren niedergeschlagen.

Die Vorwärmturbinen arbeiteten auf das Eigenbedarfsnetz des Kraftwerks und, soweit Überschuss vorhanden war, auf das Hauptnetz. Ihr Abdampf wurde für die Speisewasservorwärmung sowie für die Verdampferanlage zur Aufbereitung des Zusatzwassers genutzt. Die Vorwärmturbinen, die Vorwärmanlage und die Verdampferanlage für die Aufbereitung des Zusatzwassers waren zwischen den beiden Kesselhäusern in einem separaten Zwischenbau untergebracht, vgl. Abb. 3.30. Maschinen und die Kesselhäuser waren dadurch frei von Hilfseinrichtungen.

Die Verlustwärme der Generatoren wurde durch im Kreislauf umgewälzte Luft abgeführt, die ihrerseits durch im Fundament aufgestellte Kaltwasserkühler abgekühlt wurde. Bei früheren Anlagen hatte man die Kühlluft von außen durch Kanäle und Filter herangeführt und die Warmluft ebenfalls wieder durch Kanäle nach außen geleitet [56]. Der von den Generatoren erzeugte Strom wurde unmittelbar zu den Transformatoren weitergeleitet.

Der Vorteil des mit schlesischer Steinkohle gefeuerten Kraftwerks Klingenberg beruhte hauptsächlich auf dem niedrigen Preis der Feinkohlen, diese konnten damals nur

Abb. 3.33 Gesamtansicht des Kraftwerks Klingenberg 1926. Im Vordergrund die Spree und der Kohlelagerplatz. Im rechten Gebäude war die Mahlanlage untergebracht. In Bildmitte das Kesselhaus mit acht Blechkaminen, die Abgase wurden ungefiltert an die Umgebung abgegeben. Das Gebäude auf der linken Bildseite ist das Schalthaus. In diesem wurden die Kabel der sechs Generatoren zusammengeführt und der erzeugte Strom an das Verteilernetz weitergeleitet. Die bebaute Fläche, einschließlich der Nebengebäude, betrug 20 000 m^2 [61]

mit der Staubfeuerung genutzt werden [49]. Der durch die Kohlenmahlanlage verursachte Mehraufwand wurde durch die mit der Staubfeuerung erzielbare höhere Heizflächenbelastung der Kessel im Wesentlichen ausgeglichen. Ein weiterer Nutzen der Staubfeuerung resultierte aus der besseren Regelfähigkeit. Staubfeuerungen konnten den schwankenden Lastverhältnissen besser und schneller folgen.

Der Vorteil der niedrigen Preise für die Feinkohle ging aber bald verloren. Mit der steigenden Nachfrage verloren die Eigentümer der Zechen keine Zeit, die Preise zu erhöhen, bis nach etwa 10 Jahren der Preisvorteil fast verschwunden war. Noch schlimmer war aber, dass dazu noch strengere Vorschriften hinsichtlich der Rauchgasreinigung bei der Nutzung von Staubfeuerungen erlassen wurden. Das Pendel schwang damit zunächst wieder zurück zu den Rostfeuerungen. Besonders die Wanderroste wurden durch optimierte Luftzuführungen, Zoneneinteilung, Staupendel und große Feuerräume soweit verbessert, dass auch Feinkohlen mit gutem Wirkungsgrad verbrannt werden konnten. Die Staubfeuerung setzte sich erst durch, als Staubfilter für die Rauchgase verfügbar waren.

3.2.3.2 Kessel mit Mühlenfeuerung im Kraftwerk Zschornewitz

Im mit Rohbraunkohle gefeuerten Kraftwerk Zschornewitz, vgl. Abschn. 3.1.4, wurden 1935 im Zuge einer Erweiterung in einem alten Kesselhaus anstelle von 16 Kesseln mit feststehenden Rosten von je 12 t/h Dampfleistung 10 Kessel mit Mühlenfeuerung von je 60 t/h aufgestellt, wobei noch Platz für weitere zwei Kessel gleicher Leistung blieb. Beim

Abb. 3.34 Kessel des Kraftwerks Zschornewitz, Erweiterung 1930. Die Seitenwände des Feuerraums waren mit Verdampferrohren ausgekleidet. Der Kessel war mit einer Krämer-Mühlenfeuerung und einem Ausbrennrost ausgerüstet. Die Trocknung der Kohle erfolgte mit Heißluft. Kesselleistung 60 t/h, bei 14,5 ata und 360 °C

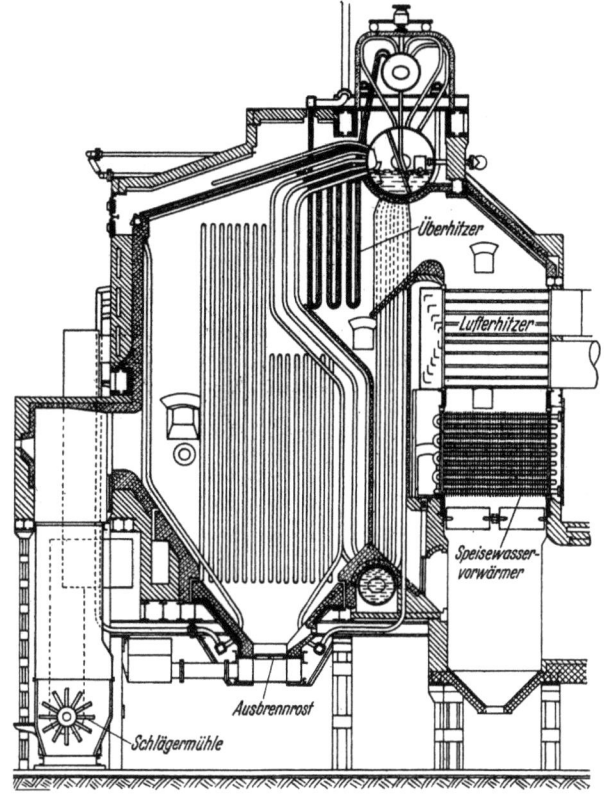

Betrieb des bestehenden Kraftwerks hatte sich gezeigt, dass die installierten Rostfeuerungen die Dampfleistung der Kessel nicht in noch zulässigen Grenzen halten konnten. Ursache dafür waren Schwankungen in der physikalischen Zusammensetzung der Kohle, der Aschegehalt schwankte zwischen 6 und 25 %. Versuche mit aschereicher Braunkohle zeigten, dass die Regelung der Feuerungs- und Dampfleistung mit Staubfeuerungen besser gelingt [58]. Die umständliche und teure Aufbereitung in einer zentralen Mahlanlage, wie es in Klingenberg durchgeführt wurde, kam für Rohbraunkohle schon wegen des niedrigen Heizwerts nicht in Frage. Als Lösung wurde in umfangreichen Versuchen die Mühlenfeuerung mit direkter Einblasung der gemahlenen Kohle in den Kessel entwickelt [59] und auch für die Neuinstallation in Zschornewitz ausgewählt.

Für die Ausmahlung des Brennstoffs waren für die Kessel je zwei Mühlen installiert. Die im Luftvorwärmer erhitzte Verbrennungsluft wurde einerseits den Mühlen zur Trocknung und zum Transport der gemahlenen Kohle zugeführt, andererseits dem Ausbrennrost. Der Ausbrennrost bestand aus um ihre Mittelachse kippbaren Düsenplatten, die durch Hebel von außen betätigt wurden. Die Asche fiel nach Betätigen des Ausbrennrostes in einen Sammelbehälter und wurde aus diesem mit Wasser ausgespült. Die unter dem Ausbrennrost anfallende Asche enthielt noch ca. 7 % Unverbranntes. Die Abgastemperatur hinter dem Speisewasservorwärmer betrug 260 °C. Zusammen mit dem Verlust durch Unverbranntes und Wärmeverlusten resultierte daraus ein Kesselwirkungsgrad von 80 % [32].

Mit den neuen Kesseln erhöhte sich die Dampfproduktion von ursprünglich 200 t/h auf 600 t/h, zu deren Nutzung zusätzlich eine 85 MW Turbine installiert wurde. Mit Rücksicht der Abgabe von Dampf auch an die älteren Turbinen wurden die Dampfparameter wie bei der Erstinstallation auf 14,5 at und 360 °C festgelegt. Bei der Inbetriebnahme nach dem Umbau wurde in Versuchen bei einer Leistung von 83 730 kW ein Turbinenwirkungsgrad von 87,7 % festgestellt, dies war seinerzeit der höchste Wirkungsgrad, der je bei einer Dampfturbine festgestellt wurde, vgl. Abb. 3.29. Der ertüchtigte Kraftwerksblock mit der von BBC gelieferten dreigehäusigen Turbine hatte bei einer Speisewasser-Vorwärmtemperatur von 110 °C und bei einer Kondensattemperatur von 36 °C eine Nennleistung von 85 MW und einen Wirkungsgrad von 27,5 %.

3.2.3.3 Speisewasser – Speisewasseraufbereitung

In den ersten Jahrzehnten der Dampfkraftwerke spielten die Eigenschaften des Speisewassers und die Wasserchemie eine vollkommen untergeordnete und kaum beachtete Rolle. Dies änderte sich nach Einführung der Staubfeuerung. Denn mit dieser konnte die Einheitsleistung der Kessel rasch vergrößert werden: von 15 t/h, bei 15 atü und 350 °C im Kraftwerk Zschornewitz im Jahr 1916 auf bereits 80 t/h, bei 35 atü und 425 °C 1926 im KW Klingenberg. Mit der Feuerleistung erhöhte sich die mittlere Flammentemperatur und damit auch die Intensität der Wärmestrahlung auf die Verdampferrohre an den Brennkammerwänden. Etwa proportional zur Beheizung der Rohre und dem Dampfdruck nahm damals auch die Kesselsteinbildung in den Verdampfern zu, denn diese ist dort am stärksten, wo Beheizung und Dampfbildung am höchsten sind. Bei der Bestrebung, Abhilfe zu schaffen, schieden sich die Kesselkonstrukteure in zwei Gruppen: die eine verlangte für ihre Kessel „geeignetes, d. h. reines" Speisewasser, während die andere Speisewasser minderer Qualität in Kauf nahm.

Die letztgenannte Gruppe entwickelte u. a. den Schmidt-Hartmann-Kessel, einen Kessel zur mittelbaren Dampferzeugung[23]. Er besteht aus einem Primär- und einem Sekundär-Kreislauf, von denen der erstere geschlossen ist und im zweiten mit der Kondensationswärme des Primärdampfes der Frischdampf erzeugt wird.

Der Primär-Kreislauf des Schmidt-Hartmann-Kessels wurde mit sorgfältig entgastem destilliertem Wasser gefüllt, so dass die Bildung von Kesselstein vermieden wurde. In den Sekundär-Kreislauf wurde das damals in üblicher Weise aufbereitete Speisewasser eingespeist. Wegen der niedrigen Verdampfungstemperatur von 350 °C brannte der sich an den Heizflächen bildende Kesselstein nicht fest und konnte leicht entfernt werden. Dazu wurden die Heizschlangen in der Obertrommel so angeordnet, dass sie zur Reinigung leicht ausgebaut werden konnten. Der Schmidt-Hartmann-Kessel fand hauptsächlich in der che-

---

[23] Diese Kesselbauart wurde von Wilhelm Schmidt, der zuvor die Überhitzung in den Kesselbau eingeführt hatte, und seinem Mitarbeiter Otto H. Hartmann (1878–1954) entwickelt [40].

3.2 Zweiter Zeitabschnitt: Großfeuerungsanlagen und Verbundnetz 89

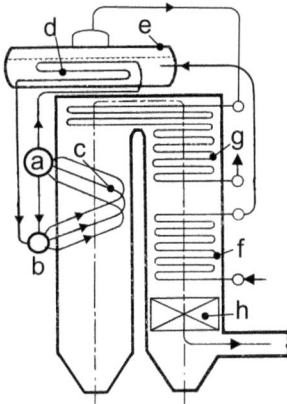

Abb. 3.35 Primär- und Sekundärteil eines Schmidt-Hartmann-Kessels. *a*: Obertrommel, *b*: Untertrommel, *c*: Verdampfer, *d*: Heizschlangen, *e*: Dampftrommel, *f*: Wasservorwärmer, *h*: Luftvorwärmer. Der im Primärteil *a*–*b*–*c* erzeugte Dampf wird in der Obertrommel *a* vom Wasser getrennt und zu den Heizschlangen *d* des Sekundärteils geleitet. Der Primärdampf hat eine höhere Spannung als der in der Trommel *e* erzeugte Frischdampf. Die Druckdifferenz zwischen dem Primärdampf und dem Frischdampf ergibt sich aus dem erforderlichen Temperaturgefälle zur Erzeugung des Frischdampfes in der Dampftrommel *e*

mischen Industrie Anwendung, bis 1945 wurden ca. 50 Anlagen für Dampfleistungen bis 50 t/h und Drücken bis 125 atü gebaut, vgl. Abb. 3.35.

Eine weitere Bauart zur mittelbaren Dampferzeugung war der *Löffler-Kessel*[24]. Er hat ebenfalls zwei Kreisläufe, doch im Unterschied zum Schmidt-Hartmann-Kessel wird der Primärkreislauf im Zwangumlauf bei überkritischem Druck betrieben. Die Erzeugung des Frischdampfes in der Trommel erfolgt durch Nutzung der Überhitzungswärme, vgl. [46], [34]. Beide Verfahren haben ihre Bedeutung verloren.

Ursache für die Kesselsteinbildung waren die im Speisewasser enthaltenen Verunreinigungen, denn Wasser ist ein vorzügliches Lösungsmittel für eine ganze Reihe von gasförmigen und festen Stoffen. Alle gelösten Stoffe scheiden sich unter gewissen Bedingungen aus und verursachen teils durch chemische Einwirkung, teils durch Bildung von Ablagerungen Gefahren für den Betrieb der Kessel und Turbinen. In den Verdampferrohren kam es infolge der Kesselsteinbildung zu einer Verschlechterung des Wärmeübergangs und bei den Turbinen zu Salz- und Kieselsäure (SiO_2)-Ablagerungen auf den Leit- und Laufradschaufeln, wodurch sich Wirkungsgrad und Leistung verminderten [33]. Die Turbinen mussten dann geöffnet werden. Salzablagerungen konnten durch Waschen entfernt werden, die SiO_2-Ablagerungen ließen sich nur durch Abkratzen, Sandstrahlen oder Abwaschen mit 20 %iger Natronlauge entfernen. Bei den Kesseln konnte die Bildung von

---

[24] Stephan Löffler (1877–1929), Chefkonstrukteur bei den Witkowitzer Eisenwerken im damaligen Mährisch-Ostrau in Mähren.

Abb. 3.36 Niederdruckteil einer verkieselten AEG-Gegendruckturbine. Die vier letzten ND-Stufen waren unbeschaufelt. Die Verkrustungen bestanden zu 96 % aus SiO$_2$

Ablagerungen durch die indirekte Dampferzeugung begrenzt werden, nicht aber bei den Turbinen.

Die Aufgaben des Wassers im Dampfkraftwerk sind mehrfacher Art. Im Kessel nimmt es als Speisewasser die latente Wärme der Brennstoffe auf, wird in Hochdruckdampf überführt und leitet die aufgenommene Wärme an die Kraftmaschine weiter. Nach Durchströmen der Turbine transportiert es die Abwärme zum Kondensator. Wasser ist damit im Kraftwerk neben dem Brennstoff das wichtigste Betriebsmittel. Um seine Aufgaben erfüllen zu können, muss es bezüglich Reinheit und Temperatur gewissen Bedingungen genügen. Aufgabe der Wasseraufbereitung ist es sicherzustellen, dass diese Bedingungen dauernd erfüllt werden. Das Gelingen der Aufbereitung des Wassers vor seiner Verwendung im Kraftwerk war eine Voraussetzung für die Entwicklung des Hochdruckdampfes.

Wasseraufbereitung Wasser ist ein außergewöhnlicher Stoff, anomal in beinahe all seinen chemisch- physikalischen Eigenschaften und damit die vielleicht komplexeste unter all den uns vertrauten Substanzen. Ursache dafür ist der molekulare Aufbau aus zwei leichten Wasserstoffatomen und einem schweren Sauerstoffatom. Das dominierende Sauerstoffatom zieht die Elektronen der Wasserstoffatome an sich, so dass es zu einer ungewöhnlich starken Polarität des Wassermoleküls kommt. Wegen dieser elektrischen Eigenschaft und seinem chemischen Aufbau ist Wasser zur Lösung einer Vielzahl anorganischer Substanzen, von Gasen und einigen organischen Substanzen geeignet. Bei der Lösung in Wasser gehen diese Substanzen in frei bewegliche Ionen über, man spricht von *elektrolytischer Dissoziation*. Auch Wasser selbst dissoziiert in geringem, aber doch signifikantem Ausmaß ($H_2O \leftrightarrow H^+ + HO^-$) in ein Wasserstoff-Kation und eine Hydroxyl-Anion. Die Konzentration an H^+- bzw. OH^--Ionen beträgt 10^{-7} Mol/Liter und der pH-Wert hat die Maßzahl: $pH = -\log(H^+) = 7$. Damit leitet auch reines Wasser elektrischen Strom; die elektrische Leitfähigkeit bei 25 °C beträgt 0,06 µS/cm[25]. In Anwesenheit zusätzlicher Ionen gelöster Stoffe nimmt die Leitfähigkeit entsprechend zu.

---

[25] Einheit für die elektrische Leitfähigkeit: 1 Siemens = 1 S = 1 $[\Omega^{-1}\,m^{-1}]$.

3.2 Zweiter Zeitabschnitt: Großfeuerungsanlagen und Verbundnetz

Im Zuge des natürlichen Wasser-Kreislaufs (Verdunstung → Wolken → Niederschlag → Flüsse → Meer) werden zahlreiche Stoffe, gelöste und ungelöste, vom Wasser aufgenommen, so dass Rohwasser vor einer Verwendung aufbereitet werden muss.

Die vorstehend skizzierten Eigenschaften des Wassers waren um 1900 noch unbekannt. Erst nach Schäden an Kesseln und Turbinen wurde die Wichtigkeit der Erforschung der Wassereigenschaften und der Reinigung und Aufbereitung des Speisewassers erkannt. Die Wasseraufbereitung konnte damals entweder physikalisch mit Verdampfern, Umformern und dergleichen oder chemisch erfolgen. Die Möglichkeit der chemischen Wasseraufbereitung durch Zusatz von Ätzkalk (CaO) und Soda (Na_2CO_3) war schon seit 1880 bekannt. Die von der Unkenntnis der Chemie herrührende „*Soda Angst*" der Kesselingenieure führte aber dazu, dass ebenfalls um 1900 mechanisch-physikalische Verfahren zur Entfernung der Härtebildner aus dem Speisewasser, im Wesentlichen Calcium- ($Ca(HCO_3)_2$) und Magnesiumhydrogencarbonat ($Mg(HCO_3)_2$), entwickelt wurden [63]. Diese Verfahren konnten sich aber nicht durchsetzen, da die dazu verwendeten Apparate ihrerseits durch Ablagerungen verkrusteten. Große Fortschritte brachten Ionenaustausch-Verfahren, bei denen die im alkalischen Speisewasser befindlichen und bei Erwärmung als unlöslich ausfallenden Bestandteile durch andere ersetzt werden, die auch beim Sieden im Kesselwasser gelöst bleiben.[26] Am Bekanntesten wurde in Deutschland das Permutit-Verfahren [31]. Dabei werden die im Rohwasser enthaltenen Calcium- und Magnesium-Kationen vom Ionenaustauscher aufgenommen und durch Natrium-Ionen ersetzt. Mit dem Ionenaustausch-Verfahren war die Enthärtung des Speisewassers bis auf eine geringe Restmenge möglich, allerdings enthält das Wasser dann noch größere Salzmengen. Diese sind für die Kessel im allgemeinen nicht schädlich, verursachen aber Ablagerungen auf den Turbinenschaufeln [47]. Es war deshalb notwendig, das chemisch aufbereitete Wasser zu entsalzen. Dies gelang um 1930 durch Einführung des Anionenaustausch-Verfahrens.

Mit der Entwicklung von Anionen-Austauschern war die Möglichkeit gegeben, durch Kombination von Kationen- und Anionen-Austauscherfiltern eine Entsalzung des Rohwassers vorzunehmen. Diese erfolgt in mindestens zwei Stufen: in der ersten werden die Kationen des Rohwassers von einem mit Wassserstoff-Ionen beladenen Austauscher (**A**) aufgenommen, in der zweiten Stufe findet der Austausch der Anionen des Rohwassers an einen mit Hydroxyl-Ionen beladenen Abtauscher (**B**) statt.

Kationenaustausch:

$$Ca(H(CO_3))_2 + H\text{-}\mathbf{A} \rightarrow H_2CO_3 + Ca\text{-}\mathbf{A}$$

$$Mg(H(CO_3))_2 + H\text{-}\mathbf{A} \rightarrow H_2CO_3 + Mg\text{-}\mathbf{A}$$

Anionenaustausch:

$$H_2CO_3 + OH\text{-}\mathbf{B} \rightarrow H_2O + CO_3\text{-}\mathbf{B}$$

---

[26] Bei der Wasseraufbereitung werden als Ionenaustauscher Stoffe verwendet, die aus einem im Wasser unlöslichen Grundgerüst mit daran befindlichen aktiven Gruppen bestehen, welche die Fähigkeit haben, die im Wasser gelösten Ionen durch andere Ionen gleicher Ladung zu ersetzen. Die aktiven Gruppen haben beim Kationen-Austauscher den Charakter einer Säure und beim Anionen-Austauscher den einer Lauge.

Sind die Austauscher (**A**, **B**) erschöpft, so wird die Regeneration des Kationen-Austauschers mit verdünnter Säure vorgenommen und die des Anionen-Austauschers mit einer Lauge.

Neben der chemischen Speisewasseraufbereitung mit Ionenaustauschern war in den dreißiger Jahren des vergangenen Jahrhunderts auch die thermische Aufbereitung zur Reife entwickelt. Dabei wurde das Rohwasser bei niedrigen Drücken verdampft, um dann in Brüdenkondensatoren wieder niedergeschlagen zu werden, so dass man zur reinen Kondensatspeisung kam. Man schob damit die Abscheidung der Härtebildner vom Kessel weg zu der Verdampferanlage, die einfacher zu reinigen war.

Der damals erreichte Entwicklungsstand der Speisewasseraufbereitung ist in [64] dargestellt. Mit den genannten Verfahren konnten die anfänglich durch Versalzen der Turbinen aufgetretenen Schwierigkeiten durch Sicherstellung geringer Salzgehalte des Speisewassers begrenzt werden, so dass ein Waschen der Turbinen auch bei ungünstigen Fällen erst nach mehreren zehntausend Betriebsstunden notwendig wurde.

Entgasung Auch die Wichtigkeit der Entgasunng des Speisewassers wurde erst nach 1920 erkannt [43]. Die schädlichsten Gase sind Luft (O_2) und Kohlendioxid (CO_2). Sie verursachen rostartige Anfressungen des Kesselinnern und der Rohrleitungen.

Nachdem die Kohlensäure bereits bei der Speisewasseraufbereitung abgeschieden wurde, erfolgte die Entfernung des Sauerstoffs in separaten Entgasern, die meist mit dem Speisewasservorratsbehälter verbunden waren, vgl. Abb. 2.5. Im Entgaser wurde das Speisewasser so weit erwärmt, dass seine Temperatur nur wenig unterhalb der Siedetemperatur lag. Nach dem Henry'schen Gesetz geht dann der Anteil der in der flüssigen Phase gelösten Gase gegen Null.

Für die Aufbereitung und Entgasung des Speisewassers wurden zusätzliche Apparate notwendig, die in der Folgezeit zur Standard-Ausrüstung der Kraftwerke gehörten.

3.2.4 Verbundnetz

Für die Verwendung einer Energieform spielt neben der Bereitstellung ihre Transportfähigkeit eine entscheidende Rolle. Dies zeigt sich auch darin, dass die meisten Gas-, Erdöl- und Elektrizitätsgesellschaften auch Energietransportunternehmen sind, die für diese Energieformen in allen Industrieländern flächendeckende Verteilernetze eingerichtet haben.

Das Verteilungsnetz für die Elektrizität umfasst alle Einrichtungen, die den elektrischen Strom vom Kraftwerk zu den Steckdosen der Verbraucher transportieren. Wie die Stromerzeugung musste auch die Verteilungstechnik der wachsenden Nachfrage, den steigenden Leistungkapazitäten und der Ausdehnung der Versorgungsgebiete gerecht werden. Seitdem auf der Frankfurter Elektrizitätsausstellung die Eignung des Drehstroms so augenfällig demonstriert worden war, bildeten Drehstromnetze das Rückgrat der Stromverteilung. Gründe dafür waren die Transformierbarkeit des Drehstroms auf verschiedene Spannungsebenen und die Minimierung der Übertragungsverluste, woran sich seither nichts geändert hat.

3.2 Zweiter Zeitabschnitt: Großfeuerungsanlagen und Verbundnetz

In der Zeit zwischen den Weltkriegen wurden in Europa lokale Verteilernetze zu größeren Verbundnetzen zusammengefasst. Daraus ergab sich als Vorteil, dass der Ausfall eines Kraftwerks leichter ausgeglichen werden konnte. Andere in das Verbundnetz einspeisende Kraftwerke konnten ihre Leistung erhöhen und über das Netz wurde der Strom dorthin geliefert, wo die Leistung gefordert wurde. Der in Kraftwerken erzeugte Strom hat in der Regel eine Spannung von 6 bis 20 Kilovolt. Für einen Transport über größere Strecken ist diese Spannung viel zu niedrig. Der Grund dafür liegt in den Leitungsverlusten, denn die Leitungen besitzen einen elektrischen Widerstand R:

$$R = \rho \frac{l}{A}$$

R ist gleich dem spezifischen Widerstand mal der Länge l des Leiters dividiert durch dessen Querschnittsfläche A.

Leitungsverlust
Eine Leitung von 200 km Länge mit einem spezifischen elektrischen Widerstand von $\rho = 0{,}18\,\Omega \cdot \text{mm}^2/\text{m}$ und einer Querschnittsfläche von $600\,\text{mm}^2$ hat demnach einen Widerstand von $R = 60\,\Omega$. Speist ein Kraftwerk in diese Leitung eine Leistung von 500 MW mit einer Spannung von $U = 20\,000$ Volt und einem Strom von $I = 25\,000$ Ampere ein, so wird ein Teil dieser Leistung durch den elektrischen Widerstand der Leitung in Wärme umgewandelt. Für die Differenz der Spannung zwischen dem Anfang und dem Ende der Leitung gilt nach dem Ohmschen Gesetz[27]:

$$U = R \cdot I$$

Aus den Gleichungen $P = U \cdot I$ und $U = R \cdot I$ folgt für die Verlustleistung P_v:

$$P_v = R \cdot I^2 = 37{,}5\,\text{MW}$$

Die Verlustleistung beträgt damit ca. 7,5 % der eingespeisten Leistung.

Durch Verringerung des elektrischen Widerstandes oder der Stromstärke kann die Verlustleistung vermindert werden. Die Verkleinerung des elektrischen Widerstandes gelingt durch Verwendung anderer Materialien oder Vergrößerung des Querschnitts der Leitung. Aus wirtschaftlichen Gründen ist es aber sinnvoller, die Stromstärke durch Transformierung der Spannung auf ein Vielfaches des ursprünglichen Wertes zu senken. Vereinfachend kann man sagen, dass eine Verzehnfachung der Spannung zu einer Absenkung der Verlustleistung auf ein Hundertstel des ursprünglichen Wertes führt, im Beispiel also auf 0,374 MW.

Als Faustregel gilt:

- Elektrische Energie kann wirtschaftlich so viele Kilometer transportiert werden, wie ihre Nennspannung in Kilovolt beträgt
- Bei fossil gefeuerten Großkraftwerken ist es wirtschaftlich sinnvoller, den Brennstoff zu transportieren und nicht die elektrische Energie

---

[27] Ohm, Georg Simon (1787–1854) war ein deutscher Physiker, er entdeckte 1827 das heute nach ihm benannte „Ohmsche Gesetz". Erst nachdem ihm 1841 die Royal Society, London eine Ehrenmedaille verliehen und ihn 1842 zum Mitglied ernannt hatte, wurde ihm auch im eigenen Land Anerkennung zuteil. 1849 erhielt er durch Ludwig I von Bayern die angestrebte Stellung eines Professors an der Universität München.

Abb. 3.37 110 kV Leitung der VEW, im Hintergrund ein Zementwerk. Die Masten der Freileitungen wurden zum Symbol für die Elektrifizierung einer Region

Das Verbundnetz des Deutschen Reiches war in den 1930er Jahren drei Spannungsebenen unterteilt:

- Hochspannungs- oder Überlandnetz mit 110 kV: es leitete den von Kraftwerken eingespeisten Drehstrom an Umspannwerke weiter
- Mittelspannungsnetz mit 10 kV: es verteilte den Drehstrom an Großverbraucher und Transformatorstationen
- Niederspannungsnetz mit 400 V: es verteilte den Strom an die Hausanschlüsse der Kleinverbraucher. Die üblichen Steckdosen in den Haushalten weisen nur zwei Kontakte auf: Der eine ist eine Phase des dreiphasigen Drehstroms, der andere ist der „geerdete Nullleiter". Dabei kann an jedem Stromkreis der Hausanschlüsse eine andere Phase liegen.

Die Verteilernetze der Nieder- und Mittelspannung wurden in den Städten meist als Erdkabel verlegt, das Hochspannungsnetz dagegen in Form von Freileitungen, vgl. Abb. 3.37. In das Überlandnetz speisten zunächst nur die Kraftwerke eines Versorgers ein. Auf diese Weise konnte der Verbundbetrieb der Kraftwerke ökonomisch gestaltet und zugleich eine zuverlässige Stromversorgung gewährleistet werden.

Nach dem Aufkommen der Großkraftwerke wurde in den Industrieländern zur landesweiten Stromverteilung zusätzlich das Höchstspannungsnetz mit einer Spannung von 380 kV eingerichtet, an das jeweils alle Kraftwerke eines Landes angeschlossen sind. Über dieses Leitungsnetz sind seit Einrichtung des Europäischen Verbundsystems im Jahr 1951 die Kraftwerke der teilnehmenden Länder aneinander gekoppelt.

3.2.5 Resümee

Die Integration der Staubfeuerung in den Kessel machte es möglich, die überkommenen Vorbilder von Kesseln und Feuerräumen zu verlassen und neue Bauformen zu entwickeln, vgl. hierzu die Abb. 3.34 und 3.31. Der Übergang auf die neuen Kesselbauarten hat die Gestaltung der Dampfkraftwerke innerhalb weniger Jahre stark verändert. Deutlich wird dies bei einem Vergleich des Grundrisses des Kraftwerks Zschornewitz, 1. Ausbaustufe in Abb. 3.18 mit dem des Kraftwerks Klingenberg Abb. 3.33. Es zeigt sich, dass die auf die Grundfläche von Kesselhaus und Maschinenhaus bezogene Leistung innerhalb von nur 15 Jahren von 6 kW/m^2 auf 45 kW/m^2 zunahm.

Vor Beginn des Zweiten Weltkrieges bestand in der Energiewirtschaft Übereinstimmung darüber, dass Dampfdrücke von 30 bis 40 atü und Turbineneintrittstemperaturen von 400 bis 450 °C wirtschaftlich berechtigt und praktisch bewährt waren. Über weitergehende Drucksteigerungen gingen aber die Meinungen auseinander. Ausgangspunkt bei der Druckerhöhung war das Bedürfnis nach höherer Wirtschaftlichkeit. Die Gegner brachten vor, dass eine Druckerhöhung von 40 auf 100 atü den Wärmeverbrauch pro kWh nur wenig verbessert und es daher geboten wäre, in erster Linie die Frischdampftemperatur anzuheben. Die Befürworter der Druckerhöhung wandten dagegen ein, dass eine Druckerhöhung auf 100 atü verbunden mit einer mehrstufigen regenerativen Speisewasservorwärmung und einer Zwischenüberhitzung den Wärmeverbrauch auf 1050 kcal pro kWh und die Kosten für die Dampferzeuger um nur 7 % erhöhen würden. Promotoren des Hochdruckdampfs in Deutschland waren Fritz Marguerre[28] und Otto Schöne [29].

Grund für die Uneinigkeit zwischen Befürwortern und Gegnern des Hochdruckdampfes waren letztlich technische Besonderheiten der Kesseltrommel, denn bei einer Druckerhöhung von 40 auf 100 atü steigt die Verdampfungstemperatur und damit die Temperatur in der Trommel von 250 auf 312 °C. Die erforderliche Wanddicke der Trommel nimmt deshalb nicht nur wegen des höheren Drucks, sondern auch wegen den mit steigender Temperatur abnehmenden Festigkeitskennwerten auf mehr als das Doppelte zu. Die Trommel war ein Schwachpunkt des damaligen Kesselbaus. Deshalb wurde auch nach Kesselbauarten gesucht, die ohne eine dickwandige Trommel auskommen. Die Lösung brachte der sogenannte Zwangdurchlaufkessel, dessen Entwicklung in den 20er Jahren des 19. Jahrhunderts begann, der aber erst in der nächsten Zeitspanne der Kraftwerksentwicklung zum Einsatz in den Dampfkraftwerken kam.

---

[28] Fritz Marguerre (1878–1964) studierte in Aachen und Karlsruhe Elektrotechnik Dipl.-Ing (1901), Dr.-Ing. (1903). Von 1923 bis 1950 war er Technischer Direktor des Großkraftwerks Mannheim. In Würdigung seiner Verdienste um den Hochdruckdampf wurde ihm von der TH Karlsruhe der akademische Grad eines Dr.-Ing. E. h. verliehen, 1954 wurde er Ehrenbürger der Stadt Mannheim.

[29] Otto Schöne (1888–1959) nach einer Lehre als Maschinenschlosser erwarb er nach einem Studium des Maschinenbaus an der Höheren Maschinenbauschule in Breslau und der TH Berlin den Grad eines Diplom-Ingenieurs. Als Ingenieur bei der „Ilse Bergbau AG Senftenberg", plante und errichtete er 1927 ein Hochdruckkraftwerk mit einem Druck von 120 at. Mit einer Arbeit über „Industrielle Dampfkraftwerke" habilitierte er 1932 an der Fakultät für Maschinenwesen der TH Berlin und wurde dort 1934 zum Professor für Wärmelehre ernannt.

In den Vereinigten Staaten wurden bereits in den 30er Jahren Dampftrommeln mit einem Durchmesser von ca. 1,5 m und großen Wanddicken elektrisch geschweißt [62], ferner wurden bereits 1935 etwa 15 % der großen Dampfkraftwerke mit Drücken über 80 atü betrieben. Andererseits war aber dort die Zwischenüberhitzung nicht sehr beliebt. Nach [62] waren amerikanische Ingenieure der Meinung, dass diese nicht erforderlich ist, denn durch eine Erhöhung der Frischdampftemperatur auf 500 °C könnte man sie auch bei Hochdruckanlagen vermeiden.

Die Turbinen und Generatoren hatten im zweiten Zeitabschnitt ihre Form gefunden, sie konnten den Anforderungen der raschen Fortentwicklung der Kraftwerke ohne grundlegende Änderung ihrer Konzeption folgen. Am Ende des Entwicklungsabschnittes wurden einwellige Turbogeneratoren mit Grenzleistungen von 85 MW bei 3000 min^{-1} und zweiwellige mit 208 MW bei 1800 min^{-1} gebaut.

Im Unterschied zu den Turbinen und Generatoren bestand bei den Kesseln noch grundsätzlicher Entwicklungsbedarf.

Die Einführung der Verteilungsnetze brachte die im Jahr 1883 geäußerten Zukunftsvisionen von Walter Rathenau *„(dass) Zentralstellen als Kraftquellen entstehen würden"*, und Oskar von Miller *„... (es) sei die Anregung gegeben, den elektrischen Strom auf ganze Provinzen und Länder zu übertragen"*, vgl. Abschn. 1.3.1, der Realisierung nahe. Sie hatten damals den Anstoß zur Entwicklung eines technischen Systems zur Energieversorgung der modernen Gesellschaften gegeben.

3.3 Dritter Zeitabschnitt: Der Weg zum Großkraftwerk

Anders als in den Kriegsjahren von 1914 bis 1918 führte die Dominanz der Kriegswirtschaft ab 1940 in Europa und dann auch in den USA zu einem Stillstand bei der Fortentwicklung der Kraftwerke, so dass es angebracht ist, den 3. Entwicklungsabschnitt ab Kriegsende zu zählen. In Westeuropa und Nordamerika existierten damals bereits die engmaschigen Verbundnetze zur Verteilung der in Kraftwerken bereitgestellten elektrischen Energie. Aufgrund der räumlichen Aufteilung gab es in Europa mehrere voneinander getrennte Verbundnetze, die nach 1950 zu einem europäischen Verbundsystem ausgebaut wurden. In Nordamerika und Westeuropa kam es bereits in der frühen Nachkriegszeit zu einem steilen Anstieg des Stromverbrauchs, zu dessen Deckung die installierte Leistung der Kraftwerke von 1948 bis 1956 von 106 auf 216 Tausend Megawatt ausgebaut wurde. Dieses rapide Wachstum setzte sich in den Industrieländern ungebrochen bis ca. 1990 fort, so dass die installierte Kraftwerksleistung sich etwa alle 10 Jahre verdoppelte. Die Leistungssteigerung der Kraftwerke bis an die Grenze der noch baubaren und betriebssicheren Größe war letztlich eine Folge des Strombedarfs der Konsumenten. Daraus ergaben sich neue Aufgaben für den Kraftwerksbau, die wie folgt gekennzeichnet werden können:

- die Leistungssteigerung der Kessel
- die Erhöhung der Wirkungsgrade
- die Verbesserung der Betriebssicherheit

3.3 Dritter Zeitabschnitt: Der Weg zum Großkraftwerk

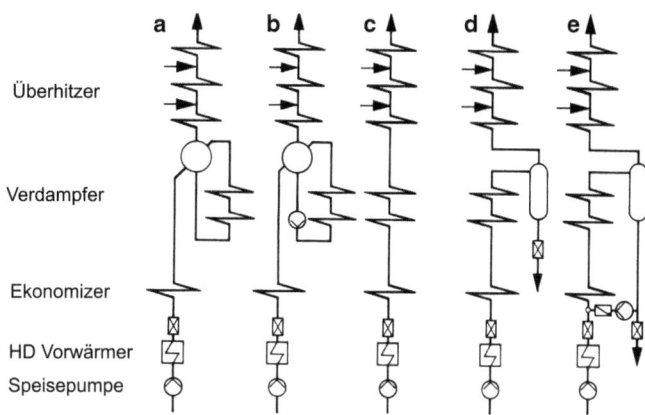

Abb. 3.38 Dampferzeugersysteme. **a** Naturumlauf, **b** Zwangumlauf, **c** Bensonkessel, **d** Sulzerkessel, **e** Sulzerkessel mit überlagertem Umlauf

Ein übergeordnetes Ziel war die Senkung der Erzeugungskosten – gesucht wurde ein Weg zum wirtschaftlichsten Kraftwerk.

3.3.1 Kesselsysteme

Turbine und Generator konnten den gestellten Anforderungen auf dem von Anfang an eingeschlagenen Weg nachkommen. Bei den Dampfkesseln war dies dagegen nicht der Fall. Die Einführung der Kohlenstaubfeuerung hatte zwar die Voraussetzung für eine Leistungssteigerung der Kessel geschaffen, die konstruktive Gestaltung der Wasserrohrkessel war aber noch zu keinem befriedigenden Ergebnis gekommen.

Bei den Wasserrohrkesseln wird der Dampf in wasserführenden Rohren erzeugt und überhitzt. Rohre sind dafür ideale Bauelemente, denn mit Rohren können große Heizflächen für den Wärmeaustausch bereitgestellt werden und sie können ferner den Druck- und Temperaturbeanspruchungen mit geringer Wandstärke standhalten. Um den Ausbrand der Flamme zu ermöglichen, hatten bereits die Strahlungskessel des 2. Entwicklungsabschnittes einen großen, mit dicht nebeneinander liegenden Verdampferrohren ausgekleideten Feuerraum. Der Wärmetransport an die Verdampferrohre erfolgt dabei durch die Wärmestrahlung der Flamme und der Feuergase mit einer Energiedichte von 300 bis 600 kW pro m^2. Durch die Wärmeabgabe kühlen sich die Rauchgase ab. Sobald deren Temperatur unterhalb der Schmelztemperatur der von den Rauchgasen mitgerissenen Ascheteilchen ist, können die Heizflächen für den weiteren Wärmeaustausch als in den Rauchgasstrom eingehängte Rohrbündel ausgeführt werden. In diesen vertikalen oder horizontalen Rohrbündeln erfolgt der Wärmeaustausch überwiegend durch direkte Berührung der heißen Rauchgase mit den vom Dampf durchströmten Heizflächenrohren, vgl. Abb. 3.39 und 3.40.

In die als Verdampfer geschalteten Rohre der Brennkammerwände strömt das Wasser unterkühlt ein. Infolge des Temperaturgefälles zwischen Rohrwand und Wasser beginnt der Siedevorgang an der Rohrwand in Form unterkühlten Siedens. Die erzeugten Dampfblasen wandern von der Wand weg zur Rohrmitte hin, kondensieren wieder und erwärmen so das Wasser im Rohr. Erst wenn die Siedetemperatur auch in der Rohrmitte erreicht ist, wird die gesamte zugeführte Wärme zur Verdampfung genutzt, mit zunehmendem Dampfgehalt wechselt die Strömungsform im Verdampferrohr von einer Kolbenströmung über die Kolbenblasenströmung zu einer Ringströmung. Bei letzterer ist die Rohrwand noch von einem Wasserfilm bedeckt. Die Dicke des Wasserfilms nimmt durch Verdampfung ab und wächst andererseits durch Anlagerung von Wassertropfen aus der Kernströmung. Dabei überwiegt die Abdampfungsrate, so dass der Wasserfilm immer dünner wird und schließlich verschwindet. Sobald der Wärmeübergang an der Rohrwand nicht mehr an Wasser, sondern an Dampf erfolgt, nimmt die Wandtemperatur wegen des dann geringeren Kühleffektes plötzlich stark zu, was zu einem Versagen der Rohre führen kann. Dieser Effekt wird in der Literatur als Siedekrise bezeichnet. Die Siedevorgänge waren ebenso wie der Wärmetransport durch Strahlung und Konvektion im Vorfeld der 3. Entwicklungsperiode noch nicht gut bekannt und waren Thema der Anwendungsforschung [99].

Von Praktikern wurden zur Kühlung der Verdampferrohre schon während des 2. Entwicklungsabschnitts mehrere Vorschläge ausgearbeitet. Die Kühlung der Heizflächen erfolgte dabei entweder durch einen stetigen Wasserumlauf innerhalb des Dampferzeugers oder durch Hindurchdrücken eines Wasserstroms durch die Kesselrohre. Demnach ergaben sich drei Systeme von Dampferzeugern:

- Naturumlaufdampferzeuger
- Zwangumlaufdampferzeuger
- Zwangdurchlaufdampferzeuger

3.3.1.1 Naturumlauf

Verdampfer von Kesseln mit natürlichem Wasserumlauf bestehen aus beheizten und unbeheizten wasserführenden Rohren, deren obere Enden in die Trommel einmünden und die an ihrer tiefsten Stelle mit Sammlern verbunden sind. Der erforderliche Massenstrom zur Kühlung der beheizten Verdampferrohre wird durch den Dichteunterschied des Wassers in den sogenannten Steig- und Fallrohren erzeugt. In den beheizten Rohren, den Siedeoder Steigrohren, bildet sich Dampf. Die mittlere Dichte des Wasser-Dampfgemischs im Siederohr ist dann geringer als die Dichte des einphasigen Wassers im nichtbeheizten Rohr, dem Fallrohr. Das Wasser im Fallrohr schiebt deshalb das Wasser-Dampfgemisch im Steigrohr vor sich her nach oben in die Trommel. Während der leichtere Dampf aus der Trommel in die Überhitzer abströmt, läuft das Wasser wieder den Fallrohren zu und wird schließlich von den Sammlern auf die parallel durchströmten Siederohre verteilt. Auf diese Weise ergibt sich ein ständiger Wasserumlauf, dessen Intensität sich nach Beheizung und dem Strömungswiderstand in den Siederohren richtet, vgl. Abb. 3.39. Um den Strömungswiderstand gering zu halten, werden beim Naturumlaufkessel für die Siederohre im Vergleich zu den anderen Bauarten größere Rohrdurchmesser verwendet.

Mit zunehmendem Dampfdruck wird die Intensität des natürlichen Umlaufs geringer, da das spezifische Volumen des Dampfes sich mehr und mehr dem des Wassers

3.3 Dritter Zeitabschnitt: Der Weg zum Großkraftwerk

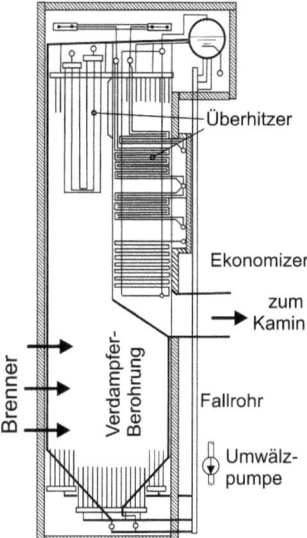

Abb. 3.39 Aufbau eines Naturumlauf- bzw. Zwangumlaufkessels für hohe Drücke. Im Unterschied zum Naturumlauf werden beim Zwangumlauf die Brennkammerwände aus Rohren kleineren Durchmessers aufgebaut und in die Trommel werden Zyklone zur Trennung des Dampf-Wasser-Gemischs eingebaut. Um den größeren Druckabfall durch die kleineren Durchmesser der Verdampferrohre und die Zyklone in der Trommel auszugleichen, wird beim Zwangumlauf die Umlaufströmung durch in das Fallrohr eingebaute Umwälzpumpen unterstützt

angleicht und sich so auch der Auftrieb der Dampfblasen bzw. die Strömungsgeschwindigkeit im Siederohr vermindert. Mit abnehmender Strömungsgeschwindigkeit wird auch der Wärmeübergang schlechter, so dass es lokal zu einer Überhitzung der Siederohre und schließlich zur Zersetzung des Wassers kommen kann. Direkte Folge sind Korrosion und dadurch ausgelöste Rohrschäden, da sich der Sauerstoff aus der Wasserdampfzersetzung mit dem Eisen der Rohre verbindet. Ein Teil der Kesselbauer war damals der Meinung, dass der Naturumlaufkessel wegen der genannten Schwierigkeiten für Drücke über ca. 60 at nicht geeignet wäre. Die andere Ansicht war, dass der Naturumlauf sehr wohl für die Erzeugung von Hochdruckdampf geeignet sei, wenn die Frage des Wasserumlaufs in geeigneter Weise gelöst wäre, was sich schließlich als zutreffend erwies. Denn schon um 1930 wurden in den Staaten und auch in Europa Naturumlaufkessel mit Drücken von mehr als 60 at in Betrieb genommen. So 1928 im Großkraftwerk Mannheim ein mit Kohlenstaub gefeuerter Naturumlaufkessel zur Erzeugung vom Dampf mit einem Druck von 100 at, vgl. Abb. 3.40.

Die Vorausberechnung der Umlaufströmung war wegen fehlender Kenntnis des Druckabfalls bei der Strömung von Wasser bzw. eines Wasser/Dampf-Gemischs durch Rohre noch nicht möglich. Die Konstrukteure waren darauf angewiesen, von bestehenden Anlagen zu extrapolieren. Die Grundlagen für die Berechnung wurden erst später durch die

Abb. 3.40 Mit Kohlenstaub gefeuerter Naturumlaufkessel im Großkraftwerk Mannheim. Der im Jahr 1929 errichtete Kessel mit einer Dampfleistung von 70 t/h bei 100 at und 450 °C war die erste Hochdruck- und Hochtemperaturanlage in Europa

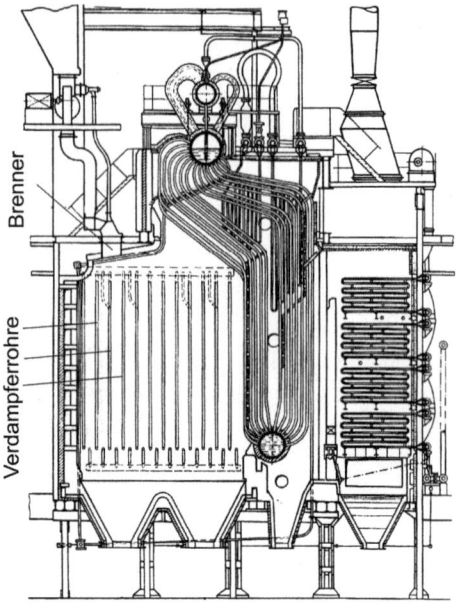

Arbeiten von Nikuradse [102], Moody [100], [94] u. a. geschaffen, so dass die Entwicklung des Naturumlaufs erst im dritten Entwicklungsabschnitt zum Abschluss kam. Kessel mit Naturumlauf werden für Drücke bis 175 bar und Dampfleistungen bis 1500 t/h gebaut.

3.3.1.2 Zwangumlauf

Im Unterschied zu den Kesseln mit natürlichem Umlauf ist beim Zwangumlauf zur Unterstützung des Wasserumlaufs im Fallrohr eine Heißwasser-Umwälzpumpe angeordnet, vgl. Abb. 3.38b. Die Pumpe fördert das Wasser aus dem Fallrohr der Trommel über die Sammler zum Verdampfer, so dass jedes der Verdampfer-Rohre mit der für seine Kühlung erforderlichen Wassermenge durchströmt wird. Im Vergleich zu Kesseln mit natürlichem Umlauf können für den Bau der Verdampfer Rohre mit ca. 50 % geringerem Durchmesser und geringerer Wanddicke verwendet werden, dadurch vermindert sich der Materialaufwand für die Verdampferheizflächen um ca. 30 %. Erkauft wird dies mit dem Leistungsbedarf der Umwälzpumpe, die etwa fünfmal mehr Wasser umwälzt als der Dampfleistung entspricht. Die Leistungsaufnahme der Pumpe ist äquivalent zu ca. 0,5 % der Kesselleistung. Nach dem Erfinder werden Zwangumlaufdampferzeuger auch La Mont-Kessel genannt[30]. Der Zwangumlauf hat wegen der Sicherstellung des Umlaufs den Vorteil, dass seine Verdampferheizflächen beliebig den Anforderungen der Feuerung angepasst werden können. In den Staaten wurde der Zwangumlauf zunächst zur Kühlung

---

[30] Walter Douglas LaMont (1889–1942), US-amerikanischer Marine-Ingenieur und Erfinder, US Patent 2201.627 aus dem Jahr 1933

der Wasserwände der Feuerräume eingesetzt. Dagegen wurden in Europa die sich aus dem Zwangumlauf ergebenden Gestaltungsvorteile für den Bau leichter und billigerer Kessel genutzt. Der geringe Raumbedarf und das geringe Gewicht machten den La Mont-Kessel besonders für den Schiffsbetrieb geeignet, vgl. [90], [121], [70].

Wie beim Naturumlauf ist auch bei den La Mont-Kesseln eine Trommel zur Abtrennung des Dampfes erforderlich. Die Trommel eines großen Kraftwerkskessels hat einen Durchmesser von bis zu 2 m, eine Läge von bis zu 20 m und eine Wanddicke von bis zu 160 mm, sie ist ein dickwandiges, unbeheiztes, wärmeisoliertes Bauteil. Wegen ihrer große Masse folgt die Trommel der Dampftemperatur nur verzögert. Aufgrund der mit der Temperatur verknüpften Wärmedehnungen ihres Materials kommt es deshalb beim Anfahren des Kessels und bei Laständerungen zu Wärmespannungen, die die Manövrierfähigkeit des Kessels begrenzen. Sie ist damit ein empfindliches Bauteil und zudem aufwendig in der Herstellung, bringt anderseits aber auch Vorteile:

- Neben der Trennung von Wasser und Dampf ermöglicht die Trommel bei Bedarf das Entsalzen des Umlaufwassers. Da die Salze aus dem Speisewasser beim Verdampfen im Umlaufwasser zurückbleiben, wird dazu aus der Trommel kontinuierlich ein geringer Teilstrom des Umlaufwassers abgeführt und durch vermehrte Speisung ersetzt.
- Die Trommel wirkt mit ihrem großen Wasservolumen als Energiespeicher. Kleinere Lastschwankungen oder ungleichmäßige Dampfentnahme werden aus dem Wasserspeicher der Trommel gedeckt, ohne dass die Feuerung oder Speisung verändert werden müssen.

Der Zwangumlauf nach dem LaMont-System wurde in der Folgezeit von der amerikanischen Gesellschaft CE: Combustion Engineering Inc. und deren Lizenznehmern für den Einsatz in Großkraftwerken zur Marktreife entwickelt und unter dem Namen *Controlled Circulation* vermarktet [83]. Für große Dampfkraftwerke kamen diese Kessel in den Jahren von 1950 bis 1980 hauptsächlich in den USA, England und Japan für Dampfleistungen bei 2 200 t/h und Drücke bis 185 bar vor Turbine zum Einsatz.

Zur Verbesserung der Trennung von Wasser und Dampf sind die Trommeln großer Naturumlauf- und Zwangdurchlaufkessel mit Einbauten bestückt. Bei den Zwangdurchlaufkesseln wurden dazu Abscheidezyklone verwendet, vgl. hierzu die Abb. 3.41.

3.3.1.3 Zwangdurchlaufkessel

Die Entwicklung dieser Kessel reicht in die Zeit des ersten Entwicklungsabschnitts zurück. In den 20er Jahren des vergangenen Jahrhunderts scheiterten Versuche von Wilhelm Schmidt mit Drücken von mehr als 60 at zu arbeiten an der Nichtbeherrschung des Verdampfungsvorganges. In den Verdampferbündeln der damaligen Naturumlaufkessel kam es zu Strömungsinstabilitäten mit Druckschwankungen und ungleichmäßiger Dampferzeugung, die dann Temperaturschwankungen in den Überhitzern zur Folge hatten. Die

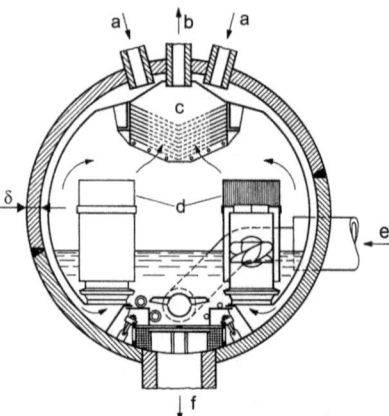

Abb. 3.41 Schnitt durch eine Trommel für Zwangumlaufkessel mit eingebauten Abscheidezyklonen, Combustion Engineering Inc. 1960. *a*: Dampf/Wassergemisch aus Verdampfer, *b*: Dampfaustritt, *c*: Tropfenabscheider, *d*: Abscheidzyklone, *e*: Zufluss Speisewasser, *f*: Fallrohr. Beim Zwangumlauf werden in die Trommel Zyklone zur besseren Trennung des Dampf-/Wassergemischs eingebaut. Dies erlaubt eine Steigerung der Trommelbelastung bzw. ein Verkleinerung des Durchmessers der Trommeln

Mehrheit der etablierten Kesselbauer glaubte damals, man müsse deshalb das Verdampfungsgebiet oberhalb 60 atü meiden.

Dessen ungeachtet setzte auf diesem Gebiet eine stürmische Erfindertätigkeit ein, die gerade die Steigerung des Frischdampfdruckes, der Frischdampftemperatur sowie die äußerste Ausnutzung der Kesselheizflächen zum Ziel hatte. Dabei setzten sich zwei Bauarten durch, die sich später nur in Details unterschieden:

- Bensonkessel
- Sulzerkessel

Benson-Kessel Bei seiner Tätigkeit in der amerikanischen Ölindustrie wurde Mark Benson[31] dazu angeregt, sich mit der Dampferzeugung zu befassen. Denn die Aufarbeitung des Erdöls erfolgte mit endothermen Prozessen, bei denen damals Wärme mittels Niederdruckdampf von möglichst hoher Temperatur zugeführt wurde. Dabei befasste er sich auch mit dem Dampfkraftprozess. Er kam zu der Meinung, dass der schlechte Wirkungsgrad bei den Kraftwerken, abgesehen vom Kondensatorverlust, von der Verdampfungswärme her-

---

[31] Mark Benson wurde 1890 in Schluckenau, Nordböhmen, als illegitimer Sohn eines Habsburgers unter dem Namen Müller geboren, dem Mädchennamen seiner Mutter. Nach einem Physik- und Chemiestudium ging er noch vor dem Ersten Weltkrieg nach London und nahm dort den Namen Mark Benson an. Vermutlich zu Beginn des Krieges ging er in die USA, wo er in der Chemischen Industrie und der Ölindustrie tätig war. Er verstarb Ende der 50er Jahre des vergangenen Jahrhunderts in Hollywood.

3.3 Dritter Zeitabschnitt: Der Weg zum Großkraftwerk

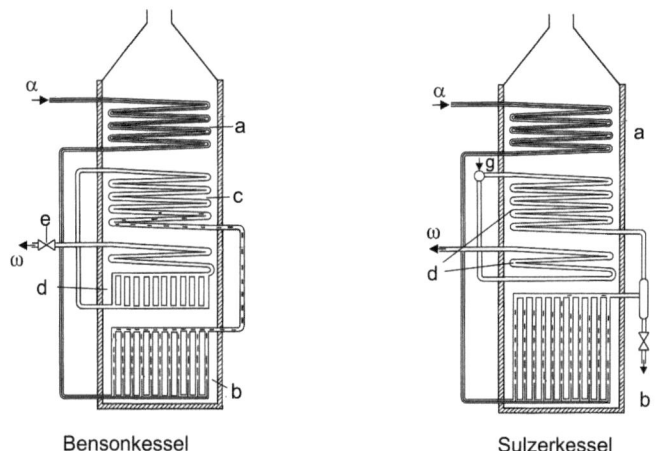

Abb. 3.42 Schematische Darstellung der Zwangdurchlauf-Kesselsysteme. α: Speisewassereintritt, ω: Frischdampfaustritt, a: Speisewasservorwärmer, b: Verdampfer, c: Restverdampfer beim Bensonkessel, d: Überhitzer, e: Reduzierventil, f: Sulzer-Flasche, g: Einspritzventil

rührt. Deshalb entschloss er sich, den Dampf bei einem Zustand zu erzeugen, bei dem es keine Verdampfungswärme und keinen unstetigen Übergang vom Wasser in den Dampf gibt, also bei überkritischem Druck. Um seine Theorie zu beweisen strebte er an, eine Versuchsanlage zu bauen. Auf der Basis seiner Überlegungen formulierte er einen Patentanspruch, der aber in den USA nicht angenommen wurde. Deshalb orientierte sich Benson um 1921 nach England und Deutschland. Er gründete in London die „Benson Engineering Co", konnte die English Electric Co für seine Idee gewinnen und so begann man in Rugby mit dem Bau einer Versuchsanlage. Nachdem in England die Erteilung der Patentanmeldung misslang, verlor die English Electric Co das Interesse und zog sich zurück, ohne die Versuchsanlage fertigzustellen.

In Deutschland wurde Benson am 18. Juli 1922 ein Patent auf ein „Verfahren zur Erzeugung von gebrauchsfertigem Arbeitsdampf von beliebigem Druck" erteilt [73]. Die Patentansprüche umfassen u. a.:

Ausführung des Verfahrens dadurch gekennzeichnet, dass das Wasser zunächst oberhalb des kritischen Druckes und oberhalb der kritischen Temperatur in Dampf überführt wird, so dass es ohne Sieden und ohne Aufnahme von Verdampfungswärme stetig in Dampf übergeht und dass dann bei oder vor dem etwa notwendigen Herabgehen auf den Gebrauchsdruck soviel Wärme zugeführt wird, dass dabei keine Kondensation auftritt.

Von einer Steigerung des Prozesswirkungsgrades ist in den Patentschriften Bensons nicht mehr die Rede.

Durch die Erteilung des Patents ist man im Hause Siemens auf Benson aufmerksam geworden. Die Siemens-Schuckertwerke erwarben das deutsche Patent und stellten die Versuchsanlage in Rugby fertig. Die Versuchsanlage war ein Zwangdurchlaufkessel mit fünf parallelen Rohrsträngen. Eine Speisepumpe brachte das Wasser auf den kritischen Druck und förderte es durch die Rohrstränge, in denen es zunächst erwärmt wurde und bei Erreichen der kritischen Temperatur unmittelbar in Dampf überging. Der Dampf wurde danach überhitzt und anschließend der Druck mittels eines Drosselventils auf den Eintrittsdruck einer nachgeschalteten Laval-Turbine heruntergesetzt. An dieser Anlage führte Siemens bis 1925 Versuche durch.

Zusammen mit Mark Benson gründeten die Siemens-Schuckertwerke die „Internationale Benson Patent-Verwertungs AG" in Zürich. Die Entwicklung des Bensonkessels bis zur Marktreife wurde dann im Hause Siemens ohne weitere Beteiligung Bensons unter der Leitung von Hans Gleichmann[32] durchgeführt. Dazu wurde 1925 von Siemens eine eigene Versuchsanlage mit einer Dampfleistung von 10 t/h im Kraftwerk Siemensstadt in Betrieb genommen [68]. Aufbauend auf den Versuchsergebnissen dieser Anlage entstand 1927 ein Versuchskessel für das Maschinenlaboratorium von Prof. Josse an der Technischen Hochschule Berlin. Bei Versuchen mit dieser Anlage wurde u. a. gefunden, dass Benson-Kessel auch unterkritisch betrieben werden konnten, was für die damalige Zeit ein unerwartetes Ergebnis war. Josse empfahl, den Benson-Kessel nicht mit überkritischem Druck zu betreiben, sondern mit dem Druck, für den Dampfturbinen mit gutem Wirkungsgrad gebaut werden können, da sich dadurch der Arbeitsaufwand für die Speisepumpe vermindert [95]. Aus diesem Ergebnis ergab sich die Wertlosigkeit des Patents von Benson, er hatte den überkritischen Betrieb mit Druckhalteventil vorgeschrieben. Trotz der Eindeutigkeit der Versuchsergebnisse von Josse hielt Gleichmann zunächst an der im Benson Patent festgelegten Betriebsweise des Kessels mit überkritischem Druck und anschließender Drosselung fest, vgl. [85], [101]; andererseits erkannte Gleichmann die großen Vorteile des sogenannten Gleitdruckbetriebs für Kraftwerke.

Als erste kommerzielle Anwendung wurde 1927 ein Benson-Kessel mit einer Leistung von 24 t/h im Kabelwerk Gartenfeld der Siemens-Schuckertwerke in Betrieb genommen [86]. Der erste Benson-Kessel für ein Kraftwerk wurde 1934 für die Centrales Electriques et Flandres du Brabant, Langerbruegge, in Betrieb genommen [91]. Wie der Kessel für das Kabelwerk wurde auch dieser als Turmkessel gebaut, er war ohne Schornstein 32 m hoch und bildete mit Saugzuganlage, Staubabscheider und Schornstein eine frei im Raum stehende Einheit. Die mit Kohlenstaub gefeuerte Brennkammer war 10 m hoch und hatte einen quadratischen Querschnitt von 5,7 m Seitenlänge. Die Brennkammer war von allen Seiten mit Verdampferrohren ausgekleidet, die in Form einer rechteckigen Schraube die Strahlungsheizfläche bildeten. Die acht Wirbelbrenner seiner Kohlenstaubfeuerung waren in einem regelmäßigen Vieleck in der Kesseldecke untergebracht. In zwei seitlich der Brennkammer angeordneten Zügen waren die Überhitzer, Zwischenüberhitzer, Ekonomiser und Luftvorwärmer untergebracht. Bemerkenswert ist, dass die Verbrennungsluft von den Lüftern durch die den Kessel umgebenden Doppelwände angesaugt und von dort den Brennern zugeleitet wurde, vgl. das linke Teilschnittbild in Abb. 3.43.

---

[32] Hans Gleichmann (1879–1945) war der Promotor für die technische Entwicklung der Benson-Kessel im Hause Siemens. Er ist der Schöpfer des Benson-Kessels wie wir ihn heute kennen.

Abb. 3.43 Kohlegefeuerter Bensonkessel mit einer Dampfleistung von 24 t/h im Kabelwerk der Siemens-Schuckert werke, er wurde 1927 errichtet und als Benson-Kessel I bezeichnet. Er bildete mit Saugzuganlage, Schornstein und dem auf der Kesseldecke eingerichteten Bedienungsraum eine Einheit, unter Vermeidung eines Kesselhauses stand er als *Turmkessel* frei im Gelände. Die Turmkesselbauweise wurde von Siemens später aufgegeben, weil sie aus damaliger Sicht für die klimatischen Verhältnisse in Mitteleuropa ungeeignet war

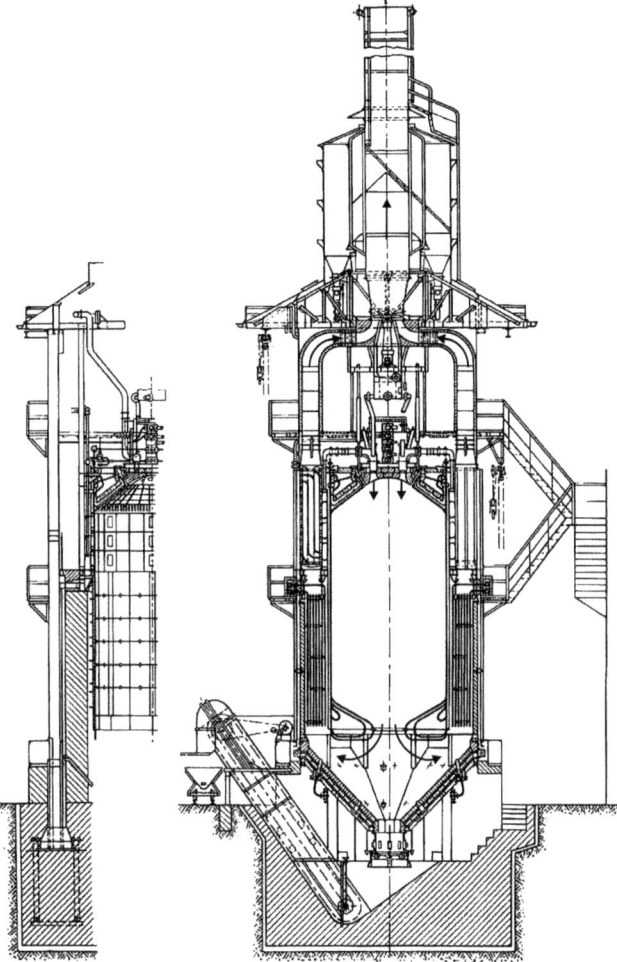

Beim Betrieb der Anlage zeigte es sich, dass der Feuerraum knapp bemessen war und es in der Folge zu Schlacken-Anlagerungen kam. Ferner wurde nachträglich ein Teil der Strahlungs-Heizflächen, in der die Verdampfung stattfand, in ein Gebiet niedrigerer Rauchgastemperaturen verlegt, weil sich in diesem Teil, solange er im Strahlungsbereich der Flamme lag, die im Speisewasser enthaltenen Salze an der Rohrwand absetzten und dort verkrusteten, was zum Reißen der Rohre Anlass gab. Der Restverdampfer war lange Zeit eine Besonderheit der Benson-Kessel. Denn bis in die 50er Jahre des vergangenen Jahrhunderts war die Speisewasserpflege in den Kraftwerken unbefriedigend. Zwecks gefahrloser Entfernung von Ablagerungen der Restsalze wurde die Restverdampfer-Heizfläche in einem mäßigen Rauchgastemperaturbereich hinter dem Endüberhitzer angeordnet. Die dort abgelagerten Salze konnten bei Bedarf im Zuge von allfälligen Abstell- oder Anfahr-Vorgängen herausgespült werden. Schon in den 60er Jahren lag der Salzgehalt im Speisewasser gut geführter Kessel unter 0,2 mg/l; auch bei Drücken oberhalb 160 at ist diese geringe Salzmenge vollständig gelöst, so dass der Restverdampfer dann wieder überflüssig wurde.

Die schraubenförmige Wicklung der Verdampferrohre um die Brennkammer war aufwendig und teuer in der Herstellung. Deshalb wurden die Kühlschirme für die Brennkammerwände in vom Hersteller als „Schiffselemente" bezeichnete Register paralleler Rohre aufgeteilt, die aus einem Eintritt- und einem Austrittsammler bestanden und die untereinander durch eine größere Zahl von nicht beheizten Fallrohren verbunden waren. Diese Anordnung sollte eine stabile Strömung sichern und durch wiederholtes Mischen einen Enthalpieausgleich zwischen dem aus den einzelnen Siederohren austretenden Dampf schaffen. Von Vorteil war zunächst auch, dass mit dem Steigrohr-Fallrohrsystem der für die Strömungsstabilität erforderliche Druckabfall im Benson-Kessel geringer gehalten werden konnte als bei den Konstruktionen des Konkurrenten Sulzer. Erstmals angewandt wurde diese Konstruktion für den Kessel des Dampfers Uckermark [87]. Daher der Name Schiffselement.

Beim Betrieb größerer Benson-Kessel mit parallel geschalteten Steigrohr-Fallrohr-Systemen traten instabile Strömungsverhältnisse auf. Dabei zeigte es sich, dass parallel liegende Rohre gleichen Durchmessers und gleicher Länge von unterschiedlichen Dampf-/Wassermengen durchströmt wurden. Dabei konnte die Durchflussmenge einzelner Rohre so gering werden, dass diese ungenügend gekühlt wurden und es in der Folge wegen Überhitzung des Rohrmaterials zu Rohrreißern kam. Abhilfe schaffte zunächst eine Unterteilung der Heizfläche in eine größere Zahl von Abschnitten mit geringer Wärmezufuhr. Das Problem der Stabilität der Strömung durch parallele, beheizte Rohre wurde erst in den 70er Jahren gelöst, vgl. [81], [110].

Mit dem alles in allem erfolgreichen Betrieb der Anlage Langerbruegge hatte der Benson-Kessel seine vorläufige Form gefunden. Die bis dahin gebauten Benson-Kessel waren von der Siemens-Schuckertwerke AG (SSW) berechnet, konstruiert, gebaut und in Betrieb genommen worden. Weil der Bau von Kesseln und den damit verbundenen Feuerungen dem Fertigungsprogramm von Siemens fremd war und wohl auch wegen der damit verbundenen Risiken, hat SSW 1933 den Kesselbau aufgegeben und stattdessen Lizenzen für den Bau von Benson-Kesseln an die einschlägige Industrie vergeben. Einschließlich der Versuchsanlagen waren drei ölgefeuerte Versuchskessel, der mit Kohlenstaub gefeuerte Kessel für das Kabelwerk Gartenfeld und der Kraftwerkskessel Langerbruegge in Betrieb sowie weitere sechs ölgefeuerte Schiffskessel mit Dampfleistungen von 1,5 t/h bis 24 t/h.

Erste Lizenznehmer für Benson-Kessel waren die Gesellschaften Borsig AG, Dürrwerke AG, Vereinigte Kesselwerke AG und Westinghouse Electric & Manufacturing Comp. sowie Blohm & Voß KG für den Bau von Schiffskesseln. In ihrer ersten Druckschrift zum Benson-Kessel schrieb die Dürr AG.

Der Vorgang der Dampferzeugung im Benson-Kessel ist so einfach und so übersichtlich, dass die Bedienung des Kessels einem angelernten Arbeiter anvertraut werden kann. Automatische Regelung und Fernsteuerung sind durchführbar, aber nicht erforderlich.

3.3 Dritter Zeitabschnitt: Der Weg zum Großkraftwerk

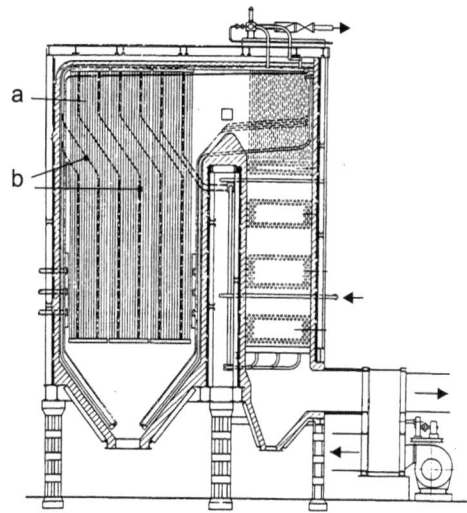

Abb. 3.44 Benson-Kessel mit der Steigrohr-Fallrohr-Schaltung der Kühlschirme. *a*: Steigrohre, *b*: Fallrohre. Beheizt waren nur die Steigrohre, die den Kühlschirm des Feuerraumes bildeten, während die Fallrohre unbeheizt blieben. Die Anordnung sollte die stabile Strömung sichern und durch wiederholtes Mischen der Teilströme aus den einzelnen Siederohren einen Enthalpieausgleich schaffen

In der Praxis hat sich dagegen gezeigt, dass die Zwangdurchlaufkessel einer sehr exakten Regelung bedürfen. Während beim Trommelkessel nur Luft- und Brennstoffzuführung entsprechend der geforderten Kesselleistung geregelt werden müssen und das Speisewasser unabhängig von der Dampfmenge nach Maßgabe des Wasserstandes in der Trommel geregelt werden kann, müssen beim Durchlaufkessel sowohl Luft wie Brennstoff und Speisewasser genau der Dampfleistung angepasst werden.

Ein Nachspiel
Die Anregung für die Entwicklung des Benson-Kessels wurde durch Mark Benson gegeben, der sich vom Arbeiten mit überkritischem Druck einen höheren thermischen Wirkungsgrad versprach. Siemens hat Bensons Ideen aufgegriffen und dann die technische Entwicklung zum späteren Benson-Kessel ohne irgendeine Beteiligung von Mark Benson vollzogen. Nach der bei Experimenten gewonnenen Erkenntnis, dass das von Benson vorgeschriebene Druckhalteventil für den Betrieb eines Zwangdurchlaufkessels nicht zwingend notwendig ist, lösten die Siemens-Schuckertwerke und Mark Benson zwar die gemeinsam gegründete *„Internationale Benson-Patentverwertungs-Gesellschaft"* wieder auf. Mark Benson gründete dann daraufhin die *„Benson Super Power Cooperation (BSPC)"*, an der das Haus Siemens nicht mehr beteiligt war. Dennoch übernahmen die Siemens-Schuckertwerke die zeitlich unbefristete Verpflichtung, für überkritische Benson-Kessel 15 % des Reingewinns aus Lizenzeinnahmen an die BSPC abzuführen. Dabei vergaß man im Haus Siemens, den originalen Benson-Kessel als einen Zwangdurchlaufkessel mit Druckhalteventil zu definieren. Ein Versehen, was Siemens noch viel Geld gekostet hat.

Als Siemens 1955 den Vertrag kündigen wollte, erwachte die BSPC, die in keinem Handelsregister mehr eingetragen war und die keinerlei Leistungen erbracht hatte, zu neuem Leben. Die wieder erweckte Gesellschaft erklärte, dass die neueren Kessel bei Volllast alle überkritisch betrieben würden und damit lizenzpflichtig an die BSPC seien. Erst 1966 kam es nach Zahlung einer für damalige Verhältnisse hohen Abstandssumme von DM 6,2 Millionen zu einem Auflösungsabkommen. Die Staaten waren schon immer ein gutes und profitables Pflaster für Patent- und Rechtsanwälte.

Sulzer-Kessel *Zwangdurchlaufkessel:* Die Gebrüder Sulzer AG Winterthur hatte bereits 1924 einen Hochdruckkessel für 110 at und 400 °C in ihren Werkstätten aufgestellt und betrieben. In [114] beschreibt Stodola unter der Bezeichnung „Sulzer Einrohrkessel" eine verbesserte Neukonstruktion, die manche Ähnlichkeit mit dem Benson-Kessel aufwies, aber auch deutliche Unterschiede. Beim Sulzer-Kessel wurde der Verdampfer aus wenigen, parallel zueinander liegenden Rohren gebildet, die an den Feuerraumwänden mäanderartig entweder waagrecht, senkrecht oder geneigt gewickelt waren. Jedes Verdampferrohr besaß ein Drosselventil, mit dem sich der durch das Rohr fließende Massenstrom einstellen ließ. Ein typisches Merkmal des Sulzer-Kessels war der Wasserabscheider am Ende der Verdampferwicklung, auch „Sulzer-Flasche" genannt. Die Kesselspeisung wurde so geregelt, dass aus dem Verdampfer Nassdampf mit einer Endfeuchte von 4 bis 6 % austrat. Dieses Restwasser, das im Wasserabscheider zu ca. 85 % abgetrennt wurde, sollte den Großteil der Salze aus dem verdampften Wasser enthalten. Das abgetrennte Wasser wurde als Kesselabsalzung abgeführt. Im Unterschied zum Benson-Kessel benötigte der Sulzer-Kessel keinen Restverdampfer, erreichte aber mit der Sulzer-Flasche einen vergleichbaren Effekt.

Zur Feststellung der Restfeuchte am Verdampferende wurde eines der Verdampferrohre, das sogenannte Regelrohr, absichtlich stärker gedrosselt, so dass es einen um ca. 30 °C überhitzten Dampf lieferte, während die anderen Verdampferrohre Nassdampf der verlangten Feuchtigkeit abgaben. Durch Messen der Dampfüberhitzung am Regelrohr konnte ein Impuls für die Speisewasserregelung gewonnen werden, was allerdings den Sulzer-Kessel zum Kessel mit festem Verdampfungspunkt machte.

Wegen der geringen Zahl paralleler Rohre im Verdampfer war beim Sulzer-Kessel die Strömungsgeschwindigkeit in den Verdampferrohren höher als bei den Benson-Kesseln, d. h. bei den Sulzer-Kesseln hatte man eine höhere Massenstromdichte für das Wasser-Dampfgemisch gewählt. Dadurch wurden Strömungsinstabilitäten mit anschließenden Rohrreißern in den Verdampfern vermieden, erkauft wurde dies mit einem größeren Druckabfall im Kessel bzw. mit dem größeren Kraftbedarf für die Speisepumpen.

Schon früh hatte Sulzer die Bedeutung der Regelung, d. h. der Anpassung der Dampferzeugung an die Anforderungen der Turbinen erkannt. Vom Anfang der Entwicklung des Einrohr-Kessels an wurde bei Sulzer auch die Entwicklung der zugehörigen Regelung aufgenommen, die aus der Konstruktion des Sulzer-Dampfturbinenreglers heraus erfolgte. Dem lag zugrunde, dass bezüglich der Regelung gleichhohe Anforderungen an die Dampferzeuger zu stellen sind wie an die damit zusammenarbeitende Dampfturbine. Die konstruktive Gestaltung der Regeleinrichtung beruhte auf der Anwendung einer Druckölsteuerung mit einer hydraulischen Fernübertragung der Mess- und Regelgrößen. Ein Regelschema einer Dampfanlage mit Einrohrkessel und Sulzer-Regelung zeigt die Abb. 3.45.

Kessel mit überlagertem Umlauf Beim Sulzer-Kessel ist der Verdampfungsendpunkt durch die Sulzer-Flasche örtlich fixiert. Mit den nach 1950 verfügbaren Verfahren zur

3.3 Dritter Zeitabschnitt: Der Weg zum Großkraftwerk

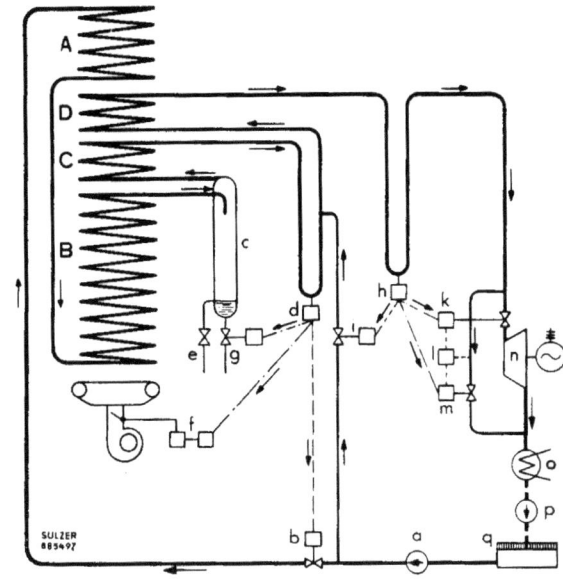

Abb. 3.45 Schaltschema einer Kraftwerksanlage mit Sulzer-Kessel. *A*: Ekonomizer, *B*: Verdampfer, *C*: Vorüberhitzer, *D*: Endüberhitzer. *a*: Speisepumpe, *b*: Speisewasserregler, *c*: Sulzer-Flasche, *d*: Temperaturmessung, *e*: konstante Abschlämmung, *f*: Feuerregler, *g*: geregelte Abschlämmung, *h*: Temperaturmessung, *i*: Einspritzregelung, *k*: Dampfdruckregler, *l*: Druckmessung, *m*: Bypassregler, *n*: Turbine, *o*: Kondensator, *p*: Kondensatpumpe, *q*: Kondensatbehälter

Speisewasseraufbereitung war eine Absalzung des in der Sulzerflasche abgeschiedenen Wassers nicht mehr notwendig. Damit wurde es möglich, das in der Flasche abgeschiedene Wasser wieder dem Kreislauf zuzuführen. Zur Nutzung dieser Möglichkeit entwickelte Sulzer neben dem Zwangumlaufkessel in Kooperation mit der KSG den unterkritisch betriebenen Zwangdurchlaufkessel mit überlagertem Umlauf und in Zusammenarbeit mit der CE Combustion Engineering den überkritisch betriebenen Combined Circulation Kessel. Beim Durchlaufkessel mit überlagertem Umlauf oder Volllastumwälzung wird das aus dem Verdampfer austretende Wasser-Dampf-Gemisch in einem Abscheider getrennt. Das Wasser fließt einem Mischtopf zu, in dem es mit dem erwärmten Speisewasser aus dem Ekonomiser zusammengeführt und anschließend zur Umwälzpumpe weitergeleitet wird, vgl. Abb. 3.46. Im Vergleich zum Zwangumlauf ist bei den Kesseln mit überlagertem Umlauf der Umwälzstrom nur 10 bis 20 % größer als der Speisewasserstrom bei Volllast, das Trenngefäß hat mit 0,7 m Innendurchmesser eine wesentlich geringere Masse als die Dampftrommel, ferner ist der Durchmesser der Verdampferrohre nur halb so groß. Im Unterschied zu den Zwangdurchlaufkesseln mit den mäander- oder schraubenförmig um die Brennkammer gewickelten Verdampferrohren werden diese bei den Anlagen mit überlagertem Umlauf vertikal in der Brennkammer verlegt, wie es bei Natur- und Zwangumlaufkesseln üblich war. Daraus versprach man sich eine einfachere Fertigung und Kosteneinsparungen.

Der erste Kessel mit überlagertem Umlauf wurde 1960 für eine 300 MW Anlage zur Nutzung Rheinischer Braunkohle im Kraftwerk Frimmersdorf errichtet. In den Folgejahren folgten eine Reihe von Kesseln für Braunkohle gefeuerte Kraftwerke mit Leistungen bis 500 MW in Europa und Australien.

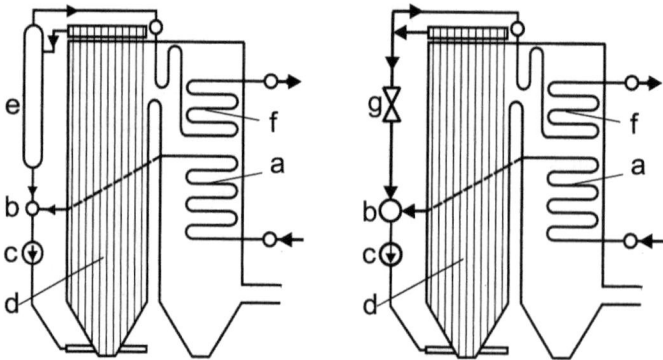

Abb. 3.46 Schemata der Sulzer Umlaufkessel: *Linkes Teilbild*: Unterkritischer Kessel mit überlagertem Umlauf. *a*: Ekonomiser, *b*: Mischgefäß, *c*: Umwälzpumpe, *d*: Verdampfer, *e*: Wasserabscheider, *f*: Überhitzer. *Rechtes Teilbild*: Überkritischer Combined Circulation Boiler. Beim überkritischen Kessel gibt es keinen Wasserabscheider, der Zufluss zur Umwälzpumpe *c* wird mit dem Drosselventil *g* geregelt

Combined Circulation Boiler In Kooperation mit Sulzer hat die CE das Prinzip des überlagerten Umlaufs für die Anwendung bei überkritischem Druck weiterentwickelt und unter der Bezeichnung *Combined Circulation* vermarktet, vgl. Abb. 3.46 und [89]. Beim überkritisch betriebenen Combined Circulation System entfällt das Trenngefäß; erforderlich ist ein Drosselventil, damit der Druck im Verdampfersystem bei allen Betriebszuständen im überkritischen Bereich gehalten werden kann. Mit dem Drosselventil folgt der Combined Circulation Kessel dem Vorschlag von Mark Benson.

3.3.1.4 Konvergenz der Benson- und Sulzer-Kessel

Im Laufe der Entwicklung haben sich die ursprünglichen Unterschiede zwischen Benson- und Sulzer-Kessel allmählich verwischt. So ist beim Benson-Kessel der Restverdampfer verschwunden und beim Sulzer-Kessel wird der Wasserabscheider – die Sulzer-Flasche – nur noch zum Anfahren und bei Kleinlasten gebraucht; denn mit der Vervollkommnung der Wasseraufbereitung für das Speisewasser entfiel die Notwendigkeit des Restverdampfers und der Entsalzung mittels der Sulzerflasche.

Bei Sulzer wurde bei Kleinlasten zur sicheren Kühlung der Verdampferwände der Kessel überspeist und die im Wasserabscheider abgetrennte Wassermenge wieder in den Speisewasserbeälter zurückgeleitet. Zum selben Zweck wurde auch von Siemens ein Wasserabscheider hinter dem Verdampfer eingeführt. Dazu meldete Siemens 1951 ein Patent über „Ein Verfahren zum Betrieb eines Zwangdurchlaufkessels bei Kleinlastbetrieb" an. Es handelte sich dabei um einen Benson-Kessel mit einem Wasserabscheider hinter Verdampfer, wie es vom Sulzer-Kessel her bekannt war. Neu eingeführt wurde von Siemens eine Umwälzpumpe, die das abgeschiedene Wasser zum Kesseleintritt zurückpumpt. Wohl auf Druck der Kunden wurde dies später auch von Sulzer übernommen.

3.3 Dritter Zeitabschnitt: Der Weg zum Großkraftwerk

Durchlaufkessel kamen zunächst nur in Mitteleuropa zum Einsatz. Dabei hatte Siemens zusammen mit den Lizenznehmern den schnelleren Start, zehn Jahre nach der Inbetriebnahme des ersten Durchlaufkessels im Kabelwerk Siemens-Schuckertwerke waren allein in Deutschland 34 Benson-Kessel mit einer Dampfleistung von insgesamt 892 t/h in Betrieb und im Jahr 1959 waren es bereits 200 Kessel mit einer Gesamtdampfleistung von 28 000 t/h, in derselben Zeitspanne wurden etwa halb so viele Sulzer-Kessel in Betrieb genommen.

Patentstreit: Siemens-Schuckert Werke gegen Sulzer
Aufgrund der Ähnlichkeit der beiden Kesselsysteme gab es Auseinandersetzungen über die Benson-Patente bzw. deren Verletzung zwischen den Siemens-Schuckert Werken AG (SSW) und der Firma Sulzer, die im damaligen Deutschen Reich von ihrer Tochtergesellschaft, der Halberg AG, vertreten wurde. Vor deutschen Gerichten hatte Halberg mehrere Klagen gegen SSW und deren Lizenznehmer angestrengt.

Am 29. Oktober 1940 beendeten Halberg und SSW die bei den Gerichten anhängigen Rechtsstreitigkeiten durch einen Vergleich. Um seinen Lizenznehmern den geschlossenen Vergleich zu vermitteln, führte SSW in einem Schreiben vom 3. Dezember 1940 an seine Lizenznehmer aus:

Der Vergleich zwischen SSW und Halberg, von dem wir Ihnen bereits berichtet haben, sieht eine freundschaftliche Zusammenarbeit der beiden Firmen auf dem Gebiete des Zwangduchlaufkessels vor. Wir hatten vor einiger Zeit den Besuch des Herrn Direktor Luberger von der Fa. Halberg, der mit uns besprechen wollte, in welcher Weise eine solche Zusammenarbeit möglich sei. Seine Überlegungen gehen in erster Linie davon aus, dass der Kundschaft die Möglichkeit genommen werden sollte, die beiden Firmengruppen, die sich bisher feindlich gegenüber standen, nach wie vor gegeneinander auszuspielen und schlägt deshalb vor, dass durch eine gemeinsame Anzeige aller beteiligten Firmen zum Ausdruck gebracht wird, dass auf dem Gebiet der Zwangdurchlaufkessel eine Einheitsfront geschaffen ist, die Störungen bisheriger Art nicht mehr zugänglich ist. ...

Der Konkurrenzstreit zwischen Siemens und Sulzer war damit aber nicht beendet. Einen letzten Höhepunkt erreichte die Auseinandersetzung 1956 bei einer Vortragsveranstaltung auf der Wiener Weltkraftkonferenz. Siemens prahlte mit den von seinen 17 Lizenznehmern erreichten Auftragserfolgen – der Sulzer Vertreter revanchierte sich mit einer ironischen Einlassung über die Nützlichkeit und Originalität der Siemens Patente. Die Auseinandersetzung um den besseren Durchlaufkessel zog sich so noch über etliche Jahre hin.

3.3.2 Entwicklung zum Großkessel

Dem Konstrukteur eines mit fossilen Brennstoffen gefeuerten Kessels geht es darum, eine Brennkammer so zu gestalten, dass sich im Einklang mit der Feuerung für verschiedene Brennstoffe eine optimale Wärmeausnutzung ergibt und die Brennkammer außerdem mit den nachgeschalteten Konvektivheizflächen zu einer organischen Einheit verbunden werden kann. Die Entwicklung zu immer größeren Brennkammern wurde dabei nicht von immer gründlicheren theoretischen Erkenntnissen der Verbrennung und der Wärmeübertragungsvorgänge begleitet. Der Fortschritt bei der Konstruktion und Ausführung neuer

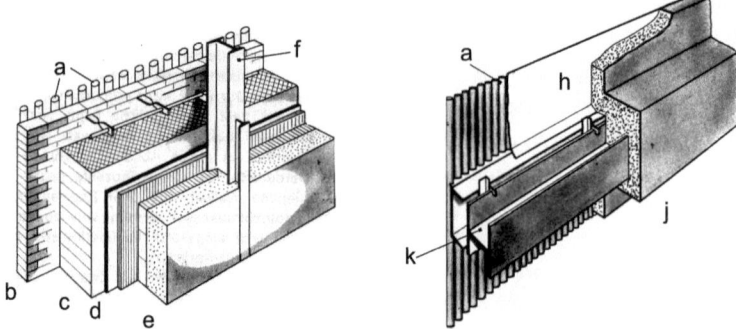

Abb. 3.47 Das *linke Teilbild* zeigt die Konstruktion eines vorgehängten Kühlschirms für einen Mauerwerkskessel. *a*: Verdampferrohre, *b*: Schamotte, *c*: Ziegelsteine, *d*: Isolierplatten mit Alufolie und Versteifungsblech, *e*: Isolierung. Das *rechte Teilbild* eine skin-casing Konstruktion mit einer isolierten Bandage, die zur Stabilisierung erforderlich wurde. *f*: Gerüst, *h*: Verschalung, *j*: Isolierung, *k*: Bandagen

Brennkammern wurde vielmehr schrittweise unter Zuhilfenahme empirischer Verfahren erarbeitet, die sich auf mit früheren Anlagen gesammelte Erfahrungen stützten. Ein Beispiel für diese Vorgehensweise ist die Entwicklung der Brennkammerwandsysteme.

Schon bei den frühen Kesseln war das Rohr ein Grundelement der Kesselkonstruktion. Seine Verwendung als Bauelement hat sich aber im Laufe der Zeit stark gewandelt. Die Brennkammern waren zuerst aus Mauerwerk aufgebaut und die Rohre der Wärmetauscher wurden als Bündelheizflächen in die Rauchgaskanäle eingebaut. Mit Einführung der Staubfeuerung konnte dann der Luftüberschuss vermindert werden, wodurch sich die produzierte Rauchgasmenge verringerte und die Verbrennungstemperatur entsprechend erhöhte. In der Folge wurde zum Schutz des Mauerwerks vor der Wärmestrahlung der Rauchgase die Anordnung von Kühlschirmen erforderlich. Diese bestanden aus eng nebeneinander liegenden Verdampferrohren, die an das Mauerwerk fixiert waren.

Nachteil der Mauerwerkskessel war die Verzunderung und Korrosion der ungeschützt der Flamme und den Rauchgasen ausgesetzten Rohrhalterungen. Des weiteren war das Mauerwerk ein begrenzendes Bauelement für die Abmessungen der Brennkammern und damit für die Feuerleistung der Kessel. Diese Begrenzung wurde bei den größer werdenden Kesseln zu einem Problem, das mit den Ausmauerungen nicht zu lösen war. Denn die Gewichtslast auf die Steine in der untersten Lage des Mauerwerks war durch die Festigkeit der Steine begrenzt, woraus sich eine Begrenzung für die Höhe der gemauerten Kesselwände ergab. Deshalb mussten für die Kesselwände konstruktive Lösungen gefunden werden, mit denen die Kesselzüge sowohl gasdicht als auch wärmedämmend zu umschließen waren und die es ermöglichten, größere Abmessungen mit einer mauerwerkslosen Bauweise zu beherrschen.

Als erstes hat man versucht, den Anforderungen durch eine gasdichte Außenhaut aus Stahlblech gerecht zu werden, vgl. Abb. 3.47. Dazu wurde eine Blechhaut aus unlegiertem

3.3 Dritter Zeitabschnitt: Der Weg zum Großkraftwerk

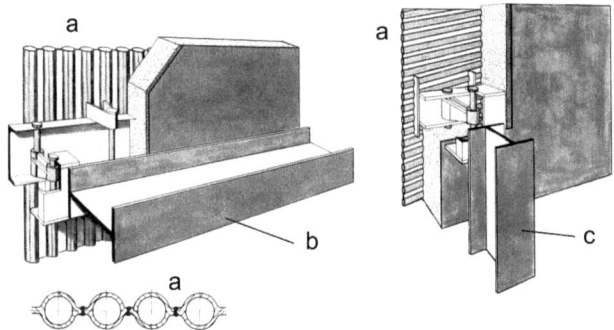

Abb. 3.48 Gasdicht verschweißte Kesselwand *a*, im *linken Teilbild* mit vertikaler und im rechten mit schräg liegender Berohrung. Die Bandagen *b* waren zur Stabilisierung der Wand gegen Beulung erforderlich und die vertikalen Träger *c* zur Aufnahme der Gewichtslasten. Das *untere Teilbild* zeigt einen Schnitt durch die verschweißte Kesselwand *a*

Stahl unmittelbar mit der Rückseite der dicht nebeneinander liegenden Verdampferrohre verbunden, gewöhnlich mittels auf die Rohre aufgeschweißter U-Profile.

Eine außen angelegte Isolierung, die auch die für die Stabilisierung der Verdampferrohre erforderlichen Bandagen umschloss, sorgte für eine Verminderung der Wärmeverluste. Doch auch mit dieser Konstruktion, „skin casing" genannt, ließen sich die Zerstörung der Isolierung und die Korrosion der Außenhaut durch die aggressiven Bestandteile der Rauchgase nicht vermeiden.

Ausgehend von der „skin casing"-Bauweise war es dann nur noch ein kleiner Schritt, die Verdampferrohre miteinander zu verschweißen. Auf diese Weise entstand eine Rohrwand, in der Fachsprache „Membranwand" oder „Flossenwand" genannt, für die man kein Verschalungsblech mehr benötigte, vgl. Abb. 3.48. Bei der Entwicklung der verschweißten Rohrwände waren die US-amerikanischen Kesselbauer Schrittmacher [71]. Für die Herstellung verwendeten diese Glattrohre. Jeweils nebeneinander liegende Rohre wurden durch Einfügen und Anschweißen eines Flacheisens miteinander verbunden. Vorteil der so beflossten Rohre war, dass praktisch Rohre beliebigen Durchmessers und Wanddicke mit jeder technisch sinnvollen Teilung miteinander verbunden werden konnten. Der allgemeinen Einführung dieser Konstruktion standen zunächst zwei Gründe im Weg: Einmal die Furcht von Spannungsrissen in den vollständig verschweißten Wänden, die von Temperaturdifferenzen zwischen den Rohren verursacht werden können und insbesondere beim Anfahren und beim Schwachlastbetrieb vorkommen. Der andere Grund waren die hohen Kosten für die notwendigen Fertigungseinrichtungen ganzer Wandteile [72]. Nachdem die Anfangsschwierigkeiten bei der Herstellung überwunden waren und große Wandteile gefertigt werden konnten, zeigte es sich, dass die Mehrkosten durch Vereinfachungen und Zeitersparnisse der Montage mehr als ausgeglichen wurden.

Der deutsche Weg zur verschweißten Rohrwand begann dagegen mit den sogenannten Flossenrohren, die von den Rohrherstellern als strangepresste oder gewalzte Rohre gelie-

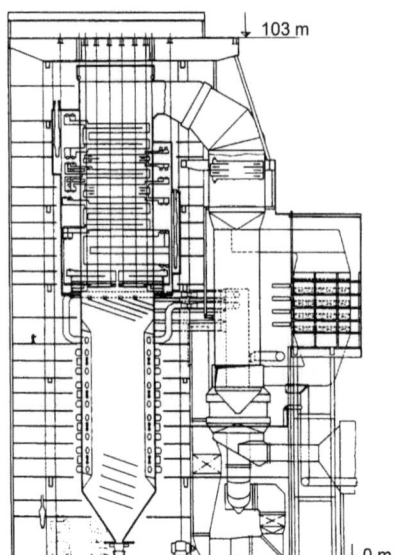

Abb. 3.49 Das *linke Teilbild* zeigt einen Schnitt eines 1200 t/h Zwangdurchlaufkessels, das *rechte Teilbild* zeigt das zugehörige Kesselgerüst in der Bauphase. In Gegenden mit gemäßigtem und polarem Klima wird der Kessel mit all seinen Hilfseinrichtungen von einem Haus umschlossen

fert wurden. Für die Herstellung der „Flossenwand" wurden dann die Flossen miteinander verschweißt. Da sich die Ultraschallprüfung dieser Rohre als schwierig erwies, schwenkte auch der deutsche Kesselbau schließlich auf die in den USA schon seit Jahren erprobten beflossten Rohre um.

Sowohl die gasdichten Rohrwände in der „skin casing" Konstruktion als auch die verschweißten Kesselwände eröffneten neue Möglichkeiten für den Kesselbau. Mit dem neuen Bauelemeant konnte den Anforderungen der Feuerung für die Gestaltung der Brennkammern einfacher nachgekommen werden. Ferner konnten damit auch die Kesselwände selbst zur Aufnahme der Traglasten der Konvektivheizflächen herangezogen werden. Diese Konstruktion heißt *selbsttragende Bauweise*, vgl. Abb. 3.49. Innerhalb einer kurzen Zeitspanne konnte so die maximale Kesselleistung von ca. 200 t/h vor dem Krieg auf 425 t/h im Jahr 1952 und auf 1325 t/h im Jahr 1959 erhöht werden, vgl. [112], [113]. Die ersten in der skin casing Konstruktion ausgeführten Anlagen wurden von der Ohio Power and Appalachian Electric Power CO. in dem Kraftwerk Philip Sporn, New Haven, West Virginia errichtet.

Gasdichte verschweißte Rohrwände wurden zunächst für Natur- und Zwangumlauf-Kessel vorgesehen. Bei diesen unterkritischen Kesseln bestehen zwischen und längs der Verdampferrohre keine Temperaturdifferenzen. Der Anwendung der verschweißten Rohrwände stand nichts entgegen. Anders bei Zwangdurchlaufkesseln, denn bei diesen ändern sich Druck und Temperatur längs der Verdampferrohre. Bei den Zwangdurchlauf-Kesseln bedurfte es bis zum Einsatz der neuartigen Rohrwände einer längeren Entwicklung. Dazu mussten die sich beim Betrieb der Kessel in den verschweißten Wänden einstellenden Temperaturgradienten und die dadurch bedingten Wärmespannungen analysiert und berechnet werden.

Bei den frühen Kesseln geringer Leistung waren die Verdampferrohre und Überhitzer so kurz und steif, dass diese ohne besondere Vorkehrungen auf Mauerwerksvorsprüngen oder ähnlichen Stützpunkten abgelegt werden konnten. Soweit für die Überhitzer Aufhängungen erforderlich waren, lagen die Verhältnisse ähnlich einfach, weil keine großen Lasten aufzunehmen und die erforderlichen Anker kurz waren. Mit zunehmender Dampfleistung änderten sich die Anforderungen grundlegend. Bereits ab einer Kapazität von 40 t/h waren Gerüste für den Zusammenhalt von Feuerung, Verdampfer und Überhitzer notwendig. Bei Dampfleistungen von mehr als 80 t/h ist dies in der Regel ein Stahlskelett, in das der Kessel mit all seinen Teilkomponenten eingehängt wird.

Das Kesselgerüst besteht bei großen, mauerwerkslosen Kesseln aus senkrecht stehenden Säulen, die aus schweren Profileisen zusammengesetzt und in den Boden einbetoniert sind. Die Säulen sind durch waagerechte Träger miteinander vereint und bilden so einen stabilen Verbund, vgl. das rechte Teilbild in Abb. 3.49. Den Abschluss bilden Deckenträger, an denen die Brennkammerwände und die Rohrbündel der Überhitzer mittels geeigneter Tragrohrkonstruktionen aufgehängt werden. Auf diese Weise kann der auftretenden Wärmedehnung des Kesselkörpers Rechnung getragen werden; bei den großen Kraftwerkskesseln dehnt sich der Kesselkörper beim Aufheizen auf Betriebstemperatur um ca. 1 m aus, vgl. das linke Teilbild in Abb. 3.49. Häufig werden die Wände des Kesselhauses außen an das Kesselgerüst angehängt, so dass dafür kein gesondertes Gebäude notwendig ist.

Das Kesselgerüst ist eine hochbeanspruchte Konstruktion, bei der Dimensionierung sind nicht nur die Lasten durch den eigentlichen Kessel nebst seinen Hilfseinrichtungen und den Formänderunngen durch Wärmedehnungen zu berücksichtigen, sondern auch dynamische Beanspruchungen durch Windlasten und gegebenenfalls durch Erdbeben.

Der Dampferzeugerbau ist bis heute eine halbempirische Technik. Bei der Dimensionierung der Anlagen ist man immer noch auf gewisse Erfahrungswerte angewiesen, die an neuen Anlagen immer wieder zu überprüfen sind. Theoretischen Berechnungen sind die Vorgänge bei der Verbrennung und der Wärmeaustausch zwischen der Flamme und den Brennkammerwänden nur bedingt zugänglich und auch die dazu entwickelten Modellrechnungen haben nur stützenden Charakter. Trotz dieser Einschränkungen war die Entwicklung der Benson- und der Sulzer-Kessel zur heutigen Bauform der mauerwerkslosen Kessel mit rauchgasdicht verschweißten Brennkammerwänden erst nach Einführung der modernen Berechnungsmethoden und der Verfügbarkeit großer Elektronenrechner möglich.

Die erste große Kraftwerksanlage, bei der die Neuerungen des Kesselbaus in Europa zur Anwendung kamen, war die Anlage Thorpe Marsh in Doncaster, in Yorkshire UK, die vom dortigen Central Electricity Generating Board errichtet wurde. Die Anlage, die 1958

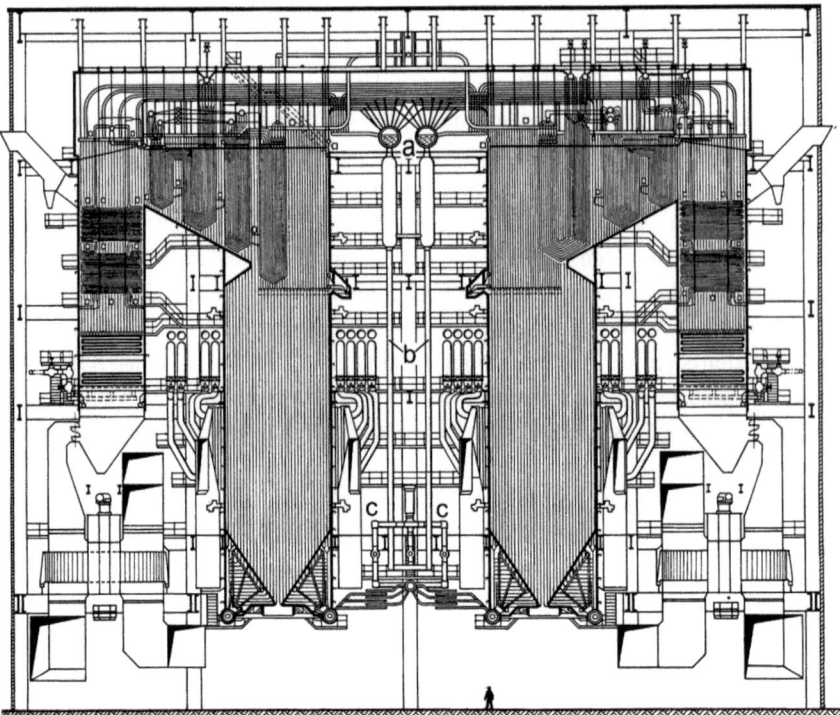

Abb. 3.50 Zwangumlaufkessel (Controlled Circulation) im Kraftwerk Thorpe Marsh, South Yorkshire, England. Dampfzustand nach Überhitzer 168 atü, 568 °C, mit Zwischenüberhitzer für 568 °C, Dampfleistung 1700 t/h, Hersteller Combustion Engineering International. *a*: Trommel, *b*: Fallrohr, *c*: Umwälzpumpen. Das 1963 in Betrieb genommene Kraftwerk wurde 1994 stillgelegt, nachdem die Bergwerke in Yorkshire erschöpft waren

in Auftrag gegeben und von 1959–1963 gebaut wurde, bestand aus zwei Blöcken von je 550 MW Leistung. Die beiden baugleichen Zwangumlaufkessel mit einer Leistung von 1700 t/h hatten je zwei getrennte Brennkammern mit einer Breite von 21 m, einer Tiefe von 18 m und einer Höhe von 30 m. Eine der Brennkammern enthielt den Überhitzer, die andere den Zwischenüberhitzer. Die Kessel von Thorpe Marsh waren damals die weltweit größten [118], [117].

3.3.3 Turbogruppe

Turbine und Generator hatten schon früh ihre Form gefunden. Nach ihrem Aufbau sind es zylindrische Baukörper, deren Durchmesser und Länge durch die verfügbaren Werkstoffe begrenzt sind. Der Rotor des Turbogenerators ist Tragelement für die Laufschaufeln der Turbine, er nimmt die auf die Schaufeln wirkenden Strömungskräfte in Form eines Dreh-

3.3 Dritter Zeitabschnitt: Der Weg zum Großkraftwerk

moments auf und leitet es an den stromerzeugenden Generator weiter. Aus dieser Funktion leiten sich die Beanspruchungen ab, denen der Rotor standhalten muss und die bei seiner Dimensionierung zu berücksichtigen sind:

- Fliehkraft
- Torsionsbeanspruchung
- Durchbiegung aus Eigengewicht
- Biegeschwingungen infolge Massenexzentrizität
- Torsionsschwingungen durch Drehmomentfluktuationen

Die Rotoren von Turbine und Generator, die bei zweipoligen Maschinen mit der durch die Netzfrequenz vorgegebenen Drehzahl von 3000 1/min bzw. bei vierpoligen mit 1500 1/min umlaufen, sind in ihrem maximal möglichen Durchmesser und auch in der Länge durch die Güte der für den Bau verfügbaren Werkstoffe begrenzt. Mit der Verfügbarkeit besserer Werkstoffe konnte mit der Zeit der Durchmesser der Rotoren und damit auch die Einheitsleistung immer weiter gesteigert werden.

Mechanik, Strömungsmechanik und auch die Elektrizitätslehre waren zu Beginn des 20. Jahrhunderts schon weit fortgeschritten und konnten bereits zu Beginn der Entwicklung der Turbogeneratoren für deren Berechnung und Dimensionierung angewandt werden. Bereits bei der 1930 in Betrieb genommenen 85 MW Maschine des Kraftwerks Zschornewitz betrug der mechanische Wirkungsgrad der Turbine 89 % und der des Generators 97 %, im Vergleich dazu hatte der Kessel nur einen bescheidenen Wirkungsgrad von 80 %. Obwohl der Wirkungsgrad bei den großen Turbomaschinen schon recht hoch war und man daher nicht mehr viel erwarten konnte, kam es zu einer intensiven Weiterentwicklung und Optimierung aller Teilkomponenten, die noch nicht abgeschlossen ist.

3.3.3.1 Turbinen

Bei den Turbinen wurden zur Herabsetzung des Strömungsverlustes Kanäle und Rohrbögen sorgfältiger ausgeführt. Zur Verminderung der Austrittsverluste aus der Niederdruckturbine wurde ein Leitgitter in den Abdampfstutzen eingeführt und die Wasserabscheidung in den letzten Stufen verbessert. Eine weitere Verbesserung brachte die Einführung doppelt gewundener Lauf- und Leitradschaufeln, bei denen die Ein- und Austrittswinkel der Dampfströmung sich längs der Schaufellänge verändern, vgl. Abb. 3.52. Ziel war es, eine möglichst günstige Übertragung der Energie der Dampfströmung auf die Laufschaufeln zu erhalten. Durch diese Maßnahmen konnte der Turbinenwirkungsgrad schließlich auf über 94 % gesteigert werden.

Der Dampfdurchsatz, und damit die Leistung einer Turbine, ist durch den Abströmquerschnitt der Niederdruckturbine begrenzt, der seinerseits von der Länge der Endschaufeln abhängt. Da die Länge der Laufschaufeln durch die Festigkeit der verfügbaren Werkstoffe begrenzt ist, wurden bereits in der Frühzeit des Turbinenbaus zur Vergrößerung der Leistung die Niederdruckturbinen doppelflutig ausgeführt Abb. 3.32; Turbinen in Groß-

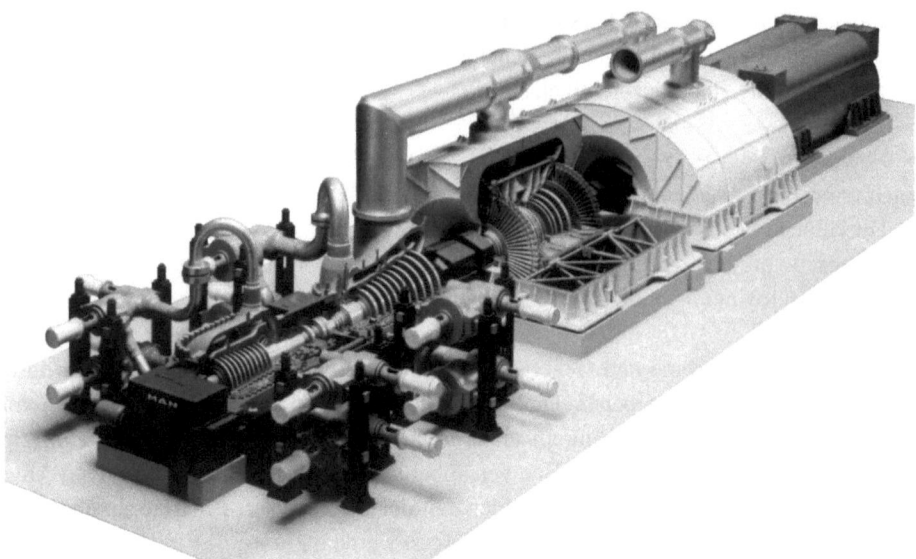

Abb. 3.51 Schnittbild einer 600-MW-Turbine der MAN aus dem Jahr 1976 mit einflutigen Hoch- und Mitteldruckturbinen und zwei doppelflutigen Niederdruckturbinen. Die heute leistungsstärksten Turbinen mit 1300 MW haben doppelflutige Hoch- und Mitteldruckturbinen und bis zu vier doppelflutige Niederdruckturbinen

kraftwerken wurden mit zwei oder drei Niederdruckturbinen bestückt, vgl. Abb. 3.51. Die Länge der Laufschaufeln ist nicht allein durch die Festigkeit der Schaufeln begrenzt, sondern auch durch deren Umfangsgeschwindigkeit.

In der Endstufe der Turbinen werden ca. 6–8 % des Dampfes in kinetische Energie umgewandelt. Die kinetische Energie des aus der Endstufe abströmenden Dampfes ist deshalb eine wesentliche Verlustquelle für die Energiewandlung. Um den Verlust in vertretbaren Grenzen zu halten, soll die Abströmung axial erfolgen und die Geschwindigkeit von 300 m/s nicht überschreiten. Dies ist aber nur bei Umfangsgeschwindigkeiten der Schaufelspitze bis 800 m/s möglich. Damit ist die Länge der Endschaufeln auf ca. 1 m begrenzt. Zwar werden auch längere Schaufeln eingesetzt; Ziel ist es, bei großen Anlagen die Zahl der Niederdruckturbinen gering zu halten. Der daraus resultierende geringere Wirkungsgrad wurde dabei in Kauf genommen, da er durch geringere Kosten ausgeglichen wurde.

Im Jahr 1972 wurde in dem kohlegefeuerten Kraftwerk Cumberland, Tennessee, USA, die erste 1 300 MW Turbine in Betrieb genommen [93]. Es handelte sich um eine sechsgehäusige Cross-Compound-Turbine mit zwei Wellensträngen, je einer doppelflutigen Hoch- bzw. Mitteldruckturbine und vier doppelflutigen Niederdruckturbinen. Obwohl es bereits um 1970 mit den verfügbaren Werkstoffen möglich gewesen wäre, Turbinen mit Grenzleistungen von 4 000 MW zu bauen [75], wurden auch in der Folgezeit Turbinen

Abb. 3.52 Endschaufeln einer 600 MW Turbine der BBC im eingebauten Zustand. In der letzten Schaufelreihe großer Turbinen werden ca. 8 % des gesamten Gefälles des durch die Turbine strömenden Dampfes in mechanische Energie umgesetzt [88]. Die Profilform der Schaufelquerschnitte ändert sich mit der Schaufellänge; Profilform und Schaufelwinkel werden mittels Strömungsrechnungen festgelegt

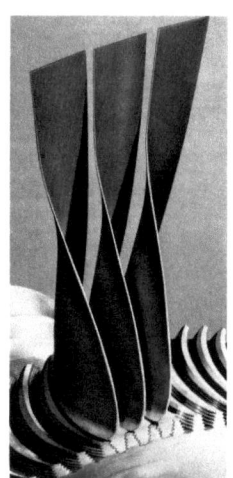

größerer Leistung nicht erstellt. Denn die Grenzleistung der Turbogeneratoren wird von den Generatoren definiert.

3.3.3.2 Generatoren

Der Generator wandelt mechanische Energie in elektrische um. Dazu wird die mechanische Energie von der Turbine über eine gemeinsame Welle an den Generator weitergegeben. Der Generator besteht im Wesentlichen aus einem fest stehenden Stator und dem sich mit der Welle drehenden Rotor oder Läufer. Der Rotor trägt eine mit Gleichstrom gespeiste Spule zum Erzeugen eines elektrischen Feldes. Dieses mit dem Läufer rotierende Feld induziert in den drei um 120° versetzt angeordneten feststehenden Wicklungen des Stators Wechselspannungen, die um 120° gegeneinander versetzt sind, also die Dreiphasenwechselspannung – den Drehstrom. Ein Drehstromgenerator ist im Prinzip eine Kombination von drei Wechselstromgeneratoren, er erzeugt nicht nur einen Wechselstrom, sondern drei Wechselströme zugleich.[33] Werden Verbraucher angeschlossen, so fließen in jeder Spule elektrische Ströme, die zusammen mit dem Magnetfeld ein Drehmoment erzeugen, das dem Drehmoment der Turbine das Gleichgewicht hält.

Sowohl in der Wicklung des Läufers als auch der des Stators treten Stromwärmeverluste auf, die quadratisch mit dem erzeugten Strom anwachsen. Die Abführung dieser Wärmeverluste ist eines der Hauptprobleme des Generatorenbaus. Zur Kühlung wurde anfangs Luft verwendet, die direkt von außen angesaugt, durch die Wicklungen von Läufer und Stator strömte und die von diesen freigesetzte Wärme aufnahm. Wegen Verschmutzung der Generatoren hat man bereits in den zwanziger Jahren die Kühlluft im Kreislauf geführt und die Wärme mittels eines mit Wasser beaufschlagten Kühlers abgeführt. Schon in der Anfangszeit des Generatorenbaus wurde überlegt, die Kühlung durch Nutzung ei-

---

[33] Erfinder der Drehstrommaschine war Friedrich August Haselwander (1859–1932), badischer Ingenieur und Elektrotechniker.

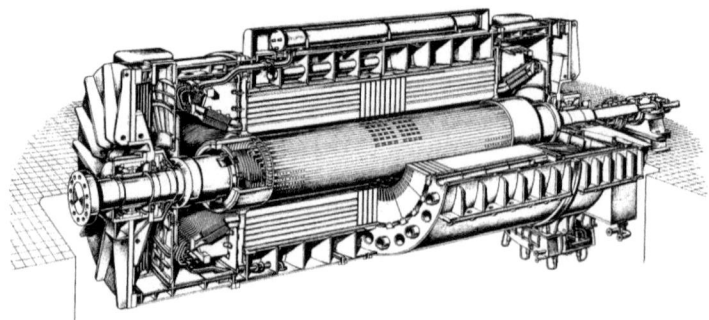

Abb. 3.53 Schnitt durch einen BBC Generator mit wassergekühlter Statorwicklung und direkter Wasserstoffkühlung im Läufer [97]. Zur Kühlung des Kupfers sind die individuellen Läuferleiter mit ein oder mehreren axialen Kanälen versehen, durch die der Wasserstoff von beiden Seiten der Maschine her hindurch strömt. Zwei radiale Ventilatoren an beiden Seiten des Läufers fördern den Wasserstoff durch die axialen Kanäle. Das in der Mitte des Läufers durch radiale Kanäle abströmende Warmgas wird durch den Spalt zwischen Läufer und Stator zu den Ventilatoren zurückgeführt. Die Kühler für den Wasserstoff sind unmittelbar nach den Ventilatoren angeordnet. Entsprechend erfolgt die Kühlung des Stators mit einem separaten Wasserkreislauf

nes Wärmeträgers größerer Wärmekapazität zu verbessern. Zur Wahl standen Wasserstoff und Wasser. 1936 wurde in den USA von *General Electric* der erste mit Wasserstoff gekühlte Generator mit einer Leistung von 25 MW in Betrieb genommen. Wasserstoff hat eine um den Faktor 14 größere spezifische Wärmekapazität als Luft und wurde nach 1950 auch in Europa als Kühlmittel eingesetzt. Die Entwicklung ging dann mit der direkten Leiterkühlung auch im Rotor weiter, als Kühlmittel werden bei den Großgeneratoren kombiniert Wasserstoff und Wasser eingesetzt. Dazu werden die Kupferleiter der Wicklungen mit einem runden oder ovalen Kühlkanal ausgeführt. Diese Konstruktion ermöglichte es, die Verlustwärme dort abzuführen, wo sie entsteht. Durch die Verbesserung der Kühlung konnte die Abmessung der Generatoren im Verhältnis zu ihrer Leistung erheblich reduziert werden. Dies ist insofern von praktischer Wichtigkeit, als die Größe eines Turbogenerators in der Regel durch das schwerste Bauteil, den Generatorständer, bestimmt wird, das noch zu einer Baustelle transportiert werden kann. Moderne Großgeneratoren erreichen Wirkungsgrade von 99 %, haben ein Leistungsgewicht von ca. 2 t/MW und werden für Leistungen bis 1300 MVA (Mega-Volt-Ampere) gebaut.

3.3.4 Regelung und Automatisierung

In den Anfangsjahren wurden Kessel, Dampfmaschinen und Generatoren noch von neben den Maschinen aufgestellten Schalttafeln aus gesteuert. Basierend auf den Fortschritten der Messtechnik wurden bereits ab 1900 die zur Steuerung einzelner Funktionen notwendigen Informationen in einem separaten Raum, der Leitwarte, zusammengefasst. Entsprechend dem Stand der Messtechnik bei den ersten Anlagen wurden nur wenige Pa-

3.3 Dritter Zeitabschnitt: Der Weg zum Großkraftwerk 121

Abb. 3.54 *Links*: Warte des Kraftwerks Hattingen 1912. *Rechts*: Warte des kohlegefeuerten 800 MW Gersteinwerk Block K 1990

rameter erfasst und angezeigt, meist nur Druck und Temperatur des erzeugten Dampfes. Eventuell notwendige Korrekturen mussten durch manuelle Eingriffe erreicht werden. In einem modernen Kraftwerk werden heute von der Leitwarte aus mehrere tausend Antriebe, Ventile und Apparate überwacht, geregelt und gesteuert.

Die Aufgaben der Leitwarten wuchsen mit den in den Wärmekraftwerken zu steuernden Stoff- und Energieströmen, die bei den heutigen Großkraftwerken eine kaum noch vorstellbare Größenordnung angenommen haben. Zum Beispiel beträgt der Kohlebedarf für ein mit Steinkohle betriebenes 900 MW Kraftwerk in jeder Minute fünf Tonnen. Im Kessel wird damit etwa die neunfache Menge an Dampf erzeugt, dessen thermische Energie mit der potentiellen Energie eines Wasserfalls mit einer Fallhöhe von 150 m verglichen werden kann. Der Dampfstrom wird vom Kessel zur Turbine weitergeleitet. Die Turbine extrahiert aus der thermischen Energie des Dampfes mechanische Energie und treibt damit eines der größten Bauteile des Maschinenbaus an, den Generatorläufer. Sein Umfang bewegt sich mit der Geschwindigkeit eines Flugzeugs mit ca. 600 km/h. Durch die Zentrifugalbeschleunigung werden die auf dem Außenmantel des rotierenden Läufers angeordneten Bauteile mit dem 2500 fachen Wert der irdischen Schwerkraft belastet. Schon der Wille zur Selbsterhaltung erfordert deshalb, die in einem Kraftwerk auftretenden gewaltigen Stoff- und Energieströme mit höchstmöglicher Zuverlässigkeit zu steuern.

Ein Wärmekraftwerk ist ein komplexes und vielteiliges technisches System, in dem neben- und miteinander eine Reihe von physikalischen und chemischen Vorgängen in geordneter Weise ablaufen sollen. Dabei unterliegen die Prozesse dauernd der Einwirkung äußerer Störungen, vor allem durch die von außen kommende Änderung der Lastanforderung und den Schwankungen des Feuers. Diese Störungen sind nur teilweise und nur mit einer gewissen Wahrscheinlichkeit voraussehbar, woraus sich die Notwendigkeit dauernder Überwachung und kontinuierlicher oder intermittierender Korrektureingriffe ergibt. Diese Aufgabe besteht natürlich nicht nur während des Normalbetriebs, sondern bei allen Betriebsphasen, so beim Anfahren, bei Laständerungen und bei Störfällen.

In der Dampfturbine wird auf kleinem Raum die Energie des Dampfes in mechanische Energie umgewandelt. Hauptaufgabe der Dampfturbinenregelung ist es, die Drehzahl der Turbogruppe zu beherrschen. Im Betrieb kommt es darauf an, das durch den zugeführten Dampfstrom erzeugte Kraftmoment der Turbine dem vom Generator geforderten Lastmoment anzupassen. Ein auftretender Unterschied zwischen Kraft- und Lastmoment wirkt sich dabei direkt auf die Drehzahl der Turbogruppe aus und damit auf die Frequenz des erzeugten Wechselstroms. Regelt man also die Drehzahl der Dampfturbine, so beherrscht man auch die Energiewandlung des gesamten Turbosatzes, von der Energie des zugeführten Dampfes in die elektrische Energie des vom Generator erzeugten Stroms. Aus diesem Grund sind Dampfturbinen immer mit einer autarken Drehzahlregelung ausgerüstet. Da jede bestehende Differenz zwischen Last- und Kraftmoment eine Abweichung der Drehzahl von ihrem Nennwert zur Folge hat, wird die Drehzahlabweichung als Kriterium für die Beeinflussung der Stellventile zur Regelung des Dampfstromes genutzt.

Wird von einem Kraftwerk eine größere Leistungsabgabe verlangt, so kann dies nur durch Steigerung der Feuerleistung des Kessels erreicht werden. Ziel der Kesselregelung ist dabei nicht nur die Bereitstellung des Dampfstroms, sondern auch die Sicherung der Dampfqualität: Druck und Temperatur. Auch 1950 wollten die Käufer einer Regleranlage für einen Kessel wissen, was diese Anlage zu leisten imstande ist. Die Reglerfirmen konnten damals diese Frage nicht beantworten. Sie konnten zwar Angaben über die Eigenschaften und Eigenarten ihrer Lieferung machen; die erreichbare Regelgüte hängt aber in gleichem Maße davon ab, wie die zu regelnde Kesselanlage auf Eingriffe des Reglers reagiert. So gaben die Reglerfirmen das Problem wieder an die Kesselfirma zurück. Die Frage lautete: Wie ist das Regelverhalten der von euch gebauten Anlage? Diese Frage konnte damals nur empirisch für Anlagen beantwortet werden, die quasi in immer gleicher oder zumindest in nur wenig abweichender Ausführung gebaut wurden.

Kessel sind nicht nur Dampferzeuger, sondern gleichzeitig auch Energiespeicher. Andernfalls wäre es nicht möglich gewesen, Kessel manuell zu fahren. Zur Speicherfähigkeit eines Kessels tragen im Wesentlichen die Kesselteile bei, die mit siedendem Wasser oder Dampf gefüllt sind. Die darin gespeicherte Energie kann durch eine Druckabsenkung aktiviert werden. Zur anschaulichen Beurteilung der Speicherfähigkeit eines Kessels wird der Begriff *Speicherzeit* gebildet. Darunter versteht man die Zeit, für welche der Kessel die volle Dampfleistung aus seinem Energieinhalt erzeugen könnte. Die so definierte Speicherzeit ist in erster Linie kennzeichnend für das Verhalten eines Kessels bei schnellen Laständerungen. Je größer die Speicherzeit, umso besser kann der Kessel Lastschwankungen ausgleichen, vgl. [98], [84].

Naturumlaufkessel hatten um 1950 große Trommeln, die etwa zur Hälfte mit siedendem Wasser gefüllt waren und Speicherzeiten von ca. 15 Minuten. Sie stellten daher nur geringe Anforderungen an die Regelung und konnten auch von Hand gefahren werden. Anders bei den Zwangdurchlaufkesseln mit dem viel geringeren Siedewasserinhalt. Die Speicherzeit dieser Kessel beträgt nur einige 100 Sekunden und ist damit von derselben Größenordnung wie die der Turbogeneratoren, deren Speicherzeit ca. 60 Sekunden beträgt; das bedeutet: wenn bei einem Turbogenerator die Dampfzuströmung schlagartig ausfiele, würde die Frequenz des erzeugten Wechselstromes pro Sekunde um ca. 2 % abfallen. Der Dampferzeuger selbst stellte ein theoretisch nur schwer zu erfassendes Regelungsproblem dar, was von der Koppelung des Verbrennungsprozesses (Wärmeerzeugung) mit dem Wasser-Dampf-Prozess (Wärmeaufnahme) herrührt. Es war damals so, dass die stürmisch voranschreitende Technik der Dampfkessel der sich in ihren Anfängen befindenden Entwicklung der wissenschaftlichen Regelungstechnik weit vorausgeeilt war. Die Lücke zwischen Theorie und Praxis konnte erst nach der Verfügbarkeit elektronischer Großrechenanlagen und der sich parallel dazu entwickelnden numerischen Mathematik geschlossen werden.

Mit der Tendenz zu großen Einheiten und dem zunehmenden Einsatz von Zwangdurchlaufkesseln und überkritischen Dampfkreisläufen ergaben sich dann auch Impulse für die Entwicklung von neuen Systemen und Komponenten für die Regelung des gesamten Vorgangs der Energieumwandlung von der Brennstoffeinbringung bis zur Stromabgabe an das Verteilungsnetz. Auch die Automatisierung des Kraftwerkbetriebs wurde dadurch angeregt. Wegen der mit zunehmender Anlagengröße wachsenden Sicherheitsrisiken erwies sich die Automatisierung letztlich als zwingend. Der Fortschritt in der Automatisierung begann in den 50er Jahren des vergangenen Jahrhunderts, bereits um 1960 wurden erste Schritte zum vollautomatischen Kraftwerk gegangen.

Die 210 MW Blockanlage Huntington Beach der Southern California Edison Co war die erste Kraftwerksanlage, bei der ein Rechner zum Einsatz kam. Mit der vom Rechner gestützten Steuerung und Regelung konnte die Anlage automatisch angefahren, betrieben und abgefahren werden, vgl. [76], [77]. Der Rechner übernahm dann auch im Alarmfall die notwendigen Prüfungen und setzte Abhilfemaßnahmen in Gang. Im Normalbetrieb werden die Kessel mittels der Regeleinrichtungen gefahren, welche die Feuerung, die Heißdampftemperatur, den Kesseldruck und die Kesselleistung unter Kontrolle halten.

3.3.5 Blockkraftwerke

Bei der Projektierung einer Kraftwerksanlage kommt es darauf an, Kessel und Turbine symbiotisch miteinander zu verknüpfen. Solange auf eine Turbine noch sechs oder mehr Kessel kamen und die Kraftwerke noch mit mehreren parallel geschalteten Turbinen ausgestattet waren, wurde der Dampf von den Kesseln über eine sogenannte Sammelschiene zu den Turbinen weitergeleitet, weil so die dafür erforderlichen Rohrleitungen am kürzesten und einfachsten auszuführen waren. Nachdem Kessel und Turbinen großer Leistung verfügbar waren, ist man dazu übergegangen, jeweils einen oder zwei Kessel mit einem Turbogenerator sowie allen Hilfseinrichtungen zu einem Kraftwerksblock zusammenzufügen. Der Wasser-Dampfkreislauf eines Blocks wurde so zu einem in sich geschlossenen System. Die Einführung der Blockbauweise ging von den Vereinigten Staaten aus und setzte sich nach 1950 auch in Europa mehr und mehr durch.

Nach dem Krieg waren für den Kraftwerksbau wieder bessere Werkstoffe verfügbar, mit denen die Weiterentwicklung der Dampfprozesse mit höheren Temperaturen und

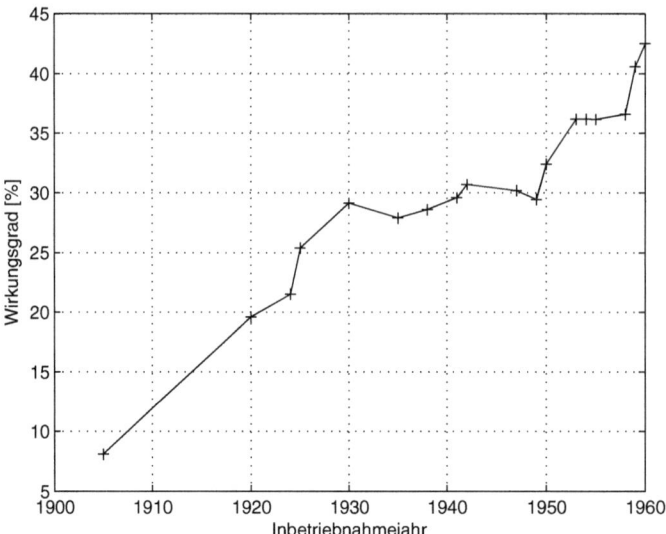

Abb. 3.55 Verbesserung des Wirkungsgrades der von der Philadelphia Electric Co. seit 1905 errichteten mit Kohle gefeuerten Kraftwerke. Ab 1930 waren die Anlagen mit Zwischenüberhitzung ausgerüstet

Drücken für den Frischdampf möglich wurde. Dabei verlief die Entwicklung in den USA und in Europa in etwa parallel, in den Staaten wurden allerdings die leistungsstärkeren Anlagen gebaut. So kam 1956 bei den Chemischen Werken Hüls AG im Kraftwerk II Dampf mit überkritischem Druck von 303 bar und 605 °C am Kesselaustritt zur Anwendung. Der Dampf wurde bei 107 bar und 29 bar zweimal auf 565 °C zwischenüberhitzt. Das Kraftwerk erreichte bei Bestlast einen Nettowirkungsgrad von 41,3 % [103].

Noch über den Dampfdaten von Hüls lagen diejenigen des 1959 in Betrieb genommenen 358 MW Kraftwerks Eddystone. Der Frischdampfzustand betrug 345 bar, 649 °C und die Zwischenüberhitzung erfolgte bei 68 bar und 16 bar auf 565 °C. Es sind dies die höchsten Dampfzustände, die jemals in einem Kraftwerk realisiert wurden. Damit ergab sich ein Nettowirkungsgrad von 42,5 %. Die für Eddystone gewählten Dampfdaten sind später nicht wiederholt worden, weil die wirtschaftliche Optimierung zu niedrigeren Dampfdaten führte. Das Kraftwerk Eddystone wurde von der Philadelphia Electric CO. errichtet, einer der damals größten amerikanischen Elektrizitätsgesellschaften. Diese Gesellschaft verfolgte seit ihrer Gründung die technischen Verbesserungen auf dem Gebiet der Kraftwerkstechnik. Auf diese Weise vermochte sie, den Wirkungsgrad der von ihr errichteten Dampfkraftwerke beträchtlich zu erhöhen, vgl. Abb. 3.55. Dies wurde vor allem durch Erhöhung von Druck und Temperatur des Frischdampfes, durch einfache und mehrfache Zwischenüberhitzung und durch höhere Einheitsleistungen erreicht. Innerhalb von 40 Jahren wurde damit der Brennstoffverbrauch von 1,6 kg auf 0,3 kg pro erzeugter Kilowattstunde elektrischen Stroms reduziert. Mit den gewählten Dampfdaten

3.3 Dritter Zeitabschnitt: Der Weg zum Großkraftwerk 125

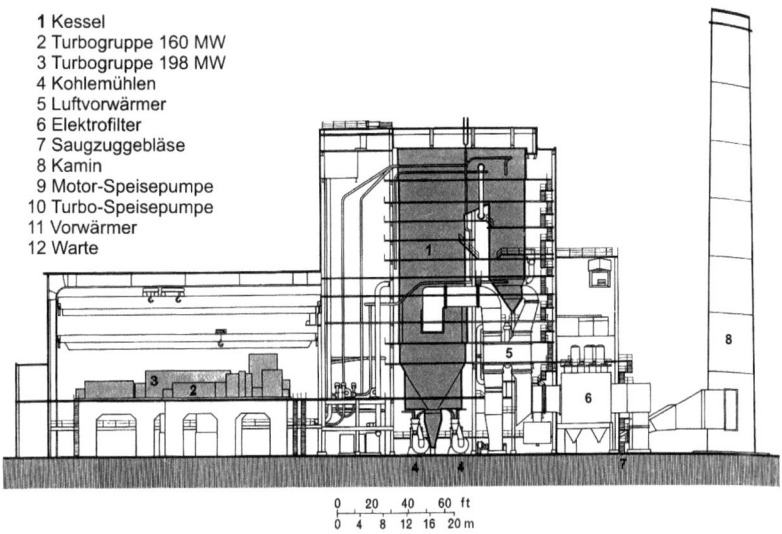

Abb. 3.56 Schnittbild der Anlage Eddystone. Das für die Niederschlagung des Dampfes im Kondensator notwendige Kühlwasser konnte dem Delaware-River entnommen werden, an dessen Ufer das Kraftwerk lag

und einem Wirkungsgrad von 42,5 % wurden bei der Anlage Eddystone die Möglichkeiten im Bereich des Wasser-Dampf-Kreislaufs nahezu vollständig ausgeschöpft. Auch bei fortgeschrittenster Technik und neuen Werkstoffen sind Wirkungsgrade über 50 % bei kohlegefeuerten Dampfkraftwerken nur schwer erreichbar.

Der Bau der 358 MW Anlage Eddystone war ein kühner Schritt in Richtung eines hohen Wirkungsgrades, aber insofern nur ein Zwischenschritt auf dem Weg zur reinen Blockschaltung, als der Kessel zwei Brennkammern hatte, mit den für die damalige Zeit großen Abmessungen von 10 m × 10 m Querschnitt und 40 m Höhe. Da der Dampfprozess eine doppelte Zwischenüberhitzung vorsah, wurde der erste Zwischenüberhitzer über der einen Brennkammer und der zweite über der anderen Brennkammer untergebracht.

Bei den Turbinen wurde wegen der großen Dampfvolumenströme in den Niederdruckteilen eine Zweiwellenanordnung gewählt, bei welcher der Hochdruckteil der Turbine mit 3 600 U/min und der Niederdruckteil mit 1 800 U/min betrieben wurde. Beide Turbinen waren mit je einem Generator gekuppelt. Im Zuge der wirtschaftlichen Optimierung hat sich bei späteren Anlagen bei den Kesseln die Lösung mit nur einer Brennkammer als günstiger erwiesen und bei den Turbogeneratoren die Einwellenmaschine.

Der Bau der 358 MW Anlage Eddystone war auch ein mutiger Schritt in Richtung großer Einheitsleistungen, aus der sich eine Reihe von technischen und wirtschaftlichen Vorteilen ergeben. So wurde bei einer Verdoppelung der Leistung von 225 MW auf 450 MW beim Kraftwerk Breed in den USA gezeigt, dass sich der Flächenbedarf und das Bauvolumen pro kW Kraftwerksleistung um ca. 40 % vermindern; ferner steigt wegen

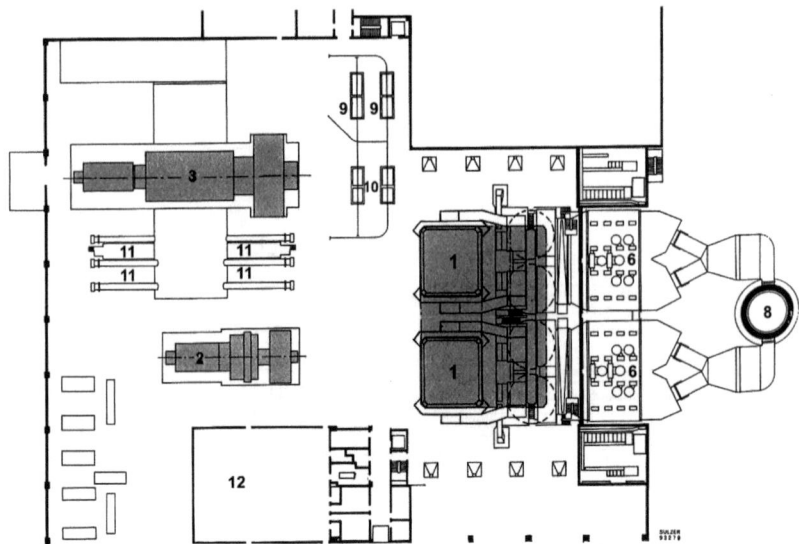

Abb. 3.57 Aufriss der Anlage Eddystone, vgl. die Legende zu Abb. 3.56

geringerer Wärmeverluste des Kessels der Wirkungsgrad um ca. 0,4 % und es halbieren sich die Kosten für Betrieb und Wartung [112].

Der mit den Anlagen Hüls-Kraftwerk II und Eddystone begangene Weg zum thermisch besten Kraftwerk wurde zunächst nicht weiter verfolgt. Der Betrieb beider Anlagen hatte gezeigt, dass die zur Beherrschung der hohen Temperaturen notwendigen Werkstoffe Einschränkungen für die Geschwindigkeit der Laständerungen der Kesselanlagen bedingen und zudem hohe Aufwendungen bei der Instandhaltung mit sich bringen. Deshalb wurden bei den Folgeanlagen die Frischdampftemperatur wieder reduziert und der Dampfzustand in einem Bereich zwischen 530 und 560 °C bei 170 bis 250 bar gewählt; was blieb, war der Trend zu größeren Anlagen. So z. B. bei den in den Jahren 1976–1978 in Betrieb gesetzten, mit Braunkohle gefeuerten sechs 600 MW Anlagen der RWE im rheinischen Braunkohlegebiet. Es handelte sich um Anlagen mit 530 °C, 170 bar und einfacher Zwischenüberhitzung mit einem Nettowirkungsgrad von 36 %. Zur selben Zeit wurden in den USA von der TVA (Tennessee Valley Authority) die mit Steinkohle gefeuerten 1300 MW Blöcke Cumberland I,II mit den Dampfparametern 538 °C, 247 bar, einfacher Zwischenüberhitzung und einem Nettowirkungsgrad von 39 % errichtet [93]. Wie bei der Anlage Eddystone hatte der Kessel zwei Brennkammern und auch für die Turbine wurde die Zweiwellenanordnung gewählt.

Beim Einsatz von Einheiten großer Leistung ist die Größe des Verteilernetzes, an das sie angeschlossen werden, zu berücksichtigen. Denn bei einem Ausfall einer Großanlage müssen die anderen angeschlossenen Einheiten deren Leistung aus ihrer Momentanreserve decken; bei thermischen Kraftwerken beträgt die Momentanreseve ca. 5 % der Nor-

3.3 Dritter Zeitabschnitt: Der Weg zum Großkraftwerk   127

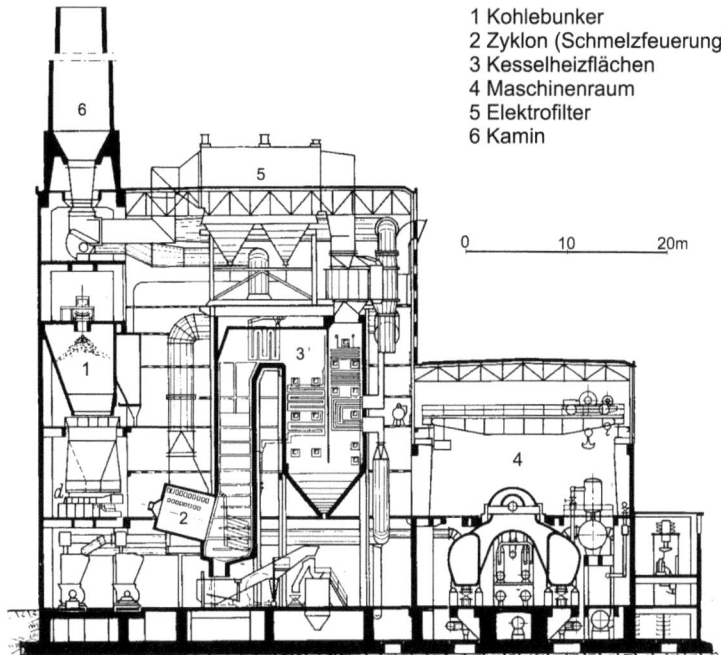

Abb. 3.58 Schnittbild Blocks 2 des Kraftwerks Mainz mit einer 100 MW Turbine und zwei Kesseln aus dem Jahr 1958. Typisch für die kompakte Bauweise deutscher Anlagen war die Anordnung der Elektrofilter und des Kamins auf dem Kesseldach [111]

mallast. In der damaligen Bundesrepublik Deutschland nahm der Strombedarf bis in die 80er Jahre des vergangenen Jahrhunderts mit einer Rate von 7 % per anno zu, so dass sich der Strombedarf innert 10 Jahren jeweils verdoppelte. Dementsprechend wuchs auch die Einheitsleistung der neu installierten thermischen Kraftwerke von 250 MW in den 60er Jahren auf 750 MW in den 70ern.

3.3.6 Umwelt – Fossile Brennstoffe

Unsere Erde ist eine gigantische chemische Fabrik, die für uns nutzbare Rohstoffe von bemerkenswerter Reinheit hervorgebracht hat. Darunter unsere fossilen Brennstoffe, die aus der Umwandlung urweltlicher pflanzlicher und tierischer Organismen entstanden sind. Diese Organismen erhitzten sich, wenn sie infolge geologischer Umschichtungen tief genug in Sedimenten eingeschlossen waren und wurden teilweise in fluide oder feste Kohlenwasserstoffe umgewandelt. Die fluiden Anteile wurden durch zirkulierendes Wasser vom Ort ihrer Entstehung schließlich zu geologischen Speichern transportiert und sind dort als Erdöl- oder Erdgas-Konzentrate zu finden. Die zurückgebliebenen kohlenstofffreichen Feststoffe finden sich in den Kohlenlagerstätten wieder. Die Prozesse der Bildung fossiler Brennstoffe, deren Erträge wir heute ernten, waren stetige, aber sehr langsame Vorgänge, die ca. 500 Millionen Jahre dauerten. Neben den Kohlenwasserstoffen sind in den fossilen Brennstoffen weitere brennbare Elemente, z. B. Wasserstoff, Schwefel und inerte Bestandteile, z. B. Stickstoff und Wasser sowie Salze und Metallverbindungen enthalten. Bei der Nutzung der Brennstoffe werden damit ungewollt Schadstoffe freigesetzt, wie sie z. B. auch bei Vulkanausbrüchen ausgestoßen werden.

Auch vor 1950 war gut bekannt, dass aus dem Kamin neben den Verbrennungsprodukten CO_2, H_2O und dem Flugstaub auch Schwefeloxide, Stickoxide und, mit dem Flugstaub, auch Spuren von allerlei Schwermetallen an die Umgebung abgegeben werden und dass dies mit Unannehmlichkeiten verbunden ist. Es war aber nicht bekannt, welch schädliche Wirkung die emittierten Substanzen für Vegetation und alles Leben haben; diese Erkenntnis hat erst die nachfolgende Generationen gewonnen und Schlüsse daraus gezogen: Man war nicht mehr bereit, für das Wachstum der Wirtschaft jeden Preis zu bezahlen.

3.3.6.1 Das Erwachen des Umweltbewusstseins

Ein dichter schwarzer Qualm lag über der Stadt. Durch ihn hindurch schien die Sonne als Scheibe ohne Strahlen. In diesem verschleierten Licht bewegen sich unablässig dreihunderttausend menschliche Wesen. Alexis de Tocqueville beschreibt um 1835 die Stadt Manchester [119]

Im Jahr 1961 trat Willy Brandt erstmals als Kanzlerkandidat gegen den damals 85 jährigen Konrad Adenauer an und forderte bei einer Rede zur Eröffnung seines Wahlkampfes: *„Der Himmel über dem Ruhrgebiet muss wieder blau werden."* Mit der Umschreibung *völlig vernachlässigte Gemeinschaftsaufgabe* prangerte Brandt eine Art von Staatsversagen an. Er hat nicht als Erster die Problematik der Umweltverschmutzung erkannt, hatte aber die Gabe, komplizierte Gedankengänge als Ergebnis eines Nachdenkens zu präsentieren, welches sich gleichsam vor den Hörern vollzog und so auch von diesen nachvollzogen wurde. Seine Rede wird vielfach mit dem Beginn des umweltpolitischen Denkens in Deutschland in Verbindung gebracht. Die Ursache der Luftverschmutzung lag damals zu einem großen Teil in der gezielten Nutzung von Kohle sowohl in Haushalten als auch in Industrie und in Kraftwerken. Allerdings zeichnete sich damals schon eine Abkehr von der Kohle ab. Bis 1960 wurden in Europa die lokalen Gasnetze meist mit am Ort erzeugtem Kokerei- und Stadtgas gespeist. Nach der Entdeckung der niederländischen Erdgasfelder im Jahr 1959 änderte sich dies, bereits um 1970 waren die städtischen Kokereien und Gaswerke verschwunden und die Gasnetze auf Erdgasversorgung umgestellt. Erdgas war nicht nur der preiswertere und leichter zu handhabende Brennstoff für die Hausfeuerungen, im Vergleich zur Kohle ist Erdgas auch ein sauberer Brennstoff. Die Umstellung der Hausfeuerungen auf Erdgas trug wesentlich zur Minderung der Umweltbelastung in den Städten bei, vgl. auch Abb. 3.59.

3.3 Dritter Zeitabschnitt: Der Weg zum Großkraftwerk   129

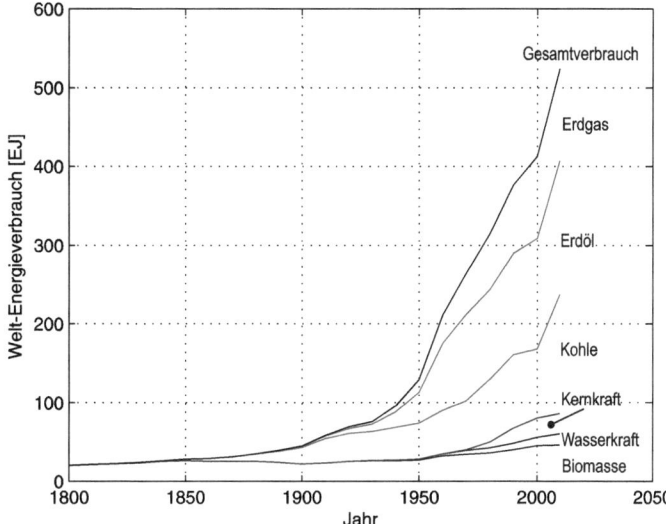

Abb. 3.59 Globaler Verbrauch kommerzieller Energie von 1800–2010. Bemerkenswert ist, dass die neu hinzugekommenen Brennstoffe die alten nicht verdrängten, sondern nur deren Wachstum beeinflussten. Die Einheit Exa-Joule 1 EJ = 10^{18} J entspricht etwa dem Energieinhalt von 24 Millionen Tonnen Rohöl. Der weltweite Verbrauch an Energie im Jahr 2010 betrug: 12,2 Milliarden Tonnen Rohöl Equivalent. Der Anteil regenerativer Energie (Biomasse, Wasserkraft) lag bei ca. 10 %. Die beiden Energiekrisen haben die CO_2 Zunahme in der Atmosphäre nur kurzzeitig und nur unwesentlich gedämpft. Selbst der Anteil von Öl und Erdgas hat mit den Jahren sogar weiter zugenommen. Der steilere Anstieg ab 2000 geht auf den Zubau kohlegefeuerter Kraftwerke in China und in Indien zurück

Katastrophen durch Luftverschmutzung

Dass Luftverschmutzung eine akute Gefahr ist, gelangte in Europa nach der Londoner-Smog-Katastrophe von 1952 allmählich in das öffentliche Bewusstsein. Ursache bei dem Vorfall in London war die Kombination aus einer Inversionswetterlage, Nebel und niederen Temperaturen. Da die Hausfeuerungen damals ausschließlich mit Kohle betrieben wurden, trieb die Kälte den Kohleverbrauch und die damit verbundenen Emissionen in die Höhe. Der SO_2 Gehalt der Luft stieg auf mehr als den doppelten Wertes gewöhnlicher Wintertage an. Der Smog begann am 5. Dezember, einem Freitag, und war am darauf folgenden Sonntag so dicht, dass die Sichtweite weniger als einen Meter betrug. Wegen der extremen Luftverschmutzung fiel es vielen Menschen schwer zu atmen. Es wurde geschätzt, dass mehr als 4 000 Menschen infolge der Londoner Smog-Katastrophe starben [80].

Ähnliche Desaster haben sich 1930 im Tal der Maas, Belgien und 2013 in Harbin, China [104] zugetragen.

Veränderungen der Umwelt sind nicht neu, sondern von jeher mit menschlichem Handeln verbunden. Aber erst infolge der extensiven Nutzung fossiler Brennstoffe im Zuge der Industrialisierung seit der Mitte des vergangenen Jahrhunderts wurden sie weltweit wahrgenommen. Ein Hinweis auf eine unzulässige Störung könnte der Anstieg der mittleren CO_2 Konzentration in der Atmosphäre durch die Verbrennung der fossilen Brennstoffe sein, der sich seit 1900 von 290 ppm[34] Volumenanteile auf gegenwärtig ca. 390 erhöht hat. Der gegenwärtige Anstieg beträgt etwa 3 ppm pro Jahr, der durch die Verbrennung des in den fossilen Brennstoffen enthaltenen Kohlenstoffs von ca. $7 \cdot 10^{12}$ resultiert.[35] Auf mögliche fatale Folgen der Veränderung unserer Atmosphäre durch die mit der Verbrennung fossiler Brennstoffe verbundenen CO_2-Emissionen haben 1957 in eindringlicher Weise R. Revelle und H. Suess hingewiesen. Sie eröffneten ihre Arbeit [107] mit den Worten:

> *Die Menschen führen ein langfristiges geophysikalisches Experiment einer Art aus, das in der Vergangenheit nicht möglich gewesen wäre und in der Zukunft nicht wiederholbar sein wird. Das Experiment könnte tiefe Einsicht in die Prozesse gewähren, die Wetter und Klima bestimmen.*

3.3.6.2 Emissionen aus Wärmekraftwerken

Aus den Feuerungen der Kraftwerke werden mit den abziehenden Rauchgasen Rückstände ausgetragen, die nach Art und Menge vom Brennstoff und der Feuerungstechnik abhängen. Um schädliche Beeinflussung der Umwelt durch die Rauchgase zu vermeiden ist die Verminderung der Emission aus Rauchgasen eine Grundvoraussetzung, deren Erfüllung auch gegenwärtig noch Probleme technischer, wirtschaftlicher und gesellschaftlicher Art aufwirft.

Bei den luftfremden Stoffen, die mit den Rauchgasen ausgetragen werden, handelt es sich um feste Stoffe, die aus den Verbrennungsrückständen aus dem Feuerraum mitgerissen werden, und um gasförmige Stoffe, die sich bei der Verbrennung aus der chemischen Zusammensetzung des Brennstoffes ergeben. Während die luftfremden, gasförmigen Emissionsstoffe, hauptsächlich Schwefeloxide (SO_x) und Stickoxide (NO_x), durchweg als schädlich betrachtet werden müssen, ist die abträgliche Wirkung der Feststoffe im allgemeinen auf die Auswurfmenge und Feinheit der Stäube beschränkt; was aber nicht heißt, dass diese als Luftverunreinigung als geringer bewertet werden können. Nur Erdgas und zum Teil auch Erdöl haben von Natur aus einen so geringen Fremdstoffanteil, dass unter günstigen Bedingungen auf eine Rauchgasreinigung verzichtet werden kann.

Zu Beginn der 1950er Jahre hatte die *Vereinigung der Großkraftwerksbetreiber (VGB)* die Luftreinhaltung als eine wichtige Zukunftsaufgabe der Kraftwerksindustrie erkannt und einen Bericht über den Stand der Technik der *Luftverunreinigungen durch Rauchgase von Dampfkesselanlagen* publiziert [120]. Nach seinen eigenen Angaben hat es der VGB als seine Aufgabe angesehen: „durch Beschaffung zuverlässiger Unterlagen die technischen Voraussetzungen dafür zu schaffen".

Der VGB wurde zu diesen Aktivitäten mehr oder weniger gedrängt, denn die weithin sichtbaren Rauchfahnen aus den Schornsteinen wurden ohne Nachprüfung der tatsächlichen Verhältnisse landläufig als die größten Luftverunreiniger angesehen, da der optische Eindruck diese Urteilsbildung scheinbar bewies. Zur Abscheidung fester Stoffe aus den

---

[34] der Ausdruck „ppm: part per million" steht für die Zahl 10^{-6}
[35] Zum Vergleich: der natürliche Kohlenstoffkreislauf, der Träger der Energie in der Biosphäre, hat eine Größenordnung von $77 \cdot 10^{12}$ kg C pro Jahr.

3.3 Dritter Zeitabschnitt: Der Weg zum Großkraftwerk

Rauchgasen standen mehrere trockene und nasse Verfahren zur Verfügung, deren technische Realisierungen bereits einen hohen Stand erreicht hatten. Unter Berücksichtigung der erforderlichen Investitionskosten und der Betriebskosten kommen für große Dampfkessel nur Elektrofilter[36] in Frage. Durch Nutzung und Verbesserung der Elektrofilter konnte in der Bundesrepublik in den 1950er Jahren der Staubauswurf der Kraftwerke trotz Verdoppelung der Kraftwerksleistung um 27 % reduziert werden; schon in den 1960er Jahren wurden damit nach dem Stand der Technik Staubabscheidegrade von mehr als 90 % erreicht.

Die Staubabscheidung gelingt auch mittels Tuchfiltern; diese Technik hat sich in Europa für Kraftwerke nicht durchgesetzt.

Brennstoff-, Asche-, Schwefelmengen und Flugstaubaustrag

Jahr	Steinkohle	Braunkohle	Heizöl	Asche	Schwefel	Flugstaubaustrag
	t/a $\cdot 10^6$	t/a $\cdot 10^6$	t/a $\cdot 10^6$	t/a $\cdot 10^6$	t/a	
1962	38,597	61,544	2,639	10,325	788 205	772 882
1952	21,700	30,300	0,085	5,480	390 360	1 067 000
Anstieg	77,0 %	103,8 %	3 000 %	88,4 %	101,9 %	−27,6 %

Die Möglichkeiten zur Verminderung der gasförmigen Emissionen haben sich als ungleich schwieriger und aufwendiger erwiesen als beim Flugstaub. Seit den 1950er Jahren wurden in den USA, in Japan und der Bundesrepublik große Anstrengungen unternommen, um mit wirtschaftlich vertretbarem Aufwand umsetzbare Prozesse zur SO_2- und NO_x-Abscheidung zu entwickeln. Technische Lösungen für den Einsatz bei Kraftwerken waren erst in den 1980er Jahren verfügbar.

Voraussetzung für Maßnahmen zur Verminderung der Emissionen war die Ermittlung des Standes der Technik auf diesem Gebiet. Zur Erledigung dieser Aufgabe wurde beim *Verein Deutscher Ingenieure (VDI)* zu Anfang der 1950er Jahre die VDI Kommission: *Reinhaltung der Luft* gegründet. Die Ergebnisse von deren Arbeit finden sich in einschlägigen VDI-Richtlinien. In diesen Richtlinien wurde u. a. der Begriff *Stand der Technik* definiert, der 1974 Eingang in die behördliche Vorschrift *Technische Richtlinie zur Reinhaltung der Luft (TAL)* fand[37] [116]. Mit dem Begriff „Stand der Technik" wurde den Genehmigungsbehörden ein Werkzeug in die Hand gelegt, um den Einsatz der jeweils modernsten Technik sicherzustellen.

---

[36] Ein Reinigungsverfahren, bei dem in einem strömenden Gase enthaltene Staubteilchen elektrisch aufgeladen und an Metallteilen (Drähten oder Blechen) abgeschieden werden. Die Abscheidung von Staubteilchen mittels elektrischer Felder wurde 1824 von M. Hohlfeld beschrieben, einem Leipziger Gymnasiallehrer. Die Umsetzung in einen technischen Prozess gelang 1906 dem US-amerikanischen Chemiker Frederik Gardner Cottrell (1877–1948).

[37] Stand der Technik ist der Entwicklungsstand fortschrittlicher Verfahren und Einrichtungen, der die praktische Eignung einer Maßnahme zur Begrenzung der Emissionen gesichert erscheinen lässt. In begründeten Fällen können auch noch nicht für den jeweiligen Anwendungsfall abschließend betriebserprobte Maßnahmen als dem Stand der Technik entsprechend angesehen werden.

Um die in den 1950er Jahren von den Behörden vorgegebenen Immissionsgrenzwerte für die gasförmigen Schadstoffe SO_x und NO_x einzuhalten, behalf man sich zunächst mit der Politik der *hohen Schornsteine*. Durch die hohen Schornsteine wird der Ausbreitungsbereich der emittierten Schadstoffe vergrößert und damit die relative Imission pro Flächeneinheit geringer.

Von Anfang an war dabei klar, dass hohe Schornsteine keine Lösung sind, denn die Schwefel- und Stickoxide wurden mit den hohen Schornsteinen länderübergreifend über weite Strecken verteilt und bildeten die Ursache des *Sauren Regens*. In Deutschland wurden in den 1970er Jahren in den Mittelgebirgen aufgetretene Waldschäden, deren Ursache im Sauren Regen gesehen wurde, zu einem heißen politischen Thema. An der Rückhaltung der Schadgase aus den Großfeuerungsanlagen führte kein Weg vorbei.

3.3.7 GuD: Gas- und Dampfturbinenkraftwerke

Im Jahr 1959 wurde im niederländischen Groningen ein großes Erdgasfeld entdeckt, dessen Mächtigkeit zunächst auf $60 \cdot 10^9 \, m^3$ geschätzt wurde. Nach Beginn der Gasförderung erwies sich das Gasfeld als weit ergiebiger, die Schätzung seiner Mächtigkeit wurde auf $2,8 \cdot 10^{12} \, m^3$ angehoben [79]. Die hohe Verfügbarkeit des Erdgases aus den neu erschlossenen Quellen in den Niederlanden und später aus Norwegen sowie aus Sibirien und der günstige Preis machten die Nutzung in den Haushalten immer beliebter. Obwohl Erdgas im Unterschied zur Kohle ein *sauberer Brennstoff* ist, bei dem es keine Staub und SO_x-Emissionen gibt, wurde Erdgas zunächst nicht als Alternative zur Kohle gesehen, der verlangte Gaspreis war der Energiewirtschaft schlicht zu hoch. Das änderte sich, als die Gaslieferanten befürchten mussten, dass ihnen die Kernenergie auf lange Sicht das Geschäft verderben könnte. Um sich langfristig einen Absatzmarkt mit gleichmäßiger Lieferung zu sichern, waren sie bereit, Lieferverträge mit Laufzeiten von 20 Jahren abzuschließen. Mit diesem Schritt wurde noch in den 1960er Jahren in Westeuropa der Ausbau des Kraftwerksparks auf der Basis von Erdgas eingeleitet. Der Brennstoff Erdgas machte eine neue Kraftwerkskonzeption möglich: die Kombiblöcke, dies sind Dampfkraftwerke mit einer vorgeschalteten Gasturbine.

In ihrer einfachsten Ausführungsform besteht eine Gasturbinenanlage aus einem Turboverdichter, einer Brennkammer, der eigentlichen Turbine und dem Generator, vgl. Abb. 3.60. In der heute bevorzugten Bauform werden die Gasturbine und der zugehörige Generator als *Einwellenmaschinen* ausgeführt. Die Gasturbine arbeitet in der folgenden Weise: Der Verdichter saugt Luft aus der Umgebung an und verdichtet diese auf ein Mehrfaches ihres Druckes. Die verdichtete Luft wird in die Brennkammer geführt und reagiert dort mit dem zugeführten Brennstoff. Die Massenströme werden so aufeinander abgestimmt, dass eine zulässige Temperatur am Eintritt in die Turbine nicht überschritten wird. In der Turbine, die analog zu einer Dampfturbine arbeitet, wird das Gas auf Umgebungsdruck entspannt und verlässt die Anlage.

Abb. 3.60 Notwendige Komponenten einer Gasturbinenanlage. In den Ausführungen wird der Verdichter zumeist durch die Turbine angetrieben und befindet sich zusammen mit der Turbine und der angetriebenen Arbeitsmaschine, welche die Nutzenergie aufnimmt, auf einer gemeinsamen Welle (Einwellenmaschine)

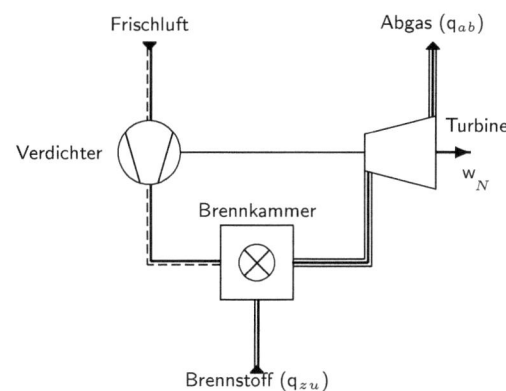

In Abb. 3.61 ist ein Schnitt durch eine Gasturbine dargestellt.[38] Wie bei einer Dampfturbine ist auch bei einer Gasturbine die Eintrittstemperatur durch die Werkstoffeigenschaften begrenzt. Sie ist zwar mit ca. 1 200 °C höher als beim Dampfprozess, allerdings ist die durch das Druckniveau der Umgebung festgelegte Austrittstemperatur mit ca. 600 °C wesentlich niedriger. Der Nettowirkungsgrad des Gasturbinenprozesses liegt deshalb nur bei ca. 30 %.[39] Es liegt nahe, den Wirkungsgrad der Energiewandlung durch eine Kombination mit einem Dampfprozess zu verbessern. Von praktischer Bedeutung sind drei Möglichkeiten der Verknüpfung:

- Nachgeschalteter Dampferzeuger mit *Zusatzfeuerung*. In den 1970er Jahren lag die zulässige Eintrittstemperatur in die Gasturbine bei 900 °C. Um diese Temperatur zu erreichen, wurde sie mit hohem Luftüberschuss betrieben. Deshalb konnte durch Nutzung der heißen Abgase als Verbrennungsluft für den Kessel der Wirkungsgrad des Gesamtprozesses verbessert werden.
- Nachgeschalteter nicht befeuerter *Abhitzekessel*. Dies ist die einfachste, effektivste und wirtschaftlichste Art Gasturbinen- und Dampfprozess zu verbinden, die resultierende Schaltung wird als Gas- und Dampfturbinen Prozess (GuD) bezeichnet.
- Als dritte Möglichkeit kommt noch die Integration des Dampferzeugers in die Brennkammer der Gasturbine in Betracht, was einen *druckaufgeladenen Kessel* ergibt. Mit dieser Variante wurde versucht, Kohle für Gasturbinen nutzbar zu machen; die entsprechenden Vorhaben scheiterten an der erforderlichen Entstaubung der Brenngase.

---

[38] Erfinder der Gasturbinen heutiger Bauform ist Franz Stolze (1836–1910), der 1904 in Berlin-Weißensee seine „Feuerturbine" in Betrieb nahm. Diese bestand aus der Kombination eines vielstufigen axialen Turboverdichters mit einer Turbine mit „innerer" Verbrennung [82].

[39] Die Turbineneintrittstemperatur lag 1970 bei mit Erdgas gefeuerten Turbinen bei 900 °C, 1980 bei 1 060 °C und 2000 bei 1 200 °C. Die Einheitsleistung hat im Zeitraum von 1970 bis 2000 von 50 MW auf 250 MW zugenommen.

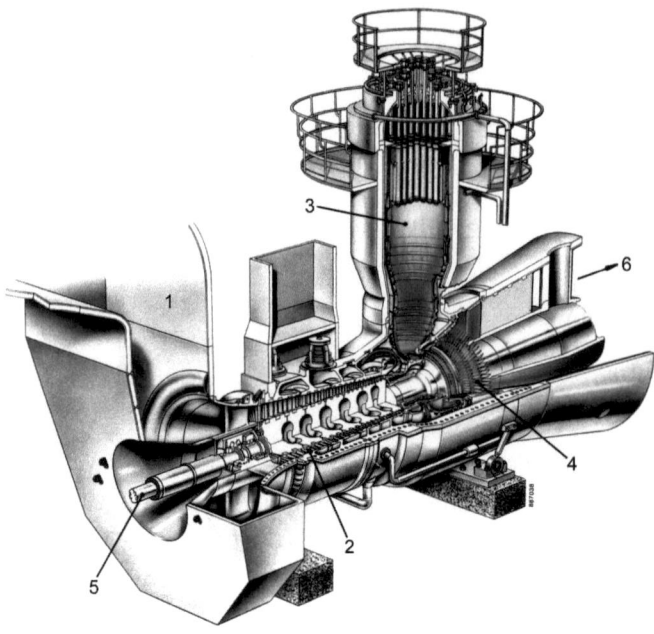

1 Luftansaugung	3 Brennkammer	5 Generatorwelle
2 Verdichter	4 Turbine	6 Abgase

Abb. 3.61 Schnitt durch eine Gasturbine mit Silobrennkammer, Bauart ABB

Abb. 3.62 Schematische Darstellung eines Gas- und Dampfturbinen Kombi-Prozesses im T-s-Diagramm

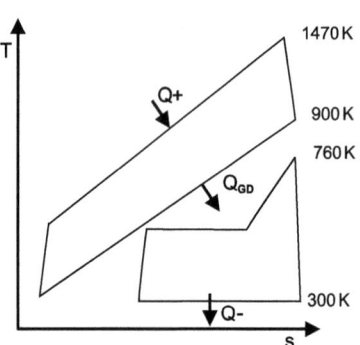

Abb. 3.62 zeigt das Prinzip einer GuD Schaltung im T-s-Diagramm. Der Gasturbinenprozess, dem die Wärme Q^+ zugeführt wird, treibt mit seiner Abwärme Q_{GD} den nachgeschalteten Dampfprozess, dessen Abwärme Q^- schließlich an die Umgebung abgegeben wird. Die Verwertung der Abwärme aus Gasturbinen mit Dampfkraftprozessen ist Stand der Technik. Die Hauptaufgabe bei der Konzeption einer Anlage besteht in der optimalen Ausnutzung der Abgaswärme im nachgeschalteten Kessel, der als *Abhitzekessel* bezeichnet wird.

3.3 Dritter Zeitabschnitt: Der Weg zum Großkraftwerk

Abb. 3.63 Schema eines GuD Prozesses mit einer Zweidruckschaltung und Wasserumwälzung im Abhitzekessel

1 Luftansaugung
2 Verdichter
3 Brennkammer
4 Gasturbine
5 HD-Endüberhitzer
6 HD Verdampfer
7 ND-Überhitzer
8 ND-Verdampfer
9 HD-Vorwärmer
10 ND-Vorwärmer
11 ND-Speisepumpe
12 HD-Speisepumpe
13 Speisewasserbehälter
14 Dampfturbine
15 Kondensator
16 Kondensatpumpe

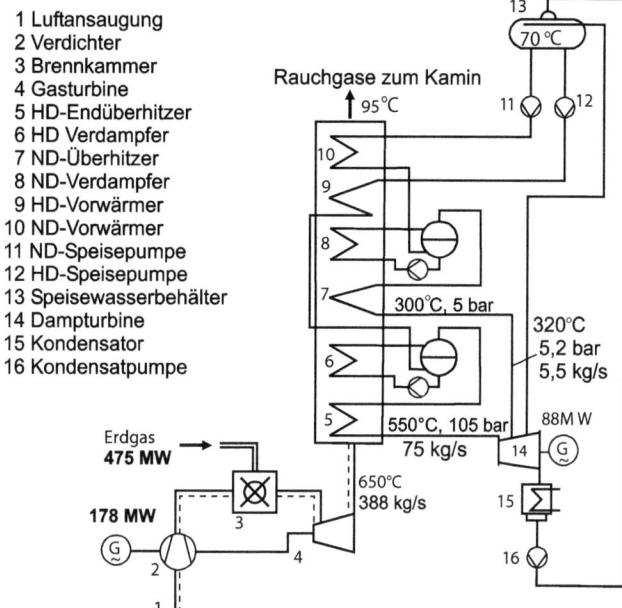

Der Dampfteil der in Abb. 3.63 dargestellten Kombianlage unterscheidet sich von konventionellen Dampfprozessen durch das Fehlen der regenerativen Speisewasservorwärmung und die fehlende Vorwärmung der Verbrennungsluft. Die Rauchgaswärme muss daher vollständig zur Vorwärmung, Verdampfung und Überhitzung des Speisewasserstroms verwendet werden. Die Abkühlung auf 95 °C gelingt bei dem vorliegenden Zweidruckprozess. Bei ausgeführten Anlagen dieser Art werden im Bestpunkt, allerdings abhängig von den Umgebungsbedingungen und dem Aufstellungsort, Netto-Wirkungsgrade bis 60 % erreicht.

Gasturbinen stellen hohe Anforderungen an die Reinheit der die Turbine durchströmenden Gase. Diese Forderungen können zurzeit nur von den relativ teuren Brennstoffen Erdgas und Heizöl EL erfüllt werden. Bei den Brenngasen für die Hochtemperaturturbinen und die aus der Umgebung angesaugte Verbrennungsluft soll z. B. der Staubgehalt unter 20 ppm liegen und die Korngröße kleiner 5 µm sein. Weiter darf die Summe aller metallischen Verunreinigungen 8 ppm nicht überschreiten. Dafür können dann aber auch die Grenzwerte für die Staub- und Schadstoffemissionen ohne zusätzliche Anlagen zur Rauchgasreinigung eingehalten werden.

3.3.8 Resümee

Gaskraftwerke haben gegenüber Dampfkraftwerken eine Reihe von Vorteilen: sie haben einen geringeren Platzbedarf, bauen kompakter, sind billiger in der Anschaffung, können in kürzerer Zeit errichtet und in Betrieb genommen werden, können schneller angefahren werden, können Laständerungen schneller folgen und können vollautomatisiert werden. Als Nachteil steht dem gegenüber, dass Gaskraftwerke nur mit den teuren Brennstoffen Erdgas und Leichtöl betrieben werden können. Da diese Brennstoffe aber frei von Asche und Schwefel sind, benötigen Gaskraftwerke keine Rauchgasreinigung.

Allerdings sind Gasturbinen komplexe und empfindliche Maschinen, die einer schnelleren Alterung unterliegen als andere Kraftmaschinen.

3.3.9 Umbrüche auf dem Energiemarkt – die Ölpreiskrisen in den 1960er Jahren

Kohle trug die technische Revolution im neunzehnten Jahrhundert und den Wiederaufbau der in Kriegen zerstörten Länder Europas im zwanzigsten Jahrhundert. Steinkohle ist auf allen Kontinenten im Boden zu finden, konnte aber in Europa nur im Untertage-Bergbau gewonnen werden und war entsprechend teuer. Es war die Sorge vor einer Energiekrise, die in der Bundesrepublik den Wiederaufbau der im Krieg schwer beschädigten Kohleindustrie rasch vorantrieb, so dass die Zechen im Ruhrgebiet bereits im Jahr 1950 den Export von Steinkohle wieder aufnehmen konnten und einen Exportüberschuss von 1 Million Tonnen erzielten.

Trotz aller Anstrengungen war aber die erste Energiekrise nach dem Zweiten Weltkrieg in Europa eine Kohlekrise. Zur Sicherung der Energieversorgung wurde der Bergbau deshalb in allen europäischen Ländern subventioniert, denn ein Ersatz für Kohle schien nicht in Sicht zu sein. Die Sorge um die künftige Energieversorgung war deshalb in allen Industrieländern ausgeprägt. Mit dem Argument, die Gefahr einer Energieknappheit abwenden zu müssen, wurden in den USA, der Sowjetunion, in Großbritannien und in Frankreich um 1950 die ersten Programme zur energetischen Nutzung der Kernenergie eingerichtet, denen sich die Bundesrepublik nach der Erlangung der Souveränität 1955 anschloss. Im selben Jahr wurde das Bundesministerium für Atomenergie gegründet, erster Atomminister wurde der damals vierzigjährige Franz-Josef Strauß[40].

Im Jahr 1955 fand auch die „1. Internationale Konferenz über die friedliche Verwendung der Atomenergie" statt, sie wurde von den *Vereinten Nationen* an ihrem europäischen Sitz im Palais des Nations in Genf veranstaltet und dauerte vom 8. bis 20. August 1955. An der Konferenz beteiligten sich 1400 Delegierte aus 73 Ländern. Mehr als 1000 Referate wurden angemeldet, von denen 450 gehalten wurden [78]. Ein Hauptthema war der Energiebedarf der Welt in den nächsten 50 Jahren und welchen Anteil die Kernenergie in Anbetracht der Energieknappheit übernehmen muss. Es wurde über Uran-Vorkommen und -Prospektion gesprochen, die Konstruktion und Wirtschaftlichkeit von Kraftwerksre-

---

[40] Franz-Josef Strauß (1915–1988), deutscher Politiker. Er sagte in einem Rundfunkinterview vom 21.10.1955: *„Ich persönlich bin der Überzeugung, dass die Nutzung der Atomenergie für wirtschaftliche und wissenschaftliche Zwecke denselben Einschnitt in die Menschheitsgeschichte bedeutet wie die Erfindung des Feuers für die primitiven Menschen."*.

3.3 Dritter Zeitabschnitt: Der Weg zum Großkraftwerk

aktoren diskutiert, ebenso über Sicherheitsfragen und die chemische Wiederaufbereitung verbrauchter Kernbrennstoffe.

Durch umfangreiche Beiträge in Zeitschriften, Zeitungen und dem damals neuen Medium Fernsehen wurden die Bürger auf das zu erwartende *Atomzeitalter* vorbereitet. Es wurde nicht nur dargestellt, wie die Dampfkraftwerke zur Stromerzeugung in Zukunft statt mit fossilen Brennstoffen mit Atomenergie gefeuert würden, sondern dass Atomenergie künftig auch Autos, Schiffe, Flugzeuge und Weltraumraketen antreiben würde und es so keine Energiekrisen mehr geben werde.

Zunächst kam es aber anders. Noch in den 1950er Jahren überschwemmte billiges Öl aus dem Nahen Osten und aus Venezuela die Energiemärkte wie ein Tsunami, vgl. Abb. 3.59. Dazu gesellte sich in den 1960er Jahren noch Erdgas aus Sibirien und der Nordsee. Öl und Erdgas gab es auf einmal ebenso reichlich wie Kohle und dazu viel preiswerter, so dass sich von 1950 bis 1970 der weltweite Verbrauch verfünffachte. Die niedrigen Kosten des Öls und Erdgases verschafften der energieintensiven Industrie einen Wettbewerbsvorteil. Innerhalb eines Jahrzehnts wurde aus der auf Kohle basierenden Industrie Europas eine auf Öl und Erdgas aufbauende. In der Folge wurde in Deutschland die Förderung von Steinkohle von 183 Millionen Tonnen im Jahr 1955 auf 46 Millionen Tonnen im Jahr 1970 zurückgefahren. In dem Versuch, die Vorteile des billigen Öls zwar zu nutzen und dabei die Arbeitsplatzverluste in der ihrer Alleinstellung verlustig gegangenen Bergbauindustrie auszubalancieren, wurden in den Bergbaugebieten Europas die Kohlebergwerke zunächst durch Subventionen am Leben gehalten und erst mit langjähriger Verzögerung stillgelegt. Die Suezkrise[41] stellte 1956 zwar die Zuverlässigkeit der Lieferungen aus dem Nahen Osten kurzfristig in Frage, konnte aber den Trend von der Kohle hin zum Öl nicht aufhalten. Auch der Sechs-Tage-Krieg[42] konnte 1967 den Fluss des billigen Öls nicht behindern. Im Gegenteil: der Krieg schien im Ergebnis zu bestätigen, wie sicher die Ölversorgung für die Industrieländer war, zumal die Lieferausfälle damals durch Öl aus Amerika ausgeglichen werden konnten. Die „arabische Ölwaffe" war 1967 noch stumpf.

---

[41] Die Suezkrise entzündete sich durch die Verstaatlichung der sich mehrheitlich im britisch-französischem Besitz befindenden Suezgesellschaft. Daraufhin versuchten im Oktober 1956 britische, französische und israelische Soldaten die Kanalzone des Suez-Kanals zu besetzen. Die USA und die Sowjetunion brachten den britisch-französisch-israelischen Angriff vor die Vereinten Nationen. Die Invasionstruppen mussten noch im Dezember 1956 wieder abziehen.

[42] Es war der dritte israelisch-arabische-Krieg. Unter Führung von Gamal Abdel Nasser, dem Präsidenten der Vereinigten Arabischen Republik (VAR), einem Zusammenschluss von Ägypten und Syrien, kam es zu einem Militärverbund zwischen der VAR, Jordanien und dem Irak. Im Mai 1967 wurden ägyptische Soldaten und Kriegsgerät im Zuge eines Airlifts nach Jordanien verlegt. Am 5. Juni 1967 reagierte Israel mit einem Angriff und zerstörte die Luftstreitkräfte des arabischen Militärverbunds am Boden. Bis zum 8. Juni hatte die israelische Armee den Sinai durchquert und die Golanhöhen besetzt. Noch im Juni 1967 wurde ein Waffenstillstand ausgehandelt. Danach kontrollierte Israel den gesamten Sinai bis zum Ostufer des Suezkanals, die Golanhöhen, das Westufer des Jordan und Ostjerusalem [109].

Obwohl der Suezkanal nach dem Sechs-Tage-Krieg geschlossen wurde und die Pipelines vom Irak und Saudi-Arabien ans Mittelmeer von diesen Staaten nicht mehr betrieben wurden, war die Ölversorgung Europas nur ein logistisches Problem, denn Öl war auf dem Markt verfügbar. Die Suezkrise war letztlich der Beginn der Zeit der großen Öltanker mit einer Ladekapazität von 300 000 Tonnen und mehr. Es war ein Verdienst der großen Ölgesellschaften, dass es dank ihrer Logistik damals in Europa zu keiner Ölknappheit kam. Nach dem Sechs-Tage-Krieg beruhigte sich die innenpolitische Situation in den arabischen Ländern wieder und schon im September 1967 floss das Öl aus dem Nahen Osten wie zuvor.

Auch im Kraftwerksbau gab es einen Schwenk hin zu Öl und Gas gefeuerten Anlagen. Ausschlaggebend dafür waren die gegenüber Kohlekesseln gleicher Leistung ca. 30 bis 45 % niedrigeren Baukosten und die um ca. 20 % niedrigeren Energiepreise für Öl und Erdgas gegenüber Steinkohle. In Deutschland konnte nur die im Rheinland im Tagebau geförderte Braunkohle mit dem Ölpreis konkurrieren. Noch von 1967 bis 1973 hatten mit Öl und Erdgas gefeuerte Anlagen einen Anteil von ca. 2/3 an der neu bestellten Kraftwerksleistung, dies waren in der damaligen Bundesrepublik ca. 17 000 MW. Dieses Bild änderte sich schlagartig im Spätherbst 1973.

Das Ende des billigen Öls kam mit dem Yom-Kippur-Krieg[43] im Herbst 1973. Während in Israel der Krieg seinen Lauf nahm, konferierten in Wien Delegierte der OPEC-Staaten[44] mit Vertretern der großen Ölgesellschaften[45] über den Ölpreis, der damals bei 3 $ pro Barrel lag. Die Ölgesellschaften boten einen Anstieg um 15 % (0,45 US $), die OPEC verlangte ihrerseits einen Aufschlag von 100 %, so dass es zunächst zu keiner Einigung kam. Am 17. Oktober einigten sich die OPEC-Staaten auf ein Embargo: die Öl-Förderung sollte um 5 % pro Monat gekürzt werden und man verhängte einen Lieferboykott gegen Länder, die Israel unterstützten. Die „Ölwaffe" war diesmal nicht länger stumpf, denn die USA waren seit 1970 Netto-Importeur von Öl.

Mit dem Embargo brach eine neue Ära für den Ölmarkt an. Produktionsdrosselung, Lieferboykott, Deckungskäufe der Industrie, unflexible Nachfrage – all das verursachte ein Marktchaos mit sprunghaft steigenden Preisen und Lieferengpässen. Dies führte den OPEC Ländern vor Augen, dass sie zu dem schließlich noch im Oktober 1973 festgeleg-

---

[43] Es war dies der vierte arabisch-israelische-Krieg. Er begann am 3. Oktober 1973, dem jüdischen Versöhnungstag Yom-Kippur, mit einem Überfall ägyptischer Truppen auf den Sinai und syrischer Truppen auf den Golanhöhen. An den ersten beiden Tagen rückten die ägyptischen und syrischen Truppen vor. Danach wendete sich das Kriegsglück zugunsten Israels, das zunächst seine Truppen mobilisieren musste. Nach der 2. Woche waren die Syrer auf den Golanhöhen zurückgedrängt, auf dem Sinai hatte die israelische Armee zwei ägyptische Armeen eingeschlossen, konnte den Suez-Kanal überschreiten und eine dritte ägyptische Armee einschließen. Durch Vermittlung der USA, der Sowjetunion und der UN kam es am 24. Oktober 1973 zu einem Waffenstillstand [96]. Die Araber hatten den Angriff auf den Yom-Kippur Tag gelegt, um Israel zu überraschen, wenn es am wenigsten vorbereitet wäre.

[44] OPEC: Organisation erdölexportierender Länder, gegründet 1960 von Iran, Irak, Kuwait, Saudi-Arabien und Venezuela.

[45] Den „Sieben Schwestern" : BP, Exxon, Mobil, Chevron, Texaco, Gulf und Shell.

ten Preis von 5,60 $ pro Barrel immer noch zu billig verkauften. Im Dezember trafen sich die Ölminister der OPEC Staaten in Teheran, um den Ölpreis festzulegen. Saudi-Arabien wollte den politischen Charakter des Embargos aufrechterhalten und plädierte für einen Preisanstieg auf 8 $. Aggressiver war der persische Schah, der auf der Suche nach Mehreinnahmen für die Modernisierung seines Landes war. Er argumentierte, dass sich der Ölpreis nicht nur am Markt orientieren sollte, sondern an den Kosten für die alternative Gewinnung von Öl und Gas aus Kohle und Ölschiefer gemessen werden müsste, [122], S. 762. Man einigte sich gegen den Widerstand Saudi Arabiens schließlich auf einen Preis von 11,65 $ ab Januar 1974. Der Ölpreis war damit von 1,80 $ im Jahr 1970 innerhalb von vier Jahren auf das $6\frac{1}{2}$fache gestiegen. In der Folge zahlte die Bundesrepublik 1974 für einen gegenüber dem Vorjahr um 6 % geringeren Ölimport 17 Milliarden DM mehr [92]; zum Vergleich: der Bundeshaushalt belief sich 1974 auf 134 Milliarden DM.

Das Ölgeschäft hatte sich mit dem Embargo von einem Verkäufermarkt zu einem Käufermarkt verändert. Vor der Krise hatten sich die Vertreter der „sieben Schwestern" turnusmäßig in Manhattan getroffen und den Förderländern per Fax mitgeteilt, welchen Preis sie nunmehr für das Öl bekämen; seit der Krise sind es die Förderländer, die den Ölpreis festlegen. Diese Veränderung zeigte sich unmittelbar am Exporterlös der OPEC Staaten, dieser erhöhte sich trotz Embargo und Drosselung der Förderung von 23,6 Milliarden $ im Jahr 1972 auf 119,8 Milliarden $ im Jahr 1974 [106]. Die erste Ölpreisexplosion brachte einen kurzzeitigen Rückgang des weltweiten Ölverbrauches, der dann bis 1979 wieder über das Niveau von 1973 anstieg. Im Rückblick erscheint diese „erste Ölkrise" aber als ein kleines Scharmützel, wenn man es mit den darauf folgenden Entwicklungen der Preise für Öl und Erdgas vergleicht.

Die „zweite Ölkrise" ging 1978 vom Iran aus, dem zweitgrößten Ölproduzenten im Nahen Osten. Der Iran war eine Monarchie mit Schah Mohammad Reza Pahlevi[46], der von 1941 bis 1979 regierte. Im Rahmen der von ihm initiierten *weißen Revolution* leitete er 1962 umfangreiche soziale und wirtschaftliche Reformen ein. Hauptpunkte waren u. a.: Abschaffung der Feudalherrschaft und Verteilung des Ackerlandes an Bauern, Bekämpfung des Analphabetentums, Einführung des aktiven und passiven Wahlrechts für Frauen, die er gegen den Widerstand der Großgrundbesitzer und der schiitisch-islamischen Geistlichkeit durchzusetzen versuchte. Sein Ziel war, das Agrarland Iran zu modernisieren. Die eingeleiteten Veränderungen führten in den darauf folgenden Jahren zu einem beachtlichen Wirtschaftsaufschwung: „nur Singapur und Südkorea wuchsen schneller" [69]. Parallel dazu wuchs die Bevölkerung von 22 Millionen im Jahr 1960 auf 36 Millionen im Jahr 1978.

Mitte der 1970er Jahre konnten oder mochten Iraner aus allen Bevölkerungsschichten der hektisch voran getriebenen Modernisierung nicht mehr folgen. Das Projekt der *Weißen Revolution* war gescheitert, bei der Suche nach Halt wandten sie sich dem traditionellen

---

[46] Mohammad Reza Pahlevi (1918–1980) legte am 17. September 1941 vor dem iranischen Parlament den Amtseid ab; am 16. Januar 1979 verließ er sein im Aufruhr befindliches Land – die islamische Revolution hatte begonnen.

schiitischen Islam zu, vgl [105], S. 92 ff. Den größten Nutzen aus dieser Entwicklung zog letztlich der Ayatollah Khomeini[47], der mit seiner religiösen Askese für die Opposition den Widerstand gegen das Regime des Schahs verkörperte. Khomeini hatte schon seit den späten 1950er Jahren das Schahregime als korrupt und illegitim verurteilt, richtig aktiv wurde er als erbitterter Gegner der Weißen Revolution. Er war mehrfach im Gefängnis und ging schließlich ins Exil, 1963 nach Bursa in der Türkei, 1965 mit Erlaubnis des Schahs nach Nadschaf im Irak, einer heiligen Stadt des schiitischen Islams, 1978 wurde er von Saddam Hussein[48] aus dem Irak verwiesen und ging nach Frankreich. Seine Anprangerungen aus dem Exil gegen die Verwestlichung des Schahregimes waren in eine Sprache von Rache und Blut gekleidet.

Im Sommer 1978 zündeten Fundamentalisten einige Dutzend Kinos an und begründeten dies mit ihrem Kampf gegen sündhafte Filme und die Verwestlichung ihres Landes. Am 19. August kamen bei einem Anschlag auf ein Kino in Abadan, der von der schiitischen Geistlichkeit initiiert wurde, mehr als 400 Menschen um. Von der erregten Öffentlichkeit wurde der verheerende Brand der persischen Geheimpolizei und dem Schahregime angelastet, [69], S. 458 ff und S. 664n55. Die Kinobrände waren der Auslöser für Demonstrationen und Streiks in der Ölindustrie. Auch die vom Schah am 6. November 1978 eingesetzte Regierung der *Nationalen Versöhnung* unter General Gholamreza Azhari wurde der Situation nicht mehr Herr. Im Dezember war der Druck auf den Schah und seine Familie so groß, dass er schließlich am 16. Januar das Land verließ.

Im Iran war das alte Regime gescheitert und mit der Rückkehr von Ayatollah Khomeini, der mit seinem Revolutionsrat eine Regierungsmannschaft mitbrachte, ein neues Regime im Amt. Diese Vorgänge hatten ab Dezember 1978 einen zweiten Öl-Preisschock verursacht, der eine zweite Ölkrise auslöste, der sich kein Land entziehen konnte. Die Ölpreise stiegen von 13 $ auf 34 $ pro Barrel, was nicht nur in der Energiewirtschaft zu massiven Veränderungen führte.

3.3.9.1 Folgen der Ölpreiskrise:

Die Bundesregierung wird sich [...] besonders der Energiepolitik annehmen. Wenn sich unsere Volkswirtschaft langfristig gesund weiterentwickeln soll, muß die Energieversorgung langfristig gesichert sein. Willy Brandt in seiner Regierungserklärung am 18. Januar 1973

Nach den Preisschüben, Versorgungsengpässen und Lieferunterbrechungen im Zuge der Ölkrisen war das Thema Energiesicherheit wieder in den Vordergrund gerückt: das Schlagwort lautete *Diversification der Energieträger*. Man wollte die Abhängigkeit von handelspolitischen Ereignissen und Versorgungsrisiken vermindern. Dies führte dazu, dass in Deutschland bereits nach der ersten Krise Aufträge für ölgefeuerte Kraftwerke

---

[47] Ruholla Musavi Khomeini (1902–1989) islamischer Rechtsgelehrter, studierte und unterrichtete bis 1963 an der Islamischen Azad-Universität in Ghom, Iran. Politischer und spiritueller Führer der Islamischen Revolution (1978–1979) und Gründer der Islamischen Republik Iran.
[48] Sadam Hussein (1937–2003) regierte von 1978 bis 2003 den Irak als Diktator.

annulliert, Optionen nicht eingelöst und Neuaufträge nicht mehr erteilt wurden. Damit schwang das Pendel wieder zurück zu den kohlegefeuerten Kraftwerken, zumal in Deutschland riesige Vorräte an Braun- und Steinkohle vorhanden sind. In diese Zeit fielen in der Bundesrepublik auch die Planungen, Auftragserteilungen und der Betriebsbeginn der 19 großen in Deutschland errichteten Kernkraftwerke mit eine Gesamtleistung von 22 000 MW.

Eine direkte Folge des Ölschocks war in Europa und den Vereinigten Staaten eine Renaissance der Kohleveredelung, deren ursprüngliches Ziel die Substitution der Erdölprodukte war. Dazu rückten die in Deutschland vor und während des Zweiten Weltkrieges entwickelten Prozesse zur Kohlevergasung und Kohleverflüssigung wieder in den Vordergrund. Angestrebt wurde auch, die konventionelle Kohletechnologie in Kraftwerken durch kombinierte Gas- und Dampfturbinenprozesse (Kombikraftwerke) zu ergänzen, um den Wirkungsgrad der Energiewandlung zu erhöhen und um ferner ein weiteres Anwendungsfeld für die Kohlevergasung zu eröffnen. Zu diesem Zweck wollte man aus Kohle einen Brennstoff mit geringen Anteilen an schwefel- und halogenhaltigen sowie staubförmigen Komponenten extrahieren. Unabhängig von der Kohlevergasung kamen auch Entwicklungen in Gang, bei denen Gasturbinenkraftwerke mit Kohlendruckfeuerungen ausgerüstet werden sollten; einer auch aus heutiger Sicht anspruchsvollen technischen Herausforderung.

Der Verfall der Ölpreise in den 1980er Jahren traf die Entwicklung der Kohlevergasung in einem Zeitabschnitt, in dem erste Ergebnisse von Versuchsanlagen vorlagen und großtechnische Demonstrationsanlagen in Vorbereitung waren [74]. Dies führte dazu, dass die Fortentwicklung der skizzierten Kohletechnologien zur Substitution von Erdöl wieder eingestellt wurden, denn es erschien unwahrscheinlich, dass sie jemals wirtschaftlich darstellbar sein würden.

Während die Ingenieure damit beschäftigt waren, technisch gangbare Wege zur Substitution des Erdöls zu finden und die Energieindustrie versuchte, mit den ihr von der OPEC gesetzten Randbedingungen zurechtzukommen, erwuchs der Kohle und Öl konsumierenden Energiewirtschaft eine neue Herausforderung, die aus ihr selbst kam. Die gesamte Industriewelt sah sich einer Umweltschutzbewegung gegenüber, die die Kraftwerksindustrie stärker verändern sollte als es die Ölpreiskrisen vermochten. In einer ersten Welle der Empörung wandte sich die Umweltschutzbewegung in den frühen 60er Jahren gegen die Verschmutzung der Flüsse, kämpfte dann gegen die Nutzung der Atomenergie und für die Reinhaltung der Luft. Ihre Themenliste umfasste später alle denkbaren Gefährdungen für die Umwelt, kurz: Es ging der Umweltbewegung um nichts Geringeres als um die Erhaltung unseres Planeten.

3.3.9.2 Resümee

Der Weg von dem ersten Kraftwerk Edisons (1884) hin zum modernen Großkraftwerk war reich an theoretischen und praktischen Erkenntnissen und Pionierleistungen. Der Beitrag des 3. Entwicklungsabschnitts bestand in der Perfektionierung der Großfeuerungsanlagen für Stein- und Braunkohle, in der Einführung der Durchlaufkessel, der Konzeption der

Blockbauweise der Kraftwerke und deren Automatisierung. Damit hatte auch der Aufbau der Kraftwerkskessel seine Form gefunden, wie zuvor schon die der Turbinen und Generatoren.

Bei der Weiterentwicklung des Dampfprozesses ist man auf dem eingeschlagenen Weg weitergegangen: der Dampfdruck wurde auf 180 bis 250 bar erhöht, die Frischdampftemperatur auf 530 bis 580 °C und die Zwischenüberhitzung allgemein eingeführt. Mit diesen Entwicklungsschritten hatten auch die mit Kohle gefeuerten Wärmekraftwerke ihre Form gefunden. Allerdings wurde der mit den Anlagen Hüls und Eddystone beschrittene Weg mit Frischdampftemperaturen von über 600 °C und doppelter Zwischenüberhitzung zur Wirkungsgradsteigerung nicht fortgesetzt, Anlagen dieser Art blieben auch später seltene Ausnahmen. Statt eines möglichst hohen Wirkungsgrades traten andere Anforderungen in den Vordergrund, zu deren Erfüllung sich Anlagen mit einfacher Zwischenüberhitzung und mit Frischdampfparametern von 180 bis 250 atü und 530 bis 560 °C als günstiger erwiesen.

Für einige von den Behörden verlangten Maßnahmen hinsichtlich der Schadgasabscheidung hatten die Kraftwerksingenieure bis in die 1970er Jahre keine befriedigenden Lösungen. Alles, was man anbieten konnte, war die Verbesserung der Filter für die Flugstaubabscheidung und eine Verbesserung der Feinstaub-Abscheidung. Die Verfahren zur Rückhaltung der Schadgase waren noch in der Entwicklungs- bzw. Erprobungsphase.

3.4 Vierter Zeitabschnitt: Dampfkraftwerke und Umwelt

Die mit fossilen Brennstoffen gefeuerten Wärmekraftwerke wurden seit ihrer Einführung stetig weiterentwickelt. Am deutlichsten zeigte sich dies in der Erhöhung des Wirkungsgrades der Energiewandlung, der Verbesserung ihrer Zuverlässigkeit, der Verminderung des Flächenbedarfes und der Senkung der Gestehungskosten. Die Anzahl und Größe der mit Kohle gefeuerten Kraftwerke hatte bis 1970 in einer zuvor nicht für möglich gehaltenen Weise zugenommen. Mit den Kraftwerken wuchsen auch die ungewollten und zuvor nicht gewussten Nebenwirkungen in eine neue Größenordnung, die in den 1960er Jahren von der Bevölkerung nicht mehr hingenommen wurden.

Für die Inbetriebnahme noch in den 1970er Jahren wurden nach der ersten Ölkrise von deutschen Kraftwerksbetreibern acht mit Steinkohle gefeuerte 750 MW-Kraftwerksblöcke geplant. In solchen Kraftwerksblöcken werden pro Stunde 240 t/h Steinkohle verfeuert und dabei ca. 2,4 Millionen m^3 Rauchgas erzeugt. Ohne Rauchgasreinigungsanlagen würden von einer solchen Anlage mit dem Rauchgas gewaltige Mengen an ungewollten Stoffen an die Umgebung abgegeben. Bei Verwendung einer Kohle mit 10 % Asche und 2 % Schwefel, was nicht ungewöhnlich ist, wären dies pro Stunde 24 t (bzw. $1,9 \cdot 10^5$ t pro Jahr) Flugstaub und 9,6 t (bzw. $0,8 \cdot 10^5$ t pro Jahr) Schwefeloxide (SO_x). Zusätzlich emittiert eine solche Anlage noch große Mengen von Stickoxiden (NO_x), unverbrannten Kohleteilchen und Kohlenmonoxid (CO). Allein schon von den Mengenströmen her ist klar, dass Emissionen dieser Größenordnung für die nähere und weitere Umgebung der

3.4 Vierter Zeitabschnitt: Dampfkraftwerke und Umwelt

geplanten Kraftwerke Nachteile gebracht hätten. Voraussetzung für die Akzeptanz dieser Anlagen war es deshalb, eine Lösung für die Rückhaltung des größten Teils der genannten Emissionen zu finden.

Damals waren für kohlegefeuerte Kraftwerke in der Bundesrepublik nur für Flugstaub Emissionsgrenzwerte vorgeschrieben; für die vom Rauchgas transportierten Schwefeloxide dagegen Immissions-Grenzwerte für die voraussichtlich von den Rauchgasen beeinflussten Bodenflächen. Bei der Planung einer neuen Anlage musste die Einhaltung der Immissions-Grenzwerte mittels Vorausberechnung der Ausbreitung der Rauchgase und der durch diese verursachten Beiträge zur Immission nachgewiesen werden. Durch den Bau hoher Schornsteine, Höhen von 250 Metern waren eher die Regel als die Ausnahme, konnte die Einhaltung dieser Grenzwerte praktisch für alle Standorte in der Bundesrepublik nachgewiesen werden.

Nach dem Ausstoß aus dem Schornstein vermischen sich die Abgase mit der Umgebungsluft und strömen mit ihr weiter. Für die Umrundung der Erde benötigt die atmosphärische Luftströmung etwa zwei Wochen. Auf diese Weise transportiert die Luftströmung Schadstoffe über Ländergrenzen hinweg, eine Verminderung der Schadstoffe in der Luft kann demnach nur durch ein weltweit abgestimmtes Vorgehen zur Verminderung der Emissionen gelingen. Mit diesem Argument wehrte sich die Kraftwirtschaft gegen Grenzwerte für Schadgas-Emissionen, vor allem im Hinblick auf die dafür notwendigen Investitionen. Eines weiteres Argument war ferner, dass die Kenntnisse über die Entstehung und mögliche Minderung der Schadgase noch nicht ausreichend seien, um Emissionsgrenzwerte festzulegen, vgl. z. B. [144], S. 98.

Da die Rückhaltung der Emissionen auch eine Gewinn versprechende Aufgabe war, gab es in den 1970er Jahren hunderte von Patentanmeldungen und Prozessvarianten zur SO_x und NO_x Rückhaltung und zur Optimierung der Feuerungen, die in zahlreichen Veröffentlichungen beschrieben wurden, vgl. [128], [125], [150], [132]. Durch den Druck aus der Bevölkerung waren in Japan und den Vereinigten Staaten die zulässigen Emissionen aus Kohlekraftwerken früher begrenzt worden als in Europa und auch die Entwicklung von großtechnisch anwendbaren Verfahren zur SO_x- und NO_x-Minderung hatte dort früher begonnen. In beiden Ländern waren schon vor 1975 Kraftwerke mit Anlagen zur SO_x und NO_x Rückhaltung bzw. Minderung im Betrieb.

Obwohl es in der Bundesrepublik keine Grenzwerte für die Emission von Schadgasen gab, entschied im Februar 1983 der Verwaltungsjurist Manfred Bulling, er war Präsident des Regierungsbezirks Nordwürttemberg, mittels einer schlichten Verwaltungsverordnung, dass Kohlekraftwerke in seinem Verantwortungsbereich den Ausstoß von SO_x auf weniger als 400 mg pro m^3 Abgas reduzieren müssen [151]. Er berief sich dabei auf den Begriff „Stand der Technik" in der oben zitierten TA-Luft und verwies auf in Betrieb befindliche Anlagen in Japan und USA.

Der damaligen Bundesregierung unter Kanzler Helmut Kohl blieb dann nichts übrig als nachzuziehen. Dazu wurde am 22. Juni 1983 vom Bundesgesetzgeber die 13. Verordnung zum Bundesimmissionsschutzgesetz, die *Verordnung über Großfeuerungsanlagen*, erlassen. Diese Verordnung verpflichtete die Eigentümer von Kraftwerken für die öffentliche

Stromversorgung und die industrielle Eigenversorgung, die Flugstaubfilter nachzubessern und Anlagen zur Rückhaltung der Schwefeloxide (SO_x) und zur Minderung der Stickoxide (NO_x) zu installieren. Für die Umsetzung wurde eine Frist von fünf Jahren gesetzt.

Der Forderung nach Reduzierung der Flugstaubemission konnte durch die Optimierung und Nachbesserung bestehender Filter nachgekommen werden. Dagegen mussten zur Reduzierung der SO_x- und NO_x-Emission auch bereits bestehende Kraftwerke mit neuen Komponenten nachgerüstet werden. Als nachteilig für die deutschen Anlagenbauer erwies sich dabei nicht das Setzen von Grenzwerten für die Emissionen, sondern die kurze Frist für die Nachrüstungen. Denn die Zeitspanne von fünf Jahren reichte kaum für die Planung, die Genehmigungsverfahren und den Bau der entsprechenden Anlagen. Dazu kam noch, dass das Auftragsvolumen für die Nachrüstung bestehender Anlagen wesentlich größer war als die Ausrüstung von zu erwartenden Neuanlagen. Von den in Deutschland in der industriellen Entwicklung befindlichen neuartigen Verfahren waren damals zwei weit fortgeschritten: das Walther-Verfahren und das Bergbau-Forschungs-Verfahren.

- Walther-Verfahren: Bindung des SO_2 an Ammoniak und, nach Oxidation des NO mit Ozon (O_3), Bindung der entstehenden Salpetersäure ebenfalls mit Ammoniak. Daraus ergaben sich nach Eindampfen die handelsüblichen Dünger Ammonsulfat und Ammonnitrat [126].
- Bergbau-Forschungs-Verfahren: Durch Absorption von SO_2 an Aktivkoks, der dieses in Form von Schwefelsäure festhält, kann Ammoniak ins Rauchgas eingemischt werden, welches an dem gleichen Aktivkoks mit NO_x katalytisch zu Stickstoff und Wasserdampf reagiert [140].

Den Entwicklern der beiden Verfahren brachte ihre Leistung den Respekt der Fachkollegen ein, ihren Geldgebern dagegen finanzielle Verluste, denn keines der beiden Verfahren konnte innerhalb der vorgegebenen Frist bis zur kommerziellen Reife entwickelt werden. Den deutschen Anlagenbauern blieb letztlich nichts anderes übrig, als bei den US-amerikanischen und japanischen Konkurrenten Lizenzen zu erwerben.

3.4.1 Rauchgasreinigung

Die von der Verordnung über Großfeuerungsanlagen verlangte Verminderung der Emission von CO und von unverbrannten Kohleteilchen konnte durch Optimierung der Feuerungen erreicht werden. Überschreitungen der Grenzwerte für diese Anteile wurden nur noch kurzzeitig nach dem Anfahren der Feuerungen beobachtet. Die Verbesserung der Flugasche-Abscheidung konnte durch Optimierung der Flugstaub-Filter erreicht werden, so dass der von der Verordnung für Großfeuerungsanlagen vorgeschriebene Grenzwert für den Staubgehalt von 50 mg pro m^3 Rauchgas unterschritten wurde.

Demgegenüber mussten für die Verminderung der SO_x und NO_x Emission zusätzliche Anlagen nachgerüstet werden.

3.4 Vierter Zeitabschnitt: Dampfkraftwerke und Umwelt

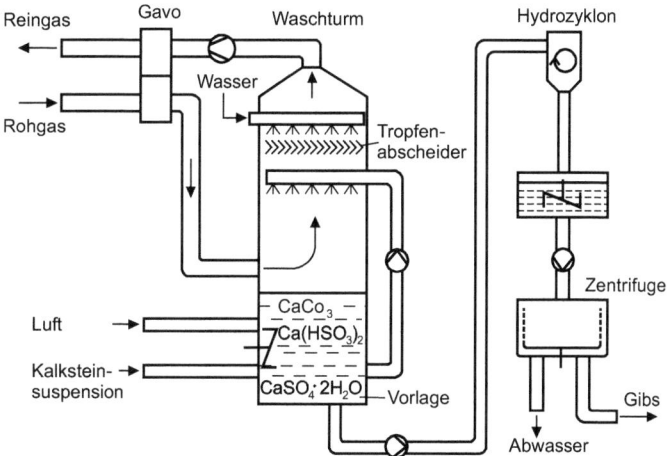

Abb. 3.64 Prinzipschema eines einstufigen Kalkwaschverfahrens. Mit dem Gavo (Gasvorwärmer) wird das Reingas mittels Wärmeaustausch mit dem zuströmenden Rohgas auf ca. 90 °C aufgewärmt. Die Aufheizung soll eine Kondensation der im Reingas enthaltenen Feuchtigkeit vermeiden, die zu Tropfenauswurf an die unmittelbare Umgebung führen könnte

Rauchgasentschwefelung Für die SO_2-Entfernung aus den Rauchgasen hatten sich in den USA und in Japan entwickelte Waschverfahren mit Gips als Nebenprodukt durchgesetzt. Diese Verfahren sind betrieblich zuverlässig und haben sich im Vergleich mit alternativen Prozessen als kostengünstiger als andere Verfahren erwiesen. Bei der Durchführung der Waschverfahren wird das Rauchgas mit einer wässrigen Suspension mit darin schwimmenden Teilchen aus Kalkstein ($CaCO_3$) oder gebranntem Kalk (CaO) in Kontakt gebracht, vgl. Abb. 3.64.

In der wässrigen Phase kommt es zu einer Folge von chemischen Reaktionen zwischen SO_2 mit den $CaCO_3$- bzw. CaO-Teilchen und dem Sauerstoff aus der Luft:

$$CaCO_3 + SO_2 + \tfrac{1}{2} H_2O \rightarrow CaSO_3 \cdot \tfrac{1}{2} H_2O + CO_2 \qquad (3.1)$$

Zur Oxidation des Calciumsulfits $CaCO_3$ wird in die wässrige Suspension im unteren Teil des Reaktors, vgl. Abb. 3.64, Luft eingeblasen, um es in ca. 99 %igen Gips ($CaSO_4 \cdot 2 H_2O$) umzuwandeln.

$$CaSO_3 \cdot H_2O + \tfrac{1}{2} H_2O \rightarrow CaSO_4 \cdot 2 H_2O \qquad (3.2)$$

Der in Rauchgaswäschen erzeugte Gips $CaSO_4 \cdot 2 H_2O$ ist grob kristallin, so dass er sich mittels Zentrifugen entwässern lässt. Die an den Gips, d. h. an das Calciumsulfat gebundenen Wassermoleküle sind sogenanntes Kristallwasser. Im Gips und auch dem Abwasser des Prozesses finden sich noch andere mit der Kohle eingebrachte Stoffe. Der Rauchgasgips ist aber ähnlich rein wie der aus Kalkstein erzeugte Naturgips. Sein Nachteil ist die Restfeuchte von ca. 15 %, seine bräunliche Färbung und dass er als Dihydrat ($CaSO_4 \cdot 2\,H_2O$) anfällt; wie Naturgips löst er sich zwar nicht in Wasser auf, ist aber hygroskopisch. Pro erzeugter kWh Strom fallen ca. 12 bis 18 g Gips an.

Durch Ausrüstung der Kraftwerke mit Entschwefelungsanlagen verminderte sich die SO_x Emission der einzelnen Kraftwerke um mehr als 90 %; in Westdeutschland reduzierten sich in der Folge die SO_x Emissionen von 3,2 Millionen t im Jahr 1980 auf weniger als 0,3 Millionen t im Jahr 1990. Von dem pro Jahr anfallenden Rauchgasgips von ca. 6 Millionen t wird etwa die Hälfte in der Baustoffindustie verwendet, der verbleibende Teil wird auf Deponien verbracht.

Stickoxidreduktion Die in den Rauchgasen enthaltenen Stickstoffoxide (NO_x) entstehen durch thermische Fixierung in der Verbrennungsluft bei hohen Temperaturen (thermisches NO_x), zum kleineren Teil auch durch die Umwandlung von chemisch gebundenem Stickstoff der Brennstoffe (Brennstoff (NO_x). Das NO_x in den Rauchgasen besteht zu ca. 95 % aus dem wasserunlöslichen NO. Aus diesem Grund ist der Einsatz von Waschverfahren nicht möglich. Bei den großtechnisch eingesetzten Verfahren wird das NO_x mit NH_3 (Ammoniak) zu Wasser und Stickstoff umgesetzt. Dazu sind katalytische Verfahren entwickelt worden, die eine Rauchgastemperatur im Bereich zwischen 320 und 400 °C voraussetzen. Die Katalysatoren für diese *SCR-Prozesse* enthalten als Hauptkomponente Titandioxid mit geringen Zusätzen aus Vanadium-, Wolfram- und Molybdän-Verbindungen.

Zur Durchführung der Reaktion muss eine homogene Vermischung des NH_3 mit dem Rauchgas erreicht werden. Da der Volumenanteil der Stickoxide im Rauchgas weniger als ein Promille beträgt, sind dafür riesige Katalysatorvolumen erforderlich. Für eine 750 MW-Anlage mit einem Rauchgasstrom von 2,2 m^3/h ergibt sich z. B. ein Katalysatorvolumen von ca. 1 000 m^3. Zur Reduzierung des NO-Anteils von 800 Milligramm pro m^3 auf 150 Milligramm pro m^3 sind dazu 820 kg Ammoniak pro Stunde erforderlich. Bei Anlagen mit Kohlenstaubfeuerung wurde der SCR-Reaktor in der Regel zwischen Dampferzeuger und Luftvorwärmer angeordnet, vgl. Abb. 3.65. Der Reaktionsablauf erfolgt gemäß der Gleichung

$$4\,NH_3 + 4\,NO + O_2 \longrightarrow 4\,N_2 + 6\,H_2O. \tag{3.3}$$

Das nicht im SCR-Katalysator umgesetzte NH_3 wird großteils vom Flugstaub absorbiert, was zu einer Geruchsbelästigung bei dessen Weiterverwendung als Baumaterial führen kann. Letzte Reste von NH_3 könnten ferner in der Rauchgaswäsche die Gipskristallisation beeinflussen. Aus den genannten Gründen wird der Anteil des NH_3 hinter dem SCR-Katalysator, der *Schlupf*, auf 5 ppm beschränkt.

Mit den Maßnahmen zur NO_x-Reduktion konnten die von Kraftwerken verursachten Emissionen bis 1990 um mehr als 90 % vermindert werden. Da aber der größere Anteil der NO_x-Emissionen vom Verkehr und den Hausfeuerungen verursacht wurde, reduzierte sich die gesamte NO_x-Emission nur um etwa 30 %.

3.4 Vierter Zeitabschnitt: Dampfkraftwerke und Umwelt   147

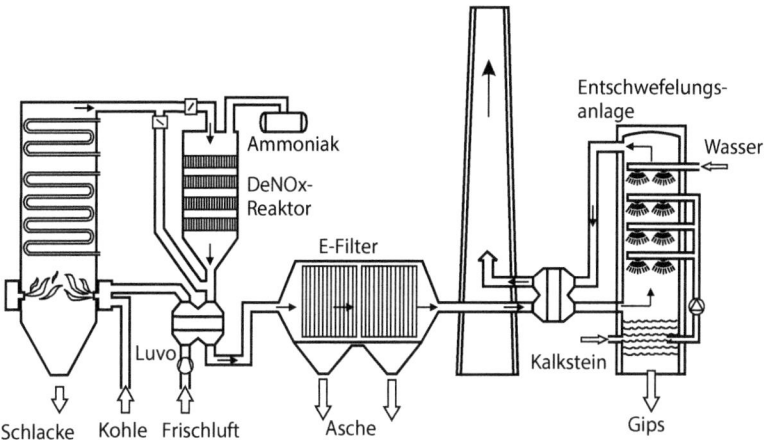

Abb. 3.65 Bevorzugte Anordnung von DeNOx-Reaktor, Elektrofilter und Entschwefelungsanlage

Fazit – Rauchgasreinigung Mit den Einrichtungen zur Verminderung der Emissionen sind moderne Kraftwerke für ihre Umgebung umweltfreundlicher geworden. Die durch ihren Betrieb in der Umgebung bewirkten Immissionen sind nunmehr so gering, dass sie messtechnisch kaum noch erfassbar sind. Auch die errechenbaren Beiträge eines einzelnen Kraftwerks zur Immission betragen in der Regel weniger als ein Prozent der zulässigen bzw. gemessenen Werte. Ein gewisser Nachteil ist, dass durch Ausrüstung mit Rauchgasreinigungsanlagen die Geräuschemission der Kraftwerke zugenommen hat. Denn durch diese Komponenten sind die schallabstrahlenden Flächen der Kraftwerke wesentlich größer geworden. Ferner hat sich als Folge des Strömungswiderstandes der längeren Rauchgaskanäle der DeNOx Katalysatoren und der REA Reaktoren der Leistungsbedarf der Rauchgas-Gebläse erhöht. Dieser zusätzliche Leistungsbedarf beträgt ca. 1,5 % der Kraftwerksleistung. Beides führte zu einer Vergrößerung der Schallabstrahlung, so dass zur Geräuschminderung zusätzliche Aufwendungen notwendig waren.

3.4.2 Kraftwerke mit Rauchgasreinigung

Nach der Ausrüstung mit Rauchgasreinigungsanlagen hatten die kohlegefeuerten Dampfkraftwerke in den 1980er Jahren ihre Form gefunden. In der in Abb. 3.66 schematisch dargestellten linearen Anordnung der Komponenten, die auf die Richtung der Materialströme und des Energieflusses Rücksicht nimmt, werden Dampfkraftwerke weltweit gebaut und haben sich vielfach als die zuverlässigsten Stromerzeuger für die Elektrizitätswirtschaft erwiesen. Im Zentrum eines Kraftwerkblocks befindet sich der Dampferzeuger und die Turbogruppe (Turbine und Generator), die in zwei voneinander unabhängigen Gebäuden – der Maschinenhalle und dem Kesselhaus – untergebracht sind. Bei kohlege-

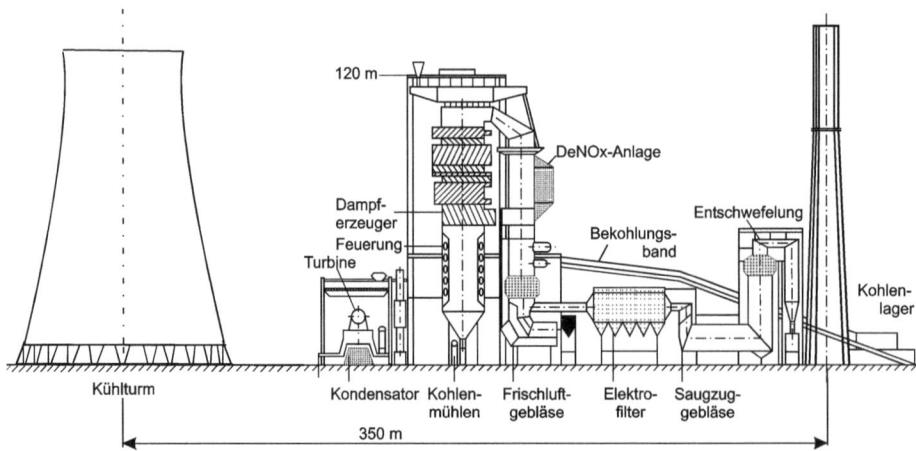

Abb. 3.66 Anordnungsschema eines steinkohlegefeuerten 750-MW-Kraftwerks mit Elektrofilter, DeNOx-Anlage, Rauchgasentschwefelung und Kühlturm

feuerten Anlagen befindet sich zwischen diesen Baukörpern meist der Kohlebunker. Bei der Gebäudeplanung wird besonders auf die Führung der diese beiden Hauptkomponenten verbindenden Heißdampfleitungen Rücksicht genommen. Aus Kostengründen sollen diese Leitungen kurz sein, sie müssen andererseits lang genug sein, um eine ausreichende Elastizität für den Ausgleich von Wärmedehnungen aufzuweisen. Ferner müssen die Rohrleitungen so verlegt sein, dass sie vollständig entleert bzw. entwässert werden können.

Im Prinzip wäre es möglich, alle Apparate und Komponenten eines Kraftwerks in Freiluftbauweise aufzustellen. Aus praktischen Gründen und zur Verminderung der Schallemissionen erfolgt dies aber nur in Gegenden mit geringer Besiedelung. Der Umriss der alle Apparate einschließenden Gebäude ist durch die Hauptkomponenten vorgegeben.

Mit zunehmender Kraftwerksleistung wurden die Kühltürme zu den sichtbarsten, die Silhouette dominierenden Bauten der Kraftwerke, vgl. Abb. 3.66 und 3.67 und auch den Abschn. 3.1.4. Als Bauwerk besteht die meist verwendete Bauart, der so genannte Naturzug-Nasskühlturm, aus einer dünnen, rotationssymmetrischen Schale aus Spannbeton, die auf einem Stützenfachwerk ruht und so den erforderlichen Querschnitt für die Luftzufuhr freigibt. Ausgeführte Anlagen haben Höhen bis ca. 170 m und größte Durchmesser von ca. 130 m.

Im Kühlturm wird das Kühlwasser bereitgestellt, mit dem der aus der Turbine abströmende Dampf im Kondensator niedergeschlagen wird, damit es dem Dampfprozess wieder als Speisewasser zugeführt werden kann. Mit der Rückführung des Speisewassers ist der Kreisprozess zur Energiewandlung im Kraftwerk geschlossen, vgl. Abschn. 2.3. Um der Turbine ein möglichst großes Druckgefälle zur Verfügung zu stellen, wird die Kondensation des Dampfes bei möglichst geringer Temperatur durchgeführt. Als Wärmesenke kommt wegen der Mächtigkeit des anfallenden Wärmestromes allein die Umgebung in Betracht: die Atmosphäre, Oberflächengewässer oder Meerwasser.

3.4 Vierter Zeitabschnitt: Dampfkraftwerke und Umwelt

Abb. 3.67 Anordnung der Komponenten eines mit Steinkohle gefeuerten Kraftwerksblocks: *1* Kohlenlager, *2* Kesselhaus, *3* Maschinenhalle, *4* DeNOx Anlage, *5* Elektrofilter, *6* Entschwefelungsanlage. Die aus dem Kühlturm austretenden Dampfschwaden sind das sichtbarste Kennzeichen für den Betrieb eines Dampfkraftwerks. Pro kWh erzeugtem Strom werden ca. 1,5 kg Wasser mit den Dampfschwaden ausgetragen

Meist wird die Kondensationswärme zunächst an einen Kühlwasserstrom abgegeben. Wenn möglich, wurde dazu Oberflächenwasser verwendet, welches nach der Wärmeaufnahme im Kondensator wieder in das Gewässer eingeleitet wurde. Bei Anwendung dieser sogenannten *Frischwasserkühlung* hatte sich die Temperatur von dafür genutzten Flussläufen soweit erhöht, dass es im Zusammenhang mit der durch den Wärmeeintrag verursachten Verminderung des Sauerstoffgehaltes des Flusswassers zu ernsthaften Problemen für das Leben im Wasser kam. Zur Vermeidung der Gewässeraufwärmung wird deshalb die sogenannte *Rücklaufkühlung* angewandt. Dabei wird das infolge der Wärmeaufnahme im Kondensator erwärmte Kühlwasser in einem Kühlturm rückgekühlt und danach wieder dem Kondensator als Kühlwasser zugeführt. Wegen der großen Leistungen der Kraftwerke werden dazu fast ausschließlich Naturzug-Nasskühltürme verwendet. In einem solchen Kühlturm wird das vom Kondensator kommende Kühlwasser im Turm versprüht und gibt durch Konvektion und Verdunstung Wärme an die umgebende kühlere Luft ab, die ihrerseits bis zur Erreichung der Sättigungsgrenze Wasserdampf aufnimmt. Im Kühlturm stellt sich infolge des Auftriebs der erwärmten, mit Feuchtigkeit gesättigten Luft eine Konvektionsströmung ein (Naturzugkühlturm), die für eine ausreichende Luftzirkulation durch den Kühlturm sorgt, vgl. Abb. 3.62. Nach Austritt aus dem Kühlturm vermischt sich die mit Feuchtigkeit gesättigte erwärmte Kühlluft zusammen mit den von der Luftströmung mitgerissenem Wassertröpfchen, den Sprühverlusten, mit der Umgebungsluft, so dass es zur Ausbildung von sichtbaren Dampfschwaden kommt, siehe Abb. 3.68.

Der erforderliche Kühlwasserstrom zur Niederschlagung des Dampfes beträgt ca. das Fünfzigfache des Speisewasserstroms, bei einem 750 MW Kraftwerk sind dies ca. 24 m^3/s oder 88 000 m^3/h. Durch den Austrag als Dampfschwaden und durch Sprühverluste gehen davon im Kühlturm ca. 1,8 kg pro erzeugter kWh Strom des Kühlwassers verloren. Dieser Wasserverlust muss durch Zusatzwasser ersetzt werden. Wegen des hohen Wasserverbrauchs der Nasskühltürme wurde für aride Gebiete die Trockenkühlung, ebenfalls

Abb. 3.68 Schema einer Kreislaufkühlung mit Nasskühlturm. *1*: Rücklaufpumpe, *2*: Kondensator, *3*: Kühlturm, *4*: Kondensatpumpe, *5*: Zusatzwasser, *6*: Abschlämmung

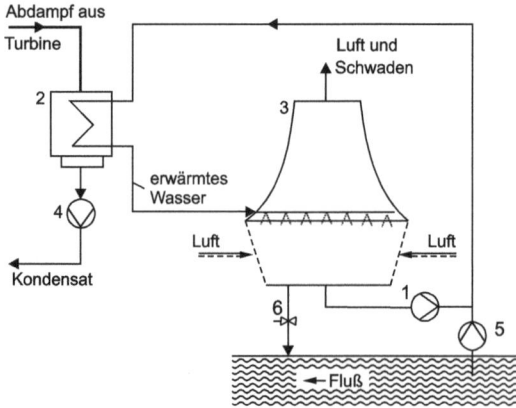

mit Naturzug-Kühltürmen, entwickelt. Dabei erfolgt Wärmeentzug des Rückkühlwassers durch Konvektion in Kühlelementen, die aus Rippenrohren aufgebaut und in die von Luft durchströmten Kühltürme eingebaut sind. Aus dem Kühlturm wird dann nur schwadenfreie Warmluft emittiert. Bei gleicher Kühlleistung haben Trockenkühltürme erheblich größere Abmessungen als Nasskühltürme, so dass sie nur in Gebieten mit Wassermangel eingesetzt werden, vgl. [136].

3.4.2.1 Stoffströme beim Betrieb eines Kraftwerks

Das wichtigste Maß für die Güte eines Kraftwerksprozesses ist sein thermischer Wirkungsgrad. Die Auslegung für einen unter den gegebenen Randbedingungen hohen Wirkungsgrad erfolgt dabei nicht nur aus Gründen der Wirtschaftlichkeit, er wirkt sich vielmehr auch auf die Menge der entstehenden Abfallstoffe aus. Je weniger Brennstoff man für eine vom Bedarf her vorbestimmte Jahresarbeit an Strom benötigt, desto weniger Asche, Rauchgas und Abwärme fallen an. Aus diesem Grunde wird zur Optimierung des thermodynamischen Dampfprozesses ein energiereicher Dampfzustand vor der Turbine, ein niedriger Kondensatordruck und eine optimale Gestaltung des Wasser-Dampfprozesses angestrebt.

Als Beispiel betrachten wir ein Kohlekraftwerk der 700 MW Klasse. In den 1980er Jahren wurden aus technischen und wirtschaftlichen Gründen folgende Dampfzustände und -massenströme festgelegt:

Speisewasser:	286 °C / 310 bar
Frischdampfzustand vor Turbine:	560 °C / 250 bar
ZÜ-Dampf:	560 °C / 60 bar
Frischdampfstrom:	616 kg/s
ZÜ-Strom:	543 kg/s
Kondensatortemperatur und -druck:	35 °C / 0,056 bar

3.4 Vierter Zeitabschnitt: Dampfkraftwerke und Umwelt

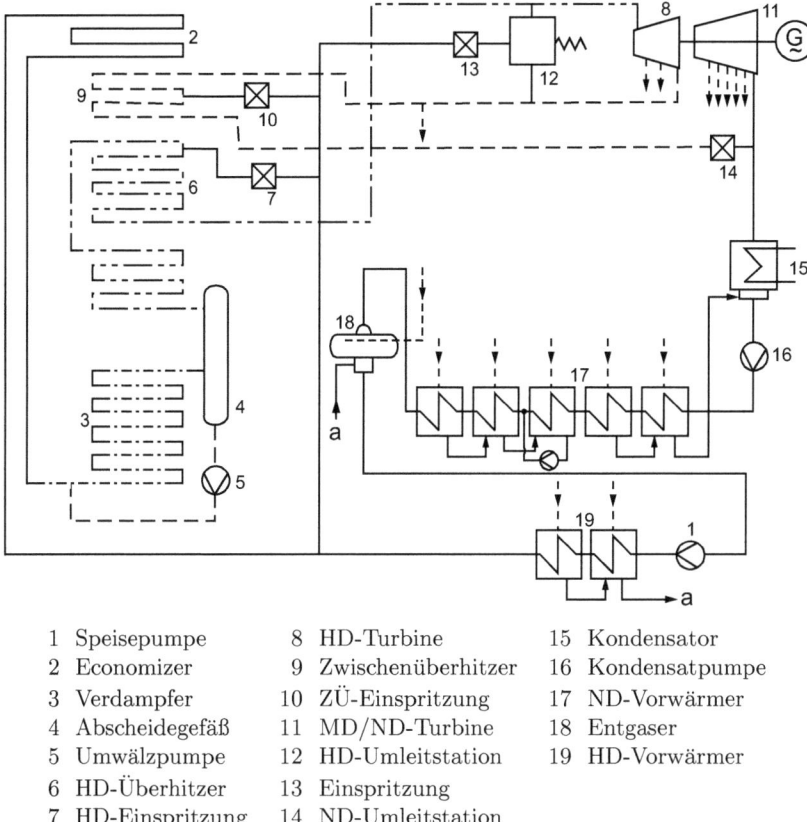

1	Speisepumpe	8	HD-Turbine	15	Kondensator
2	Economizer	9	Zwischenüberhitzer	16	Kondensatpumpe
3	Verdampfer	10	ZÜ-Einspritzung	17	ND-Vorwärmer
4	Abscheidegefäß	11	MD/ND-Turbine	18	Entgaser
5	Umwälzpumpe	12	HD-Umleitstation	19	HD-Vorwärmer
6	HD-Überhitzer	13	Einspritzung		
7	HD-Einspritzung	14	ND-Umleitstation		

Abb. 3.69 Blockschema einer 760-MW-Anlage

Das Wärmeschaltbild des Prozesses mit den wichtigsten Komponenten ist in Abb. 3.69 dargestellt. Das Schaltbild veranschaulicht, dass für die Durchführung des Kraftwerksprozesses die abgestimmte Funktion von verfahrenstechnischen, mechanischen und elektrotechnischen Komponenten vorausgesetzt wird. Die elektrische Leistung ist dabei nicht nur vom thermodynamischen Wirkungsgrad des Dampfprozesses abhängig, sondern auch von den Wirkungsgraden der Feuerung, des Kessels, der Turbine und des Generators; sie vermindert sich zusätzlich um den Kraftbedarf der Hilfsmaschinen.

Ein typischer 750 MW Kraftwerksblock hat nachstehende Leistungsdaten:

Feuerungsleistung:	1 683,0 MW
Wärmeleistung des Kessels:	1 600,0 MW
Leistung des Turbogenerators:	764,4 MW

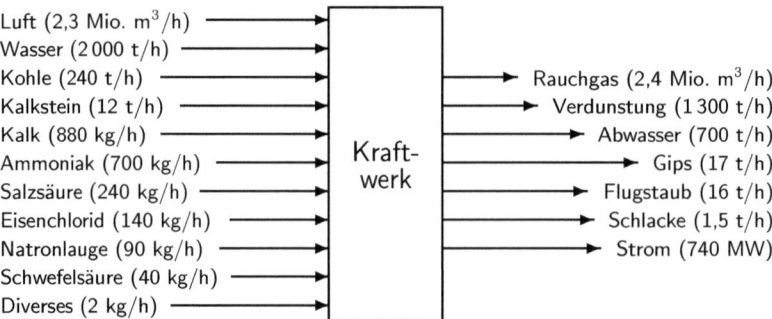

Abb. 3.70 Mengenströme bei einem steinkohlegefeuerten 700-MW-Kraftwerk. Kalkstein und Ammoniak sind zur Rauchgasreinigung notwendig, die anderen Chemikalien zur Wasseraufbereitung. Der Verdunstungsstrom entsteht im Nasskühlturm wie auch der größte Teil des Abwassers

Eigenbedarf der Anlage:

Kraftbedarf der Speise- und Kondensatpumpen:	28,7 MW
Eigenbedarf der Kesselanlage:	17,3 MW
Eigenbedarf der Rauchgaswäsche:	7,3 MW
Sonstiger Eigenbedarf:	1,3 MW
Transformatorverluste:	1,9 MW
Abgegebene Leistung:	708,1 MW

Hieraus ergibt sich ein Nettowirkungsgrad von 41,9 %. Der Wirkungsgrad moderner steinkohlegefeuerter Kraftwerke liegt bei Volllast im Bereich von 42–45 %. Pro kWh erzeugtem Strom werden dabei ca. 0,3 kg Steinkohle verbraucht, woraus sich eine Kohlendioxid-Freisetzung von 1 kg pro kWh Strom ergibt.

3.4.2.2 Weiterentwicklung des Kraftwerksprozesses

Es ist gut bekannt, dass der Wirkungsgrad der Dampfkraftwerke vom Niveau der zugeführten Hochtemperaturwärme und dem der abgeführten Niedertemperaturwärme abhängt. Um einen hohen Wirkungsgrad zu erreichen, ist die Eintrittstemperatur in die Turbine so hoch wie möglich zu wählen und die Austrittstemperatur niedrig zu halten. Bei ausgeführten Anlagen wird die maximal zulässige Eintrittstemperatur durch die Materialeigenschaften der für Kessel, Rohrleitungen und Turbinen verwendeten Stählen bestimmt. Dies hängt damit zusammen, dass bei den heute im Kraftwerksbau üblichen hohen Temperaturen ein gänzlich anderes Verhalten der Werkstoffe vorliegt, als es von mäßigen Temperaturen her bekannt ist. Der in der Elastizitätstheorie vorausgesetzte lineare Zusammenhang zwischen ertragener Spannung und Dehnung ist, wenn die Belastung über eine längere Zeit andauert, bei hohen Temperaturen nicht mehr gegeben, es treten vielmehr be-

3.4 Vierter Zeitabschnitt: Dampfkraftwerke und Umwelt

reits bei mäßigen Spannungen mit der Zeit zunehmende plastische Verformungen auf, die nach einer Entlastung nicht mehr zurückgehen. Dabei ändert sich der *Gefügezustand* des Stahls. Die Verwendung eines Bauteils, das bei hohen Temperaturen zum Einsatz kommt, muss daher nach der Zeitspanne bemessen werden, für die ein Versagen des Werkstoffes ausgeschlossen werden kann bzw. ein zulässiges Maß an plastischer Verformung noch nicht überschritten ist.

Wie alle Stähle bestehen auch die im Kraftwerksbau verwendeten hauptsächlich aus Eisen, anderen metallischen Elementen und nichtmetallischen Hilfsstoffen. In ihrem Gefüge sind sie ein Konglomerat aus kleinen und kleinsten Mischkristallen, die in ihren Grenzflächen durch eine „Zwischensubstanz" verkittet sind. Bei den heute üblichen Stählen unterscheidet man zwischen solchen mit ferritisch/martensitischem und solchen mit austenitischem Gefüge[49]. Bei Materialtemperaturen bis ca. 600 °C können ferritisch/martensitische Stähle verwendet werden, deren Einsatz in fossil beheizten Kraftwerken Stand der Technik ist. Für den Einsatz bei Temperaturen über 600 °C ist aus Festigkeits- bzw. Korrosionsgründen der Einsatz austenitischer Stahlsorten erforderlich. Da diese Materialien nur schwer zu bearbeiten und zu schweißen sind und ihr Preis außerdem um ein Vielfaches höher ist als der ferritischer Stähle, ist deren Einsatz auf besondere Fälle beschränkt. Bei Bauteilen mit hohen Betriebstemperaturen können neben den statischen und dynamischen Belastungen auch die *Wärmespannungen* zum Versagen eines Bauteils führen. Diese entstehen infolge von Temperaturänderungen von dickwandigen Bauteilen und dadurch verursachten Wärmedehnungen, vorwiegend beim An- und Abfahren sowie bei Laständerungen. Beim Überschreiten eines zulässigen Temperaturgradienten in einem Bauteil kann es dabei zu bleibenden Verformungen kommen. Im Vergleich zu ferritischen Stählen haben austenitische Stähle größere Wärmedehnungskoeffizienten und ein geringeres Wärmeleitvermögen, beides begünstigt das Entstehen von sogenannten Wärmespannungsrissen, was schließlich zum Versagen eines Bauteils führt.

Konkrete Schritte hin zur Entwicklung verbesserter Werkstoffe für Dampfkraftwerke wurden in den 1980er Jahren durch Studien des Electric Power Research Instituts (EPRI), einer Einrichtung der US-amerikanischen Kraftwerksbetreiber und des japanischen Electric Power Development Centers (EPDC) ausgelöst. Das Ergebnis der Studien waren Forschungsprogramme, die eine Erhöhung des Wirkungsgrades der Dampfkraftwerke zum Ziel hatten; finanziert wurden die Programme von staatlichen Stellen und den Kraftwerksbetreibern der beiden Länder [148], [142].

Im Mittelpunkt dieser Forschungsprogramme stand die Weiterentwicklung der bestehenden hochwarmfesten Stähle zur Herstellung von Kraftwerkskomponenten für

---

[49] Austenit, genannt nach dem englischen Forscher Sir William Chandler Austen (1843–1903). Austenitische Stähle enthalten große Anteile an Mangan, Nickel und Kobalt und nur diese Elemente machen einen Stahl austenitisch. Alle anderen Elemente machen einen Stahl „ferritisch". Austenitische Stähle sind hochwarmfest. Der erste Einsatz eines austenitischen Stahls in einem Kraftwerk erfolgte 1951 bei der Firma Bayer [147].

Dampfeintrittstemperaturen bis 1100 °F (593 °C), in Japan zusätzlich die Weiterentwicklung der austenitischen Stähle für Dampftemperaturen von 649 °C (1200 °F). Angeregt durch die amerikanisch/japanische Initiative wurde noch in den achtziger Jahren von europäischen Kraftwerks- und Stahlherstellern das Programm COST 501 aufgelegt, mit dem Ziel, ferritisch/martensitische Stähle für die Prozessparameter 300 bar, 620/650 °C zu entwickeln [127].

Mit den neuen Werkstoffen sollten die Kraftwerke der neuen Generation:

- eine Lebensdauer von mindestens 200 000 h haben
- im Mittel- und Spitzenlastbereich einsetzbar sein
- eine hohe Verfügbarkeit haben
- mit den bestehenden Kraftwerken konkurrieren können
- kurze Herstellungszeiten und lange Revisionsintervalle haben

Die in Japan zunächst betriebene Entwicklung von austenitischen Stählen für Dampftemperaturen von 650 °C wurden 1994 wieder eingestellt. Grund dafür war, dass bei einem Versuchskraftwerk geringer Leistung aufgrund von Lastschwankungen, wie sie beim Betrieb von kommerziellen Kraftwerken vorkommen, im HD-Rotor der Turbine Wärmespannungsrisse entstanden, die nur bei Verzicht auf eine flexible Fahrweise vermieden werden könnten. Die Spannungsrisse sind eine Folge der geringen Wärmeleitfähigkeit und der relativ großen Wärmeausdehnung austenitischer Stähle. Ähnliche Erfahrungen wurden in den 1960er Jahren auch in Deutschland mit austenitischen Stählen in Wärmekraftanlagen chemischer Fabriken gesammelt, vgl. [147], [143].

Damit bei Verwendung neuer Werkstoffe keine zusätzlichen Risiken entstehen, erfolgte die Weiterentwicklung und Qualifizierung der ferritisch/martensitischen Stähle durch das Studium der Wirkung von Hilfsstoffen wie Wolfram und Niob auf die Gebrauchseigenschaften der Kraftwerksstähle unter Nutzung fortschrittlicher Möglichkeiten zur Charakterisierung von deren Mikrostruktur [145]. Im Mittelpunkt der Untersuchungen stand die Ermittlung der Zeitstandfestigkeit im Temperaturbereich von 540 °C bis 650 °C im Rahmen von Langzeitversuchen über 50 000 bis 80 000 Stunden. Durch die Neuentwicklungen kamen zu dem schon oft verwendeten ferritisch/martensitischen Stahl X20 (X20CrMoV12 1) neue Stähle mit der Kennzeichnung P91, P92 und NF12, vgl. [129].

Die Abb. 3.71 zeigt, welchen Beitrag die Entwicklung der warmfesten Werkstoffe auf der Basis von Stahl für die Anhebung der Prozessparameter und damit für die Verbesserung des Wirkungsgrades leisten kann. Werkstoffe entsprechend dem P91 erlauben Frischdampfparameter von 270 bar und 580 °C/600 °C, die Weiterentwicklungen zu dem wolframlegierten Stahl NF12 sogar 300 bar und 625 °C/640 °C. Bei noch höheren Dampftemperaturen ist der Einsatz stahlbasierter Werkstoffe nicht mehr möglich. Herstellung, Verarbeitung und Erprobung von nickelbasierten Legierungen ist derzeit Thema der Forschung.

Abb. 3.71 Wirkungsgradsteigerung eines mit Steinkohle gefeuerten Kraftwerks; Werkstoffentwicklung und Optimierung der Komponenten

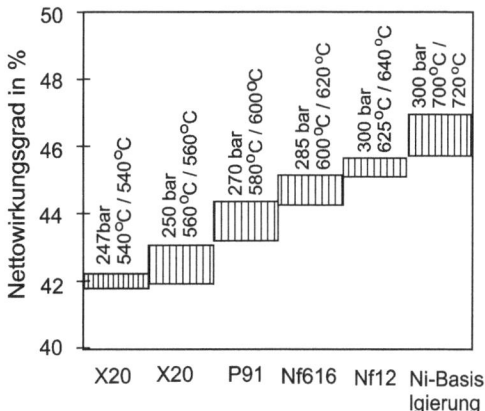

3.4.3 Die letzte Herausforderung für fossil gefeuerte Kraftwerke: CO_2-Sequestrierung

Die Notwendigkeit der CO_2-Sequestrierung kann mit einem Wort umschrieben werden: Kohle. Kohle setzt mehr CO_2 pro Energieeinheit frei als die anderen fossilen Brennstoffe, vgl. Abb. 3.72. Im Unterschied zu Erdöl und Erdgas, deren mit erprobten Verfahren gewinnbare Reserven schon zur Mitte des Jahrhunderts der Erschöpfung entgegengehen, reichen die kostengünstig abbaubaren Kohlevorräte noch länger. Es muss deshalb damit gerechnet werden, dass der Kohleverbrauch stärker als der Energieverbrauch zunehmen wird. Zudem sind die mit Kohle gefeuerten Dampfkraftwerke die zuverlässigsten und anpassungsfähigsten Anlagen der Energiewirtschaft. Ihre Perfektion hat heute einen solchen Grad erreicht, dass mit einem gewissen Recht von der Endphase ihrer Entwicklung gesprochen werden kann. Die Bestwerte der Nettowirkungsgrade steinkohlegefeuerter Dampfkraftwerke liegen bei 45 %, durch Steigerung der Frischdampf- und ZÜ-Temperatur auf 700/720 °C und des Frischdampfdruckes auf 30 MPa erscheinen allenfalls noch Nettowirkungsgrade von ca. 50 % bei Binnenlandkraftwerken mit Kühltürmen zur Ableitung der Kondensationswärme erreichbar, dies setzt allerdings die Verfügbarkeit von Nickel-Basislegierungen für die Endüberhitzer und Frischdampfleitungen voraus, deren Einsatzreife zur Zeit noch nicht gegeben ist. Kraftwerke mit der 700 °C Technologie werden deshalb voraussichtlich erst nach 2020 in Betrieb gehen. Wir müssen daher damit rechnen, dass der absehbare Mehrverbrauch an Brennstoff durch die mögliche moderate Steigerung der Wirkungsgrade nicht kompensiert werden kann, da der Ersatz der zur Zeit im Betrieb befindlichen Anlagen noch Jahrzehnte dauern wird.

Weltweit waren im Jahr 2011 ca. 4 500 mit Steinkohle oder Braunkohle gefeuerte Kraftwerksblöcke mit einer Nennleistung von rd. 2 700 GW im Betrieb, sie haben rd. 2/5 der verbrauchten Elektrizität erzeugt und ca. $12 \cdot 10^9$ t CO_2 pro Jahr emittiert. Die gesam-

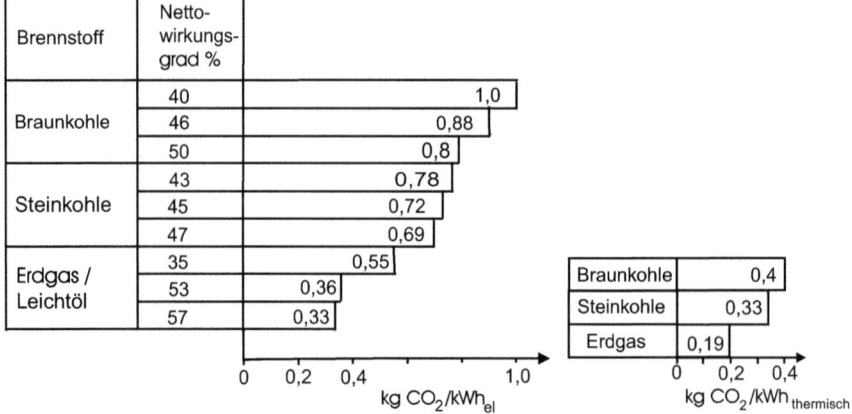

Abb. 3.72 *Linkes Teilbild*: CO_2-Emission von Dampfkraftwerken in Abhängigkeit von der Art des Brennstoffes und des Nettowirkungsgrades; *rechtes Teilbild*: Spezifische Emission dreier Brennstoffe

te durch die Nutzung fossiler Brennstoffe bedingte Emission von CO_2 lag 2012 bei rd. $32 \cdot 10^9$ t[50].

Aus der hohen Wahrscheinlichkeit einer weltweiten Klimaänderung durch den mit dem Energieverbrauch verbundenen CO_2-Ausstoß ergibt sich als letztes Problem für die Entwicklung der mit fossilen Brennstoffen gefeuerten Kraftwerke die Sequestrierung des bei der Verbrennung freigesetzten Kohlendioxids. Die technische Aufgabe besteht darin, das CO_2 aus den Rauchgasen abzutrennen, zu konditionieren, zu transportieren und langfristig sicher zu verwahren. Die hier dargelegten Überlegungen stützen sich auf die Studien [134], [139] und [149].

3.4.3.1 CO$_2$-Abtrennung und Speicherung

Verfahren zur CO_2 Abtrennung sind aus der chemischen Technik gut bekannt. Was aussteht, ist die Erprobung der geeigneten Verfahrensvarianten unter den Bedingungen des Kraftwerksbetriebs.

Für die folgenden drei Abtrennverfahren sind Demonstrationsanlagen in Planung:

- Abtrennung des CO_2 aus den Rauchgasen (*post-combustion process*)
- Verbrennung der Kohle mit weitgehend reinem Sauerstoff (O_2/CO_2 *recycle combustion*) und anschließender Abscheidung
- Kohlenstoff-Abtrennung vor der Verbrennung (*pre-combustion process*)

---

[50] Zum Vergleich: Der natürliche Kohlenstoffkreislauf, der Träger der Energie in der Biosphäre, hat eine Intensität von $77 \cdot 10^9$ t C pro Jahr, was einem CO_2 Kreislauf von rd. $280 \cdot 10^9$ t pro Jahr entspricht; in der Atmosphäre befinden sich rund $3\,000 \cdot 10^9$ t CO_2.
Bei Nutzung aller bekannten Brennstoffvorräte mit der gegenwärtigen Technik würde sich der CO_2 Gehalt der Atmosphäre vervierfachen.

3.4 Vierter Zeitabschnitt: Dampfkraftwerke und Umwelt   157

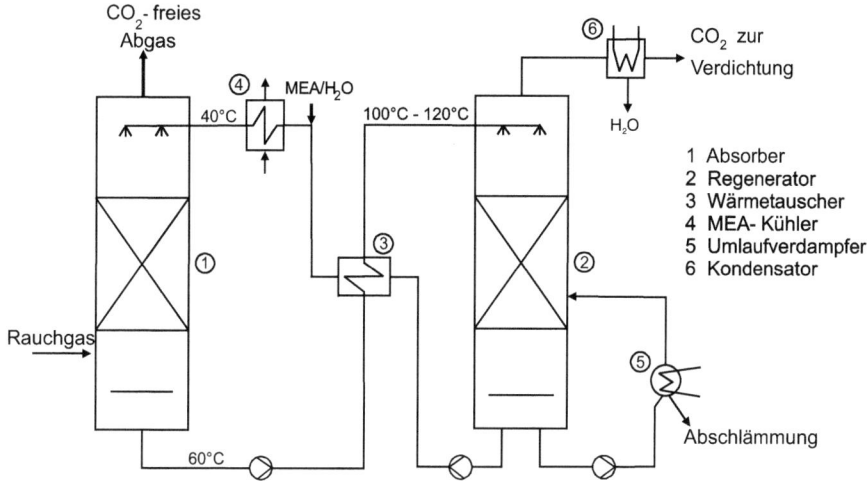

Abb. 3.73 MEA-Prozess zur CO_2-Abtrennung

3.4.3.2 Abscheideanlagen

Rauchgase kohlegefeuerter Kraftwerke bestehen zu ca. 80 % aus Stickstoff, 13 % Kohlendioxid und zu 7 % aus Wasserdampf. Die Abscheidung des Kohlendioxids mittels Gaswäsche beruht auf dem gut bekannten Prinzip der chemischen Absorption des CO_2 in einer Waschlösung, welche Amine oder andere Sorpentien enthält, und anschließender Desorption. Absorption und Desorption sind reversible Vorgänge: Zunächst erfolgt die Absorption bei einer Temperatur von ca. 40 bis 65 °C und daran anschließend die Desorption bei erhöhter Temperatur von 100 bis 120 °C oder/und erniedrigtem Druck, vgl. Abb. 3.73. Derzeit laufen intensive Studien zur Auswahl eines geeigneten Lösemittels basierend auf Alkanolaminen. Es werden Mischungen aus MEA (Monoethanolamin) und reaktionsbeschleunigenden Aktivatoren zur Abscheidung getestet [149]. MEA ist eine giftige, brennbare, korrosive, farblose Flüssigkeit, die durch Reaktion von Ethylenoxid mit Ammoniak dargestellt wird.

Für die Absorption/Desorption des CO_2 durch MEA gilt die Reaktionsgleichung:

$$C_2H_4OHNH_2 + H_2O + CO_2 \rightleftharpoons C_2H_4OHNH_3^+ + HCO_3^-. \tag{3.4}$$

Zur Regenerierung wird die Temperatur des Lösungsmittels um 40 bis 80 °C erhöht, der erforderliche Wärmestrom für den Umlaufverdampfer, der einem elektrischen Energiebedarf von rd. 0,28 bis 0,35 kWh/kgCO_2 entspricht, wird am günstigsten durch Anzapfdampf bereitgestellt, geht damit aber dem Kraftwerksprozess verloren; dieser Wärmebedarf ist der Hauptgrund für die Verschlechterung des Anlagenwirkungsgrades. Das in Rede stehende Abscheideverfahren wird bereits im kleineren Maßstab in Raffinerien und in der chemischen Industrie eingesetzt und hat sich dort technisch bewährt. Jedoch sind die dort behandelten Gasströme noch um den Faktor 10 kleiner als die in einem 800

MW Kohlekraftwerk; sie sind zudem frei von Verunreinigungen, die bei kohlegefeuerten Anlagen immer präsent sind. Vor einem Einsatz für Kraftwerke müssen deshalb noch Verfügbarkeit und Wirkungsgrad der Abtrennung unter Kraftwerksbedingungen in Pilotanlagen demonstriert werden. Nachteile des Verfahrens sind der hohe Energiebedarf für die Regenerierung und die Notwendigkeit, einen großen Lösungsmittelstrom umzuwälzen. Die Anstrengungen um eine Verbesserung dieses Verfahrens konzentrieren sich auf die energetische Integration in den Kraftwerksprozess und die Optimierung der Lösungsmittel.

Alternative Varianten für die CO_2-Abscheidung, die aber als weniger geeignet erscheinen, sind die Adsorption an Aktivkohle oder Kalkstein und das Ausfrieren. In der Entwicklung befinden sich ferner Membranverfahren, bei denen eine Gaskomponente durch eine Membran diffundieren kann und so abgeschieden wird, vgl. [134] und [139].

Im Prinzip wäre die CO_2-Wäsche auch ohne Chemikalieneinsatz mit Wasser möglich. Wegen der geringeren Löslichkeit des CO_2 in Wasser ist dann die erforderliche Wassermenge, die zur Aufnahme des CO_2 umzuwälzen ist, um ca. den Faktor 10 größer als die Lösungsmittelmenge bei der MEA-Wäsche. In der Summe führt dies zu einem höheren Energieaufwand und, wegen der dann größeren Abmessungen der erforderlichen Apparate, zu höheren Investitionen.

Beispiel
Für einen mit Steinkohle gefeuerten 800 MW Kraftwerksblock wäre für eine 90 %ige CO_2 Abscheidung bei einer Beladung des Lösungsmittels von $\sim 0{,}5$ Mol CO_2 pro Mol MEA ein Lösungsmittelstrom ($\sim 80\%$ H_2O, 20 % MEA) von ca. 6 000 t/h erforderlich. Durch den Energieaufwand für Regenerierung und Umwälzung vermindert sich die Nettoleistung des Kraftwerksblocks um rd. 148 MW. Zu berücksichtigen ist ferner noch der Leistungsaufwand von rd. 64 MW für die CO_2 Verflüssigung, damit resultiert eine Nettoleistung auf 588 MW. Der Wirkungsgrad reduziert sich von 42,5 % auf 31,2 %, er hängt wesentlich von der Art der Energieintegration des Wäschers in den Kraftwerksprozess ab.

Die bei Volllast pro Stunde abgeschiedene CO_2 Menge von 576 t ist um den Faktor 2,6 größer als die für den Betrieb des Kraftwerks erforderliche Kohlemenge.

3.4.3.3 Verbrennung mit Sauerstoff

Bei dieser Art der Verbrennung, die in der Literatur als *Oxyfuel combustion* bezeichnet wird, erfolgt die Verbrennung des kohlenstoffhaltigen Brennstoffs in einer stickstoff-freien Atmosphäre. Damit verkleinert sich der Rauchgasstrom und vereinfacht sich die Abtrennung des CO_2. Da aber eine Verbrennung mit reinem Sauerstoff zu nicht beherrschbar hohen Verbrennungstemperaturen führen würde (ca. 3500 °C), wird beim Oxyfuel-Prozess ein Teil der Verbrennungsgase zurückgeführt, vgl. Abb. 3.74 und [130]. Durch diese Maßnahme kann die Verbrennungstemperatur auf 1700–1900 °C begrenzt werden, was den Temperaturen in den Brennkammern heutiger Kohlekessel entspricht. Die entstehenden Verbrennungsprodukte bestehen dann im wesentlichen nur noch aus CO_2 ($\approx 90\%$), einem kleinen Teil Wasserdampf und Verunreinigungen wie SO_x, dem sogenannten Brennstoff-NO_x sowie der Asche. Das den Kessel verlassende Gas kann dann nach Staubabscheidung

3.4 Vierter Zeitabschnitt: Dampfkraftwerke und Umwelt   159

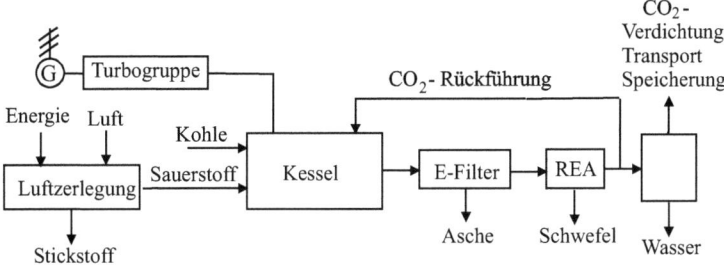

Abb. 3.74 Schema eines Kraftwerks mit Verbrennung in einer O_2/CO_2 Atmosphäre und CO_2 Abtrennung (Oxyfuel-Prozess)

und Rauchgaswäsche zur Abscheidung von SO_x und NO_x in einem nachgeschalteten Kondensator in die Komponenten H_2O und CO_2 getrennt werden.

Zur Bereitstellung des Sauerstoffs stehen bereits gut entwickelte Luftverflüssigungsanlagen zur Verfügung; im industriellen Einsatz sind bereits Anlagen mit einer Kapazität von 200 Tonnen O_2/h, was dem Verbrauch eines 300 MW Kohlekraftwerks entspricht. Der Nachteil dieser Anlagen besteht in dem hohen energetischen Aufwand für die Bereitstellung des Sauerstoffs in Höhe von ca. 250 kWh/Tonne O_2. Inklusive der CO_2-Verdichtung vermindert sich dadurch der Netto-Wirkungsgrad kohlegefeuerter Anlagen um ca. 8 bis 10 %-Punkte. In [123] wird über eine Studie zur CO_2-Abscheidung bei einem mit Braunkohle gefeuerten 865 MW Kraftwerksblock nach dem Oxyfuel-Verfahren berichtet, danach verminderte sich die Nettoleistung um 175 MW und der Wirkungsgrad um 8,6 %-Punkte auf 34 %.

Die noch zu lösenden Aufgaben betreffen die Ausgestaltung der Feuerung und der Brenner sowie die Abdichtung des gesamten Kessels gegen Lufteinbrüche, die zu einer Verdünnung des CO_2 im Rauchgas führen würden. Zudem bestehen keine Erfahrungen bezüglich des Werkstoffverhaltens in einer CO_2-reichen Atmosphäre. Eine noch zu entwickelnde Komponente ist ferner das Hochtemperaturgebläse für die erforderliche Rezirkulation des Rauchgases.

3.4.3.4 Brennstoffumwandlung

Ziel ist es, den Kohlenstoff vor der Verfeuerung, z. B. mittels Vergasung und Trennprozessen, zu entfernen. Bei der Druckvergasung mit Sauerstoff und Wasserdampf kann die Kohle in ein wasserstoffreiches Synthesegas umgewandelt werden, das den Kohlenstoff nur noch in Form von CO_2 enthält. Dies kann durch eine an die Vergasung anschließende Dampfreformierung bzw. eine Wassergas-Reaktion erreicht werden:

$$C_x H_y + x\,H_2O \rightleftharpoons x\,CO + (x + y/2)\,H_2 \qquad (3.5)$$

$$C_x H_y + (x/2)\,O_2 \rightleftharpoons x\,CO + (y/2)\,H_2 \qquad (3.6)$$

$$CO + H_2O \rightleftharpoons CO_2 + H_2 \qquad (3.7)$$

Nach einer Gasreinigung (Entstaubung, Entschwefelung) trennt ein Absorber das CO_2 vom H_2 ab. Der verbleibende Wasserstoff wird verbrannt und der dabei entstehende Wasserdampf in einer Turbine entspannt. Auch bei dieser Ausführung vermindert sich der Wirkungsgrad infolge der CO_2-Abscheidung. Je nach Prozessdesign werden Nettowirkungsgrade zwischen 35 und 40 % erreicht.

Die Kombination einer Vergasungsanlage mit einem Kraftwerk erlaubt eine thermodynamisch besonders günstige Ausgestaltung. Wir werden darauf bei der Behandlung der Gasturbinen-Kraftwerke zurückkommen.

3.4.3.5 Transport, Speicherung, Risiken

Bei allen Varianten muss das gasförmige CO_2 nach der Abscheidung transportfähig konditioniert und sicher gelagert werden. Da sein kritischer Punkt bei 31 °C und 73 bar liegt, wird der zur Deponierung anstehende CO_2-Strom zur Verringerung seines Volumens in den überkritischen Zustand gebracht und kann dann in flüssiger Phase in Kesselwagen oder Pipelines transportiert werden. Die zur Entsorgung anfallenden CO_2-Mengen sind so mächtig, dass Nutzungsmöglichkeiten, z. B. in der chemischen Industrie, nicht ins Gewicht fallen. Es besteht somit keine Alternative zur Deponierung.

Möglichkeiten zur CO_2 Einspeicherung bieten die porösen Gesteinsschichten weitgehend ausgebeuteter unterirdischer Lagerstätten fossiler Brennstoffe. Das mit hohem Druck im flüssigen Zustand injizierte CO_2 verdrängt noch in den Poren verbliebene Reste, so dass zusätzliches Erdgas und Öl gewonnen werden kann. Als Speicher bieten sich auch mit Salzwasser gefüllte unterirdische Bodenschichten (Aquifere) und die tiefsten Stellen der Ozeane an, vgl. [124], [141], [146].

Die Frage nach der Zuverlässigkeit der Einspeicherung von gewaltigen Mengen in unterirdischen Lagern ist noch nicht beantwortet: Wir wissen nicht, ob diese Reservoire wirklich dicht sind bzw. mit welcher Rate das CO_2 eventuell entweichen kann.[51] Dabei ist klar, dass die Reservoire das CO_2 nicht für alle Zeit einschließen werden. Die Verweilzeit im Speicher müsste aber lang genug sein, damit der natürliche Kohlenstoffkreislauf die atmosphärische Störung durch die industrielle CO_2 Emission wieder auf das Niveau der vorindustriellen CO_2-Konzentration reduzieren kann.

Die Ozeane der Erde enthalten etwa 50-mal soviel Kohlenstoff wie die Atmosphäre. Schon immer haben die Ozeane einen Teil des emittierten Kohlendioxids aufgenommen, denn die Konzentrationen im Meerwasser und der Atmosphäre sind nicht im Gleichgewicht. Der Grund dafür ist die lange Mischungszeit von ca. 1000 Jahren zwischen dem

---

[51] Das CO_2 ist Teil des Energiekreislaufs der Biosphäre, es ist überall präsent und in geringen Mengen für luftatmende Lebewesen unschädlich, hoch konzentriert wirkt es aber erstickend. Das potentielle Risiko eines CO_2-Speichers besteht deshalb nicht in einer geringen Leckage, sondern im plötzlichen Ausbruch großer Mengen. Beispiel für die Gefährlichkeit eines plötzlichen CO_2 Ausbruchs ist ein Naturereignis, das sich 1986 am Nyos-See in Kamerun ereignete. Durch eine tektonische Störung wurden aus dem See, der den Krater eines vor geologischen Zeiten erloschenen Vulkans ausfüllte, einige 100 000 m³ CO_2 frei. Das Kohlendioxid, das eine höhere Dichte als Luft hat, floss durch zwei Täler bergab, es erstickte 1746 Menschen und viele Tiere [131].

3.4 Vierter Zeitabschnitt: Dampfkraftwerke und Umwelt

oberflächennahen Wasser der Ozeane und dem Wasser der Tiefsee. Die geologische Lagerung von CO_2 ist demnach nur dann sinnvoll, wenn eine Verweilzeit von mehreren Jahrtausenden erreicht werden kann.

Die Aufnahme von CO_2 im Meerwasser erfolgt durch Auflösung von Meerescarbonat, denn im Wasser gelöstes Kohlendioxid bildet Kohlensäure:

$$CO_2 + H_2O \rightarrow H_2CO_3 \rightleftharpoons 2H^+ + CO_3^{2-} \quad (3.8)$$

Die Kohlensäure reagiert ihrerseits mit dem Calciumcarbonat:

$$CaCO_3 + H_2CO_3 \rightarrow Ca^{2+} + 2HCO_3^- \quad (3.9)$$

Gemäß Gl. 3.9 wirkt die Anwesenheit von Calciumcarbonat ($CaCO_3$) der Versauerung durch die bei der Lösung des CO_2 im Wasser nach Gl. 3.8 frei werdenden Protonen (H^+ Ionen) entgegen. Das Calciumcarbonat im Meerwasser stammt im Wesentlichen aus Sedimenten, die am Meeresboden lagern und durch Wirbelströmungen im Wasser verteilt werden. Die Entsäuerung gemäß Gl. 3.9 ist deshalb ein langsam ablaufender Prozess.

Die Versauerung des Meerwassers schädigt aber auch die kalkschalenbildenden Lebewesen der Meere, u. a. Schildkröten, Schnecken, Korallen etc., deren Fähigkeit, sich Schutzhüllen zu bilden, mit abnehmendem pH-Wert nachlässt. Eine Möglichkeit, eine Versauerung der Meere durch CO_2 zu vermeiden, besteht darin, das CO_2 in Sedimente unterhalb des Meeresbodens einzubringen. Nach den gegenwärtigen Kenntnissen würde sich dabei das CO_2 nicht mit dem Wasser mischen, sondern bei Temperaturen unter 10 °C zusammen mit der Porenflüssigkeit als festes Hydrat vorliegen, vgl. [137]. Trotz möglicher höherer Kosten kann es sein, dass dieser Ansatz zielführender ist als eine terristische Lagerung. Denn es sind keine aufwendigen Überwachungseinrichtungen erforderlich und auch eine mögliche Leckage hätte geringere Schäden zur Folge.

Seit der Verabschiedung des Kyoto-Protokolls zur Ausgestaltung der Klimarahmen-Konvention der Vereinten Nationen im Dezember 1997 wird mit einigen Projekten die prinzipielle Durchführbarkeit der CO_2 Deponierung im Pilotmaßstab erprobt. In Europa gibt es bereits ein realisiertes Projekt zur CO_2-Speicherung, seit 1996 wird von der norwegischen Firma Statoil jährlich eine Menge von 10^3 t CO_2, das bei der Aufbereitung von Erdgas im Sleipner-Feld vor der Küste Norwegens anfällt, in eine Salzwasser führende Schicht unterhalb der Gaslagerstätte verpresst, ähnliche Projekte werden auch in Kanada und Algerien ausgeführt[52]. Die bereits bekannt gewordenen Ergebnisse belegen, dass die Verfahrenstechnik für die CO_2-Speicherung im Prinzip verfügbar ist. Offen ist die Frage der Sicherheit. Zur Klärung werden im Rahmen der europäischen Forschungsprojekte *Castor* (CO_2 from Capture to Storage) und CO_2 *GeoNet* (Netzwerk europäischer Forschungszentren) umfangreiche Untersuchungen durchgeführt und es sind weitere Demonstrationsprojekte zur CO_2 Einspeicherung geplant. So sollte ab 2010 ein CO_2-Speicherprojekt des GFZ (Geoforschungszentrum Potsdam) in Ketzin, Brandenburg, mit

---

[52] Zum Vergleich: Um auch nur 3 % des im Jahr 2010 global emittierten CO_2 einzuschließen, müssten 915 Mio t verpresst werden.

Mitteln der EU durchgeführt werden. Im ebenfalls EU finanzierten Projekt RECOPOL sollten ab 2006 täglich bis zu 20 t Kohlendioxid tausend Meter tief in Kohleflöze des schlesischen Kohlebeckens eingepresst werden. Neben der technischen sollte auch die wirtschaftliche Machbarkeit untersucht werden; beide Projekte wurden aufgrund des Widerstands der davon betroffenen Bevölkerung 2009 abgebrochen und bisher nicht wieder aufgenommen.

Auch in den Vereinigten Staaten wurde bis 2012 noch keine große Anlage zur CO_2 Einspeicherung ausgeführt. Dort wurde aber in Port Arthur, Texas, ein Projekt zur Verpressung von einer Mio t CO_2, das aus den Abgasen eines Kraftwerks gewonnen wird, in die poröse, ölhaltige Bodenschicht eines dortigen Ölfeldes eingeführt. Ziel ist es, den Anteil des aus der Bodenschicht förderbaren Öls zu erhöhen.

Beispiel: CO_2 Anfall in einem Kraftwerk
Bei einem mit Steinkohle gefeuerten 800 MW Kraftwerksblock, der 8 000 Stunden im Jahr mit Volllast betrieben wird, fallen pro Jahr rd. $5{,}6 \cdot 10^6$ t CO_2 an. Unter einem Druck von 100 bar und bei 20 °C nimmt diese Menge ein Volumen von $6{,}5 \cdot 10^6$ m^3 ein. Zur Speicherung könnte diese Menge in Kraftwerksnähe in wasserführende Bodenschichten (Aquifere) in ca. 2 000 bis 3 000 m Tiefe verbracht werden. Es ist bekannt, dass poröse, wasserführende Schichten in diesen Tiefen, die Dicken von 40 m und eine horizontale Ausdehnung von mehreren Quadratkilometern haben können, weit verbreitet sind und meist keine Verbindung zu den Grundwasserspeichern haben, aus denen wir unser Trinkwasser beziehen.

Wenn die ursprünglich mit Wasser gefüllten Poren einer derartigen Schicht ca. 20 % des Gesamtvolumens ausmachen und das CO_2 die Hälfte dieses Wassers unter hohem Druck verdrängen kann, beträgt die Speicherfähigkeit eines Aquivers von 40 m Höhe und 40 km^2 Ausdehnung ca. $160 \cdot 10^6$ m^3. Damit könnte das gesamte vom Kraftwerk freigesetzte CO_2 für ca. 30 Jahre aufgenommen werden.[53]

Beispiel: Entfernung von CO_2 aus der Atmosphäre
Falls es mit den zu entwickelnden Techniken zur Speicherung gelingt, das CO_2 für lange Zeit, d. h. für immer, von der Atmosphäre fernzuhalten, könnte man auf die Idee kommen, damit den CO_2 Anteil in der Atmosphäre zusätzlich zu vermindern. Dazu müsste die Energiefreisetzung durch Verbrennung von Biomasse erfolgen, kombiniert mit CO_2-Sequestierung und pflanzlichen Kulturen.

Im ersten Schritt würden die Pflanzen mittels Photosynthese aus der Atmosphäre CO_2 entnehmen und in Biomasse umwandeln. Im zweiten Schritt wird dann die in die Pflanzen eingespeicherte Energie durch Verbrennung in Nutzenergie überführt. Die freigesetzte CO_2 Menge wird sodann sequestriert und ist damit der Atmosphäre entzogen.

Pflanzen nutzen ca. 1 % der einfallenden Sonnenenergie zur Photosynthese und erzeugen damit ca. 2,5 kg frischer Biomasse pro Jahr und m^2 Boden. Durch Entfernen des intrazellulär gebundenen Wassers kann daraus etwa 1 kg Trockenmasse mit einem Heizwert von $\sim$ 20 MJ gewonnen werden. Würden 10 % der Fläche der Bundesrepublik, rd. $35\,702 \cdot 10^6$ m^2, für Energiepflanzen zur Verfügung gestellt, so könnte pro Jahr eine Energiemenge von rd. $24 \cdot 10^6$ t SKE gewonnen werden, dies entspricht ca. 5 % unseres Energiebedarfs per anno.

---

[53] In der Bundesrepublik werden pro Jahr (2009) ca. 0,8 Gt Kohlendioxid in die Atmosphäre abgegeben, davon werden ca. 40 % von den mit fossilen Brennstoffen gefeuerten Kraftwerken emittiert. Zum Vergleich: Das Speichervolumen der ausgebeuteten deutschen Erdgasfelder wird auf ca. 2,5 Gt veranschlagt und das der Aquifere auf ca. 30 Gt.

3.4.3.6 Entwicklungsstand der CO_2 Sequestrierung

Bei kohlegefeuerten Dampfkraftwerken kann der Wirkungsgrad durch Anhebung der Frischdampftemperatur auf 700 °C und des Frischdampfdrucks auf 350 bar auf ca. 50 % erhöht werden. Gegenüber dem gegenwärtigen Durchschnitt der europäischen Kohlekraftwerke würde sich dadurch die CO_2-Emission von 930 g/kWh auf 680 g/kWh vermindern. Eine darüber hinaus gehende Reduktion der CO_2-Emissionen durch eine weitergehende Optimierung des Dampfkreislaufes und einer damit einhergehenden Verbesserung des Wirkungsgrades ist auf absehbare Zeit nicht zu erwarten. Zur Erreichung einer Reduktion auf Werte um 100 g/kWh wird man um die Anwendung von Verfahren zur CO_2 Abscheidung und Sequestrierung nicht herumkommen.

Die Abtrennung des CO_2 aus den Rauchgasen kohlegefeuerter Kraftwerke wäre, wenn auch zu hohen energetischen Kosten, technisch möglich; allerdings liegen dafür zur Zeit (2013) keine Erfahrungen im großtechnischen Maßstab oder in großen Pilotanlagen vor. Die CO_2-Abscheidung und der Oxyfuel-Prozess werden zur Zeit in Kleinanlagen mit 30 MW Feuerleistung erprobt. Dabei sind keine unerwarteten Effekte bekannt geworden.

Da Kohlekraftwerke für eine Lebensdauer von ca. 40 Jahren ausgelegt werden und sich in dieser Zeitspanne amortisieren müssen, sind für die Planung eines Kraftwerks mit CO_2 Sequestrierung die genaue Kenntnis des Betriebsverhaltens, der Kosten aller Kraftwerkskomponenten und der Betriebsbedingungen unumgänglich. Für steinkohlegefeuerte Kraftwerke wird der Aufwand für die Anlagen zur CO_2-Abtrennung auf ca. 450 € pro kW installierter Kraftwerksleistung veranschlagt; hinzu kommt noch der Platzbedarf, der in etwa ebenso groß ist wie die Stellfläche heutiger Kraftwerke samt Rauchgasreinigung. Außerdem ergeben sich Zusatzkosten für Transport und Speicherung. Anlagen mit CO_2-Sequestrierung werden im Vergleich zu herkömmlichen Kraftwerken voraussichtlich doppelt so hohe Stromgestehungskosten haben.

Für die sichere Deponierung der in Großfeuerungen anfallenden CO_2 Mengen besteht die Hoffnung, dass sich die bestehenden Möglichkeiten (Aquifere, Kohleflöze, Gas- und Ölfelder, Tiefsee) zur sicheren und ökologisch akzeptablen Endlagerstätten entwickeln lassen. In Anbetracht des Energiehungers der modernen Gesellschaften und der Klimaprobleme könnte die CO_2 Sequestrierung die einzige verbliebene Chance für die Zulässigkeit der weiteren Nutzung unserer in großen Mengen vorhandenen und kostengünstig zu gewinnenden Kohlevorräte sein. Der deutsche Anteil an den weltweiten CO_2-Emissionen betrug im Jahr 2012 rd. 3 %, etwa 1/3 davon entfiel auf die Kraftwerke.

3.4.4 Grenzen für die Nutzung fossiler Energiequellen

Wie bei allen Produktionsprozessen fallen auch bei der Stromerzeugung mit fossilen Brennstoffen Abfälle an. Es entsprach über lange Zeit der Erfahrung, dass Abfallstoffe in die natürlichen Stoffkreisläufe abgegeben werden können. Wir hatten angenommen, dass sich die Rauchgase mit all ihren Bestandteilen mit der Luft vermischen und die uns umgebende Natur mit dem Eintrag fertig wird. Lange haben wir ignoriert, dass es dafür Belastungsgrenzen geben könnte.

Unsere Erde ist von der Lufthülle umgeben. Diese schützt uns vor der Kälte des Weltraums ebenso wie vor der Hitze der Sonne. Sie transportiert und verteilt Feuchtigkeit und Energie, verdünnt und verteilt Schadstoffe. Über jedem cm^2 der Erdoberfläche steht etwa ein kg Luft, ihre Gesamtmasse beträgt $4\pi R^2$ [cm^2]1 [kg/cm^2] $= 4\pi (6{,}378 \cdot 10^8)^2 \cdot 1\,kg = 5{,}11 \cdot 10^{18}$kg $\sim 5\,000$ Billionen Tonnen.

Chemisch besteht trockene Luft zu 99,96 Volumenprozenten aus nur drei Gasen: Stickstoff N_2 (78,08 %), Sauerstoff O_2 (20,95 %) und dem Edelgas Argon Ar (0,93 %). Dazu kommen noch einige Spurengase, deren Anteil nicht mehr in Volumenprozenten, sondern in ppm (part per million) angegeben wird, wobei 1 ppm 0,0001 % entspricht.

3.4.4.1 Ozon, ein seltenes, aber besonderes Spurengas

Ozon, das dreiatomige Molekül O_3 des Sauerstoffs, entsteht in der äußeren Atmosphäre, der Stratosphäre, die bis 50 km hoch reicht, aus Sauerstoffmolekülen unter der Einwirkung des ultravioletten Anteils der Sonnenstrahlung. Nach einem von Sydney Chapman[54] 1930 vorgeschlagenen Prozess zerlegt harte UV-Strahlung mit einer Wellenlänge unter 240 nm Sauerstoffmoleküle in zwei Sauerstoffatome[55]:

$$O_2 + h\nu \rightarrow 2\,O$$

Die entstandenen Sauerstoffatome reagieren nicht mit den zahlreichen, aber trägen Stickstoffmolekülen N_2, sondern mit den Sauerstoffmolekülen O_2 zu Ozon O_3:

$$2\,(O_2 + O) \rightarrow 2\,O_3$$

Grob gesehen bleibt die Ozonmenge in der Stratosphäre konstant, da auch Abbauprozesse ablaufen:

$$O_3 + O \text{ (atomarer Sauerstoff)} \Longrightarrow 2\,O_2$$

Mit zunehmender O_3 Dichte wird die aufbauende Reaktion langsamer, die abbauende dagegen schneller.

Etwa gleichzeitig mit Chapman entwickelte Gordon Dobson[56] den nach ihm benannten Spektrographen zur Messung der Ozon-Gesamtmenge in der Luftsäule senkrecht über dem Messinstrument. Das Messinstrument besteht aus einem Photometer, das Sonnenlicht in mehreren nebeneinander liegenden Wellenlängenbereichen misst. Er konnte nachweisen, dass die Aufteilung der empfangenen Lichtmenge auf diese Wellenlängenbereiche mit der Gesamtmenge des Ozons zwischen Instrument und Sonne, also zwischen der

---

[54] Sydney Chapman (1889–1976), britischer Physiker und Mathematiker.
[55] In der Formel ist h die Plancksche Konstante, ν die Frequenz des spaltenden UV-Lichts und das Produkt dessen Energie.
[56] Gordon Miller Bourne Dobson (1889–1976), britischer Meteorologe, war ein Pionier der Stratosphären- und Ozon-Forschung.

3.4 Vierter Zeitabschnitt: Dampfkraftwerke und Umwelt

Unter- und Obergrenze der Atmosphäre, zusammenhängt. Bei geschickter Anwendung des Instruments lassen sich auch Anhaltspunkte für die Abhängigkeit der Ozonkonzentration von der Höhe gewinnen. Es wurde gefunden, dass die Ozon-Konzentration mit zunehmender Höhe ansteigt. Beginnend mit ~ 10 ppb (part per billion) am Boden, erreicht die Konzentration in einer Höhe zwischen 25 und 35 km einen Maximalwert von 6 bis 8 ppm (part per million).

Ozon hat die Fähigkeit, den Anteil der ulravioletten Strahlung (UV-Strahlung) des Sonnenlichts im Wellenlängenbereich zwischen 200 nm (Nanometer) und 300 nm wirksam zu absorbieren, d. h. ihr Vordringen bis zur Erdoberfläche wirksam zu verhindern. UV-Strahlen mit einer Wellenlänge < 200 nm werden von O_2, N_2 bereits in Höhen > 50 km absorbiert. Die Bedeutung des Ozons für das Leben auf der Erde ist verbunden mit der Fähigkeit des UV-Lichts, Wassermoleküle zu zersetzen. Deshalb wären ohne den Ozon-Schutzschild Pflanzen und Lebewesen auf den Kontinenten in ihrem Wachstum gehemmt bzw. in ihrer Existenz gefährdet.

Messungen mit dem Dobson-Spektrographen ergaben, dass die Ozonkonzentration, die örtlich und jahreszeitlich stark variiert, im Durchschnitt um 30 % geringere Werte ergaben. Es musste noch andere Reaktionen geben, die Ozon abbauen. Eine solche Reaktion fand 1970 der Atmosphärenchemiker Paul Crutzen[57]; er erkannte, dass der gesuchte Abbauprozess ein chemischer Kreisprozess mit NO als Katalysator ist:

$$NO + O_3 \rightarrow NO_2 + O_2 \tag{3.10}$$

$$O + NO_2 \rightarrow NO + O_2 \tag{3.11}$$

netto: $O + O_3 \rightarrow 2 O_2$.

Seit im großen Stil fossile Brennstoffe verbrannt werden, wird dieser Prozess durch die dabei freigesetzten Stickoxide NO_x gefördert, die als Stickstoffmonoxid NO mit den Rauchgasen emittiert werden. Vom atmosphärischen Sauerstoff wird das NO zu dem braunen Stickstoffdioxid NO_2 oxidiert, trägt in trockenen Gegenden zur Bildung des Sommersmogs bei; im feuchten Klima löst sich ein Teil davon in Wasser und trägt zum sauren Regen bei. Ein Teil der NO_2 Moleküle wird durch Diffusion in den äußeren Rand der Atmosphäre gelangen, dort erfolgt die Zersetzung durch die Energie ($h\nu$) der Sonnenstrahlung:

$$NO_2 + h\nu \rightarrow NO + O \tag{3.12}$$

Mit dem so gebildeten NO kann der chemische Kreisprozess mit den Reaktionen Gl. 3.10, 3.11 und 3.12 beginnen.

Neben den Stickoxiden gibt es noch andere Stoffe, die den Prozess noch weit wirksamer katalysieren: die berüchtigten FCKW's, die Fluorchlorkohlenwasserstoffe. Sie kommen zwar in der Atmosphäre nur im ppb Bereich vor, sind aber um Größenordnungen

---

[57] Paul Josef Crutzen (*1933 Amsterdam), niederländischer Meteorologe, Nobelpreis für Chemie 1995.

wirksamer als NO_x. FCKW's sind Gase, die in der Natur nicht vorkommen, sie sind chemisch träge und daher für jegliches Leben gänzlich ungiftig, sie sind völlig geruchlos, für Werkstoffe in keiner Weise korrosiv und lassen sich für zahlreiche Anwendungen nutzen. Sie ersetzten das giftige Ammoniak als Kühlmittel in Kälte- und Klimaanlagen, machten den Bau von Haushaltskühlschränken möglich, wurden das Treibgas für Spraydosen und fanden Anwendung als Lösungs- und Reinigungsmittel in der Halbleiterindustrie; kurz: Chemiker hatten nie eine nützlichere und gefahrlosere Substanz entwickelt. Die Firma Du Pont begann 1930 mit der Herstellung der FCKW's, bis 1950 wurden ca. 40 000 Tonnen erzeugt. Dann aber explodierte die Produktion und verdoppelte alle 10 Jahre, 1974 Überschritt die Produktion die 800 000 t Marke.

Gelangen FCKW Verbindungen durch Diffusion in die äußere Atmosphäre (Stratosphäre), werden sie durch die UV-Strahlung zersetzt. Aus den FCKW-Molekülen bilden sich dann reaktive Bruchstücke, die sich ähnlich verhalten wie das NO: sie katalysieren den Abbau des Ozons. Sie kommen in der Stratosphäre zwar viel seltener vor als NO_x, im ppb- (part per billion) Bereich und nicht im ppm- (part per million) Bereich wie das NO_x, sie sind aber als Katalysatoren viel wirksamer[58]. Unter den Atmosphärenchemikern besteht Einigkeit darüber, dass die 1984 festgestellte Reduktion der Ozonschicht über der Antarktis, das Ozonloch, hauptsächlich ein Werk des Chlors ist, das aus FCKW's stammt.

Nach der Veröffentlichung der Erkenntnisse über die Rolle der FCKW's für Ozon-Abbau reagierte die Regierung der USA sofort mit dem Verbot von Freon-11 als Treibmittel für Sprühdosen. Das bedeutete eine Reduktion der FCKW-Produktion in den USA um 70 %. Die Europäische Gemeinschaft folgte nur zögernd. Im März 1985 wurde auf einer UN Konferenz in Wien ein „Rahmenabkommen zum Schutz der Ozon-Schicht" angenommen. In dem nachfolgenden Montreal-Protokoll aus dem Jahr 1987 verpflichten sich die Unterzeichnerstaaten die Emission von FCKW's zu reduzieren und schließlich ganz zu unterbinden. Dem Protokoll sind alle Industrieländer beigetreten, auch China und Indien. Damit ist abzusehen, dass Stickoxide aus der Nutzung fossiler Energiequellen der dominante, die Ozonschicht gefährdende Emittent werden.

3.4.4.2 CO₂: Das häufigste Spurengas

Der Pflanzennährstoff Kohlendioxid CO_2 ist mit einem Volumenanteil von 394 ppm im Jahr 2015 das häufigste Spurengas, seine Gesamtmasse beträgt rund $3 \cdot 10^{15}$ kg = 3 000 Milliarden Tonnen. Seit dem Beginn der Industrialisierung im 19. Jahrhundert hat die weltweite CO_2 Emission von rund 200 Millionen t/anno im Jahr 1850 auf 34 Milliarden t im Jahr 2014 zugenommen, entsprechend hat sich der CO_2 Gehalt in der Atmosphäre von 280 ppm auf 400 ppm vergrößert. Diese Zunahme des CO_2-Anteils hat in Verbindung mit dem Treibhauseffekt verstärkt an Aufmerksamkeit gewonnen.[59] Aus diesem Effekt kann

---

[58] Die katalytische Wirkung der Chloratome für den O_3 Abbau wurde von Mario Molina und Sherwood Rowland entdeckt (Nature **249**, 810–812 (1974)). Beide erhielten 1995 zusammen mit Paul Crutzen den Nobelpreis für Chemie.

[59] Der Mathematiker J. B. J. Fourier (1768–1830) hat als Erster erkannt, dass die Atmosphäre uns warm hält. Er verglich ihren Einfluss auf unser Klima mit einem Gewächshaus.

3.4 Vierter Zeitabschnitt: Dampfkraftwerke und Umwelt 167

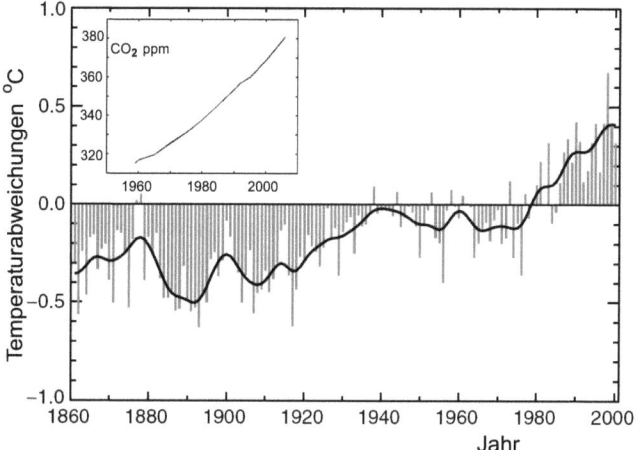

Abb. 3.75 Weltweiter Temperaturverlauf in den letzten 150 Jahren nach IPCC [138]. Dargestellt sind die Abweichungen relativ vom Mittelwert von 1960 bis 1990. Das Teilbild zeigt die auf Hawaii gemessene, über das jeweilige Jahr gemittelte Kohlendioxid-Konzentration in der Luft, der Anstieg wurde (zu ∼ 80 %) durch die Nutzung fossiler Brennstoffe und durch Brandrodung und Landnutzung verursacht. Die globale Durchschnittstemperatur ist im Verlauf der letzten 100 Jahre etwa um 0,9 °C gestiegen. Bemerkenswert ist der Temperaturverlauf in den Jahren von 1945 bis 1975. Obwohl die Kohlendioxid-Konzentration weiter kontinuierlich zunahm, war der Trend zu einem Temperaturanstieg unterbrochen

bei einer CO_2-Zunahme schlüssig eine Erwärmung der Erdatmosphäre hergeleitet werden. Denn die mittlere Temperatur in den erdnahen Luftschichten ist wesentlich von der Strahlungstransparenz der Atmosphäre abhängig[60]. Diese wiederum hängt essentiell vom Anteil der die infrarote Wärmestrahlung absorbierenden/emittierenden mehr als zweiatomigen Gase ab. Es gibt Schätzungen, nach denen ein Anstieg der CO_2-Konzentration von 380 auf ca. 700 ppm zu einer Erhöhung der mittleren Temperatur der Erde um 2–4 °C führen wird. Neben dem CO_2 gibt es noch andere Treibhausgase, z. B. Methan (CH_4), chlorierte Kohlenwasserstoffe (FCKW), Distickstoffmonoxid (N_2O) und troposphärisches Ozon (O_3), die zwar nur in geringen Konzentrationen auftreten, aber doch zu etwa 25 % zum Treibhauseffekt beitragen, vgl. [135], S. 412 ff.

Die Vorhersagen über eine von den CO_2 Emissionen verursachte globale Erwärmung sollten sich in den Statistiken der Wetterbeobachtungen niederschlagen. Mit diesem Nachweis tun wir uns aber schwer, denn die Muster des Wettergeschehens werden nach wie vor von mehrjährigen, weiträumigen Zyklen in den Ozeanen beherrscht, dem El Niño im Südpazifik, dem Nordpazifischem Wirbel und dem Golfstrom im Atlantik. Mit Darstellungen von globalen Mittelwerten der Oberflächentemperatur unserer Erde, deren Bildung sich nur Meteorologen erschließt, werden Abweichungen von weniger als einem Grad Celsius

---

[60] 1896 erkannte S. A. Arrhenius (1859–1927), dass Kohlendioxid die Transparenz der Atmosphäre verändert.

festgestellt. Die am ehesten überzeugenden Nachweise für eine durch den CO_2 Anstieg ausgelöste Erwärmung sind das in den letzten Jahren beschleunigte Abschmelzen der Gletscher in den Hochgebirgen und der Eismassen in der Arktis und Antarktis.

Seit das Leben auf der Erde begonnen hat, gab es einen Anteil von CO_2 in der Atmosphäre, und schon immer wurde davon ein gewisser Anteil des Sonnenlichtes absorbiert und die Erdoberfläche erwärmt. Gäbe es kein CO_2, wäre die Erde wahrscheinlich so kalt wie unser Nachbarplanet Mars und es hätte sich kein Leben auf ihr ausbilden können. Auf der uns ebenfalls benachbarten Venus besteht die Atmosphäre zu 96 % aus CO_2. Auch wegen des dann um einige Größenordnungen intensiveren Treibhauseffektes liegt dort die Temperatur in Bodennähe bei 750 K. Die beiden Beispiele illustrieren, wie eng der Korridor für das Leben in unserem Sonnensystem ist.

Von unseren CO_2 Emissionen verbleibt allerdings weniger als die Hälfte in der Atmosphäre, der größere Teil wird zunächst vom oberflächennahen Wasser der Ozeane aufgenommen. Durch das gelöste CO_2 bildet sich Kohlensäure,

$$H_2O + CO_2 \rightleftharpoons H_2CO_3 \rightleftharpoons 2\,H^+ + CO_3^{2-}$$

die ihrerseits mit dem in Sedimenten enthaltenen Calciumcarbonat reagiert

$$H_2CO_3 + CaCO_3 \rightleftharpoons Ca^{2+} + 2\,HCO_3 \quad (3.13)$$

und neutralisiert wird. Da auf dem Meeresgrund große Mengen Karbonatgestein ($CaCO_3$) vorhanden sind, ist das Meer im Prinzip eine mächtige CO_2-Senke. Das Oberflächenwasser vermischt sich allerdings nur langsam mit Wasser aus tieferen Schichten. Deshalb verändern sich durch die Zunahme der Versauerung des Oberflächenwassers die Ozeane, in einigen Gebieten sind ganze Ökosysteme kalkschalenbildender Lebewesen – Korallen, Schnecken, Schildkröten – auf dem Rückzug.

Weltklimakonferenzen – Kyoto Protokoll Der nun schon mehrere Jahrzehnte andauernde Anstieg des CO_2-Anteils in der Atmosphäre und die daraus von Metereologen gefolgerten Prognosen über eine globale Erwärmung beunruhigt viele Regierungen. Deshalb wurde von den Vereinten Nationen (UN) die Institution der Weltklimakonferenz geschaffen. Zur ersten Konferenz, dem ersten internationalen Umweltgipfel, trafen sich 1992 in Rio de Janeiro 130 Staatsoberhäupter und mehr als 10 000 weitere Teilnehmer. Auf dieser Konferenz wurde erstmals im Rahmen einer internationalen Konferenz ein durch den Anstieg der Temperatur der Erdatmosphäre ausgelöster Klimawandel als solcher bezeichnet und als Problem erkannt. Ergebnis der Konferenz war die *Klima-Rahmenkonvention der UN (UNFCCC United Nations Framwork Convention on Climate Change)*. Aufgabe der UNFCC ist, eine von Menschen verursachte Störung des Erdklimas zu verhindern und die globale Erwärmung zu verlangsamen.

Auf der dritten Weltklimakonferenz, die 1997 in Kyoto stattfand, wurde erstmals versucht, ein völkerrechtlich verbindliches Klimaschutzabkommen in Form des so genannten

Kyoto Protokolls durchzusetzen. Das Protokoll sah vor, den Ausstoß von klimaschädlichen Gasen innerhalb der ersten Verpflichtungsperiode (2008 bis 2012) um durchschnittlich 5,2 % gegenüber dem Stand von 1990 zu senken. Für das Inkrafttreten des Protokolls war es notwendig, dass 55 % der Vertragsländer, die mindestens 55 % der Emissionen repräsentieren, es ratifizieren. Nachdem die USA als größter Emittent (36 % der Emissionen) ausgeschieden war, kam es darauf an, die Russen und Japaner bei der Stange zu halten. Japan unterschrieb 2001 und Russland 2004, so dass das Kyoto Protokoll 2005 in Kraft trat.

Unter die Reduktionsziele des Kyoto-Protokolls fallen neben CO_2 noch weitere Treibhausgase: Methan, teilchlorierte und chlorfreie Kohlenwasserstoffe und Schwefelhexaflourid SF_6, das bei Transformatoren und Lastschaltern eingesetzt wird. SF_6 ist das stärkste klimawirksame Gas, seine Residenzzeit in der Atmosphäre beträgt mehr als 100 Jahre.

Das Kyoto-Protokoll akzeptierte prinzipiell „flexible Mechanismen" wie die Berücksichtigung von Kohlendioxidsenken (Aufforstungen) und den Handel mit Emissionszertifikaten bzw. die Anrechenbarkeit von Reduktionsmaßnahmen durch Länder, die zur Reduktion verpflichtet sind, mit Ländern, die davon befreit sind.

Das Kyoto-Protokoll wurde vielfach kritisiert. Dabei wird übersehen, dass es ein erster Schritt war, um völkerrechtlich wirksame Grenzen für Treibhausgas-Emissionen zu setzen. Weitere Schritte zu setzen ist möglich. Chancen für eine Verbesserung bestehen auf den Folgekonferenzen, die 21. Klimakonferenz fand vom 30. November bis 11. Dezember 2015 in Paris statt.

3.4.5 Resümee

Die Erfindung und Einführung der fossil gefeuerten Wärmekraftwerke und der Verteilungsnetze zur Versorgung ganzer Kontinente mit elektrischer Energie war eine große Ingenieurleistung des vergangenen Jahrhunderts. Seither haben sich die Kraftwerke von einfachsten Anlagen mit manuell gefeuerten Kesseln und von Dampfmaschinen getriebenen Generatoren zu den automatisierten Großkraftwerken entwickelt. Diese Evolution der Kraftwerke war nicht voraus geplant, sie ist vielmehr eine Folge des Zusammenspiels aus den Anforderungen der Verbraucher des elektrischen Stroms, des technischen Schöpfergeists der Ingenieure und der Risikobereitschaft der sich parallel dazu entwickelnden Energiewirtschaft. Aus der Verwendung des elektrischen Stroms hatten sich für die Anwender so viele Vorteile ergeben, dass sie bereit waren, jeden dafür geforderten Preis zu bezahlen. Dies veranlasste die Energiewirtschaft, die Leistung der Wärmekraftwerke so zu bemessen, dass der von den Verbrauchern geltend gemachte Strombedarf jederzeit befriedigt werden konnte. Durch das Zusammenspiel der Marktkräfte wuchs die Stromerzeugung in den Industrieländern des Westens zwischen 1900 und 1980 mit einer Rate von ca. 8 % pro Jahr, so dass sich die installierte Kraftwerksleistung alle 10 Jahre verdoppelte.

Zur sparsamen Nutzung der Energieressourcen und der Verminderung der Kohlendioxid-Emission wurde der Kraftwerksprozess optimiert. Unter Berücksichtigung der Randbedingungen, die durch die verfügbaren Werkstoffe und die Forderung der Wirtschaftlichkeit gesetzt sind, können mit Steinkohle gefeuerte Kraftwerke mit einem Nettowirkungsgrad von 45 % bis 48 % gebaut werden, damit sind die durch die Naturgesetze gesetzten Grenzen nahezu erreicht.

Zur Stromerzeugung genutzte Energiequellen im Jahr 2013

Stromerzeugung im Jahr 2014	Deutschland		EU 28		Welt	
	Mrd kWh	%	Mrd kWh	%	Mrd kWh	%
Steinkohle	127,3	19,9	530	16	8 330	36
Braunkohle	160,9	25,2	330	10	920	4
Erdgas	67,5	10,6	600	18	5 000	22
Öl&Sonstiges	28,7	4,5	200	6	1 250	5
Kernenergie	97,3	15,5	890	27	2 500	11
Wasserkraft	23,0	3,6	293	9	3 680	16
Erneuerbare Energie	129,3	20,3	457	14	1 320	6
Insgesamt	634	100	3 300	100	23 000	100

Mit der Stromerzeugung wuchsen die Emissionen. Bereits in den 1960er Jahren waren deren ungewollte Folgen, die Flugstaub-, Schwefeldioxid- und Stickoxid-Emissionen in ihren Folgen nicht mehr zu übersehen. Durch die Ergänzung der Kraftwerke mit Zusatzeinrichtungen zur Rückhaltung des Flugstaubes und der Schadgase konnten die Emissionen soweit vermindert werden, dass die von den Gesetzgebern festgelegten Emissions-Grenzwerte eingehalten werden, so dass von umweltfreundlichen Kraftwerken gesprochen wurde.

Nicht gelöst ist das Problem der Entsorgung der CO_2 Emissionen. Viele verantwortungsbewusste Menschen erfüllt der nun schon mehrere Jahrzehnte andauernde Anstieg des CO_2-Anteils in der Atmosphäre mit Sorge, es könnte ein Hinweis darauf sein, dass die Erde in die Abhängigkeit eines ihrer Untersysteme geraten ist.

Die Befunde der letzten 150 000 Jahre ... schreien uns entgegen, dass das Klimasystem der Erde auf kleine Stupser unheimlich sensibel reagiert. Indem wir Infrarotstrahlung absorbierende und Ozon abbauende Gase in die Atmosphäre entlassen, spielen wir effektiv mit unserem Klima russisches Roulette. Wallace S. Broecker (US-amerikanischer Geologe)

Literatur

Literatur zu Abschn. 3.1

1. AEG: Forschen und Schaffen. Beiträge der AEG zur Entwicklung der Elektrotechnik, Bd. 1. AEG, Berlin (1965)
2. Arnold, E.: Ueber Rückkühlwerke. Stahl und Eisen **29**, 305–312 (1909)
3. Aus dem RWE Geschäftsbericht 1902/03. Zitiert nach: Die Zeit Nr. 09 (22. Februar 1985)

4. Baumann, R.: Die Entwicklung der Materialprüfungsanstalt Stuttgart seit 1906. VDI Zeitschrift **71**, 1468–1470 (1927)
5. Coxe, E. B.: A furnace with automatic stoker, traveling grate and variable blast, intended especially for burning antracite coal. Trans. Amer. Inst. of Mining, Metalurgical and Petroleum Engineers **22**, 581–606 (1894)
6. Bach, C.: Einige Hauptlehren aus Dampfkesselexplosionen der jüngsten Zeit. VDI Zeitschrift **47** (1903), S. 160–164.
7. Brown-Boveri: Gründer eines Weltunternehmens. Verein für wirtschaftliche Studien, Meilen (2000)
8. Christian Schieles Dampfturbine aus dem Jahr 1852. VDI Zeitschrift **50**, 1374–1375 (1906)
9. Dampfkesselexplosionen in England. VDI Zeitschrift **74**, 1221 (1930)
10. Die Entwicklung der Starkstromtechnik bei den Siemens-Schuckert Werken. Festschrift zum 50jährigen Jubiläum (1953)
11. Explosionen von Wasserrohrkammerkesseln. VDI Zeitschrift **58**, 344–345 (1914)
12. Hottinger, M.: Einige Dampfkraftanlagen mit Abwärmeverwertung. VDI-Zeitschrift **56**, 51–53 (1912)
13. Hughes, T. P.: Networks of Power. Johns Hopkins University Press, Baltimore (1993)
14. Kesselexplosionen im Deutschen Reich 1912. VDI-Zeitschrift **57**, 1882–1883 (1913)
15. Lindley, W. H., Schroeter, M., Weber, H. F.: Versuche an einer Dampfturbine mit Wechselstrommaschine. VDI Zeitschrift **43**, 882–885 (1900)
16. Matschoss, C.: Die Entwicklung der Dampfmaschine, S. 609 ff. Springer, Berlin (1908)
17. von Miller, O.: Erweiterung der Berliner Zentralstationen. ETZ **10**, 253–262 (1889)
18. Mueller, O. H.: Rückkühlwerke. VDI Zeitschrift **49**, 5–14, 45–52, 132–139 (1905)
19. Rathenau, E.: Die Kraftübertragung Rheinfelden. ETZ **17**, 402–409 (1896)
20. Rauchgasbelastung in großen Städten. 30. Hauptversammlung des Vereins deutscher Ingenieure. VDI Zeitschrift **33**, 551-552 (1889)
21. Reichel, E.: Wasserkraftanlagen am Niagara. VDI Zeitschrift **37**, 832–837 (1893)
22. Schaeff, K.: Die Entwicklung zum heutigen Wärmekraftwerk. VGB Technische Vereinigung der Großkraftwerksbetreiber e. V., Essen (1977)
23. Schmidt, E.: Einführung in die technische Thermodynamik, 2. Aufl., S. 93. Springer, Berlin (1944)
24. Sonderheft zur Geschichte der Brown-Boveri-Synchronmaschinen, 40 Jahre Generatorbau. BBC AG Mannheim (April 1931)
25. Stodola, A.: Dampf- und Gasturbinen, 4. Aufl. Springer, Berlin (1924)
26. The System and Operating Practices of the Commonwealth Edison Company, Chicago. Electrical World **51**, 1023–1039 (1908)
27. Vogt, A.: Wilhelm Schmidt und seine Zeit. EVT Register, Firmenzeitschrift der EVT GmbH Stuttgart **29** (1980)
28. Weiß, E. J.: Kondensation. VDI Zeitschrift **32**, 9–19, 31–38, 62–66, 84–90 (1888)
29. Weiß, E. J.: Kondensation. Julius Springer, Berlin (1901)
30. VEW AG: Mehr als Energie: Die Unternehmensgeschichte der VEW 1925–2000. VEW AG (2000)

Literatur zu Abschn. 3.2

31. Appelius, W.: Die Wasserreinigung nach dem Permutit Verfahren. Chem. Rev. Fett-Harz-Ind. **16**, 300–302 (1909)
32. Bachmair, A.: Die neue Kesselanlage mit Mühlenfeuerungen im Kraftwerk Zschornewitz. VDI-Zeitschrift **80**, 497–500 (1936)
33. BBC Kondensationsturbinen großer Leistung. BBC Nachrichten **24**, 143–152 (1937)
34. Beholaweg, B.: Die Löffler-Kessel des Hochdruckkraftwerks Trebovice. Wärme **56**, 377–380 (1933)
35. Die wirtschaftlichste Turbine der Welt: Eine 85 MW Dreizylinder BBC-Turbine. BBC-Nachrichten **17**, 274–278 (1930)
36. Dornbrook, F. L.: Developments in Burning Pulverized Coal. Mechanical Engineering **70**, 967–974 (1948)
37. Dyer, F. L., Martin, T. C., Meadowcroft, W. H.: Edison – his Life and Inventions, Bd. II, S. 953–957. New York (1929)
38. ETZ **12**, 83 (1891)
39. Grunert, A. E., Skog, L., Wilcoxon, L. S.: The horizontal cyclone burner. Trans. ASME **69**, 613–634 (1947)
40. Hartmann, O. H.: Der Schmidt-Hochdruck-Sicherheitskessel mit mittelbarer Beheizung und seine besondere Eignung für Industriezwecke. Wärme **51**, 58–63 (1928)
41. Herig, W.: Die wirtschaftliche Entwicklung des Braunkohlenbergbaus in Deutschland bis 1945. In: 20 Jahre Braunkohlenbergbau in der Deutschen Demokratischen Republik. Verlag für Grundstoff-Industrie, Leipzig (1966)
42. Hottel, H. C., Egbert, E. B.: The radiation of furnace gases. ASME Trans. **63**, 297–307 (1941)
43. Jung, L.: Über die Entgasung von Kesselspeisewasser. VDI-Zeitschrift **64**, 186–189 (1920)
44. Kittler, E.: Handbuch der Elektrotechnik. Verlag Ferdinand Enke, Stuttgart (1889)
45. Klingenberg, G.: Bau großer Elektrizitätswerke, 2. Aufl. Springer, Berlin (1924)
46. Knodel, H.: Bericht über einen 1000-Stunden-Versuch am 120 atü Löffler-Kessel in Witkowitz. VGB Mitteilungen, 167–176 (1930)
47. Konejung, A.: Schäumen, Überwerfen und das Salz im Dampf. VGB-Mitteilungen, 49–56 (1950)
48. Kraft, E. A.: Die Turbinenanlage im Großkraftwerk Klingenberg. VDI-Zeitschrift **71**, 1869–1869 (1927)
49. Krebs, P.: Brennstoffgrundlage der Kohlenstaubfeuerung in Deutschland. AEG-Mitteilungen **6**, 104–112 (1930)
50. Kreisinger, H., Blizard, J.: Milwaukee's Contribution to Pulverized Coal Firing. Mechanical Engineering **62**, 723–726, 737 (1940)
51. Kreisinger, H., Blizard, J., Augustine, C. E., Cross, B. J.: An Investigation of Powdered Coal as Fuel for Power Plant Boilers. Bulletin 223, U. S. Bureau of Mines (1923)
52. Marguerre, F.: Hochgespannter und hochüberhitzter Dampf in Kraftanlagen. VDI-Zeitschrift **74**, 789–797 (1930)
53. Münzinger, F.: Kesselanlagen für Grosskraftwerke. VDI-Verlag, Berlin (1928)

54. Münzinger, F.: Atomkraft: Der Bau ortsfester und beweglicher Atomantriebe und seine technischen und wirtschaftlichen Probleme. Eine kritische Einführung für Ingenieure, Volkswirte und Politiker. Springer, Berlin (1960)

55. Nusselt, W.: Der Verbrennungsvorgang in der Kohlenstaubfeuerung. VDI-Zeitschrift **68**, 102–107 (1923)

56. Pohl, R.: Turbogeneratoren mit Kreislauf der Kühlluft. AEG Mitteilungen **3**, 81–82 (1924)

57. Rosahl, O.: Entwicklungsstand der Schmelzfeuerungen in Deutschland. Elektrizitätswirtschaft **53**, 27–34, 56–65 (1954)

58. Rosin, P., Rammler, E.: Versuche mit aschereicher Braunkohle. Braunkohle **32**, 209–216 (1933)

59. Rosin, P., Rammler, E., Kaufmann, J. H.: Die Mühlenfeuerung. Braunkohle **32**, 697–704 (1933)

60. Schack, A.: Über die Strahlung der Feuergase und ihre praktische Berechnung. Z. Techn. Physik **5**, 266–271 (1924)

61. Schäff, K.: Die Entwicklung zum heutigen Dampfkraftwerk. VGB-Dampftechnik, Essen (1977)

62. Schöne, O.: Dampfkraftanlagen in den Vereinigten Staaten. VDI-Zeitschrift **81**, 597–606 (1937)

63. Splittgerber, A.: Die Entwicklung der technischen Wasseraufbereitung im Dampfkesselwesen. Bergbau und Energiewirtschaft. **3**, (1950), S. 224–227.

64. Splittgerber, A.: Wasseraufbereitung im Dampfkraftbetrieb. Springer, Berlin (1953)

65. Stodola, A.: Dampf- und Gasturbinen, 4. Aufl. Springer, Berlin (1924)

66. Stodola, A.: Leistungsversuche an einer Zoelly-Dampfturbine. VDI-Zeitschrift **71**, 747–752 (1927)

67. Thomson, S. P.: Polyphase electric currents and alternate-currents motors, 2. Aufl. Spon & Champerlain, New York (1900)

Literatur zu Abschn. 3.3

68. Abendroth, W.: Dampfkraftanlage mit Bensonkessel im Kraftwerk der Siemens-Schuckertwerke. VDI-Zeitschrift **71**, 657–663 (1927)

69. Afkhami, G. R.: The Life and Times of the Shah, S. 324 ff. University of California Press, Berkeley (2009)

70. Armacost, W. H.: The controlled circulation boiler. Trans. ASME **76**, 715–726 (1954)

71. Babcock und Wilcox introduces welded carbon steel tubing. Electrical World (July 1959), S. 64

72. Bäsler, W.: Fertigungsverfahren zur Herstellung von Flossenrohrwänden für Hochleistungsdampferzeuger. Mitteilungen des VGB **9**, 99–106 (1964)

73. Benson, M.: Verfahren zur Erzeugung von gebrauchsfertigem Dampf. Deutsche Patentschrift Nr. 419766 (18. Juli 1922)

74. Brecht, C., Hoffmann, G.: Vergasung von Kohle: Eine Übersicht der in- und ausländischen Entwicklungen sowie der großtechnisch eingesetzten Verfahren. Wärme Gas International **32**, 7–24 (1983)

75. Buchwald, K.: Gibt es Grenzen im Dampfturbinenbau? Elektrizitätswirtschaft **73**, 703–709 (1974)
76. Chadwick, W. L.: Computers to automate Huntington Beach units. Electrical World (January 1960), S. 50–54, 59–62
77. Chadwick, W. L., Gould, W. R.: Computer shakedown at Huntington consolidates experience. Electrical World (November 1962), S. 59–62, 103–106
78. Cockcroft, J.: The peaseful uses of atomic energy. Nature **176**, 482–484 (1955)
79. Correlje, A. F., Odell, P. R.: Four decades of Groningen production and pricing. Geologie en Mijnbouw **80**, 137–144 (2001)
80. Ehrlich, P. R., Ehrlich, A. H., Holden, J. P.: Ecosience-Population, Resources Environment, S. 545. Freeman and Company, San Francisco (1977)
81. Friedly, J. C., Krischnan, V. S.: Prediction of nonlinear flow oscillations in boiling channels. A.I.Ch.E. Symposium Series **68** (1972)
82. Friedrich, R.: Das Vorbild der heutigen Gasturbine. VGB Kaftwerkstechnik **70**, 995–999 (1990)
83. Fryling, G. R.: Combustion Engineering. Combustion Engineering Inc. New York (1966)
84. Gerber, H.: Der Sulzer-Einrohrkessel als Regleraufgabe. Tech. Rundschau Sulzer **51**, 27–37 (1969)
85. Gleichmann, H.: Das Benson-Verfahren zur Erzeugung höchstgespannten Dampfes. VDI-Zeitschrift, Sonderheft Hochdruckdampf, 94–103 (1927)
86. Gleichmann, H.: Das Heizkraftwerk mit Benson-Kessel im Kabelwerk Gartenfeld der Siemens-Schuckertwerke. Siemens Zeitschrift **8**, 179–191 (1928)
87. Goos, E.: Die Höchstdruckdampfanlage auf dem Dampfer Uckermark. VDI-Zeitschrift **75**, 1433–1437 (1931), **76**, 1182 (1932)
88. Hahn, A., Novacek, P.: Die Endschaufeln großer Dampfturbinen. Brown Boverie Mitteilungen (1972), S. 42–53
89. Harlow, J. H.: Engineering the Eddystone Plant for 5 000 lb, 1200-deg Steam. Trans. ASME **79**, 1410–1430 (1957)
90. Herpen, A. T.: Dampferzeuger mit Zwangumlauf und mit zwangläufiger Wasserverteilung. VDI-Zeitschrift **75**, 617–622 (1931)
91. Herry, L., Josse, E.: Die Benson-Hochdruckanlage im Kraftwerk Langerbrugge. VDI-Zeitschrift **77**, 679–683 (1933)
92. Hohensee, J.: Der erste Ölpreisschock 1973/74, S. 69. Steiner Verlag, Stuttgart (1996)
93. Hossli, W., Krick, N., Salm, M., Stys, Z. S.: The turbine-generator: Preliminary operation of TVAs Cumberland steam plant. American Power Conference, Chicago, 1973
94. Jaroschek, K., Brandt, F.: Entwicklung eines Diagramms zur Berechnung des natürlichen Wasserumlaufs in Wasserrohrkesseln und Siedewasser-Reaktoren. BWK **12**, 189–196 (1960)
95. Josse, E.: Untersuchungen am Benson-Kessel. VDI-Zeitschrift **73**, 815–819 (1929)
96. Kissinger, H.: Memoiren 1973–1974, Bd. 2, S. 530–710. C. Bertelsmann Verlag (1982)
97. Krick, N., Noser, R.: Das Wachstum von Turbogeneratoren. Brown Boverie Mitteilungen (1976), S. 148–155

98. Läubli, F., Evers, K.: Dynamik der Speiseregelung von Einrohrkesseln mit überlagertem Umlauf. Technische Rundschau Sulzer-Forschungsheft (1968), S. 15–20

99. Martinelli, R. C., Nelson, D. B.: Prediction of preassure drop during forced circulation boiling. Trans. ASME **68**, 695–702 (1948)

100. Moody, L. F.: Friction Factors for Pipe Flow. Trans. ASME **64**, 671–684 (1944)

101. Münzinger, F.: Dampfkraft, 3. Aufl., S. 380. Springer, Berlin, Göttingen, Heidelberg (1949)

102. Nikuradse, J.: Strömungsgesetze in rauhen Rohren. VDI-Forschungsheft 361, Ausgabe B, Bd. 4. VDI-Verlag (1933)

103. Noetzlin, G.: Das neue Kraftwerk Hüls – eine Anlage mit 300 at und 600 °C Frischdampfzustand. Mitteilungen der VGB (1958), S. 230–255

104. Nunez, C.: Harbin smog crisis highlights Chinas coal problems. National Geographics October (2013)

105. Nussbaum, H.: Khomeini. Herbig Verlag, München (1979)

106. OPEC: Statistical Bulletin. OPEC, Wien (1990)

107. Revelle, R., Suess, H. E.: Carbon dioxide exchange between atmosphere and ocean and the question of an increase in atmospheric CO_2 during the last decades. Tellus **9**, 18–27 (1957)

108. Ross, G. F., Wilkins, L.: Comparison of operation of forced- and natural-circulation boilers. Trans. ASME **68**, 399–410 (1946)

109. Safran, N.: Israel – The Embattled Ally, S. 240 ff. Cambridge University Press, Cambridge (1978)

110. Schittke, H. J.: Zum Problem der dynamischen Instabilität bei Dampferzeugern. VGB-Kraftwerkstechnik **56**, 532–535 (1976)

111. Schröder, K.: Große Dampfkraftwerke: Bd. 4 – Kraftwerksatlas. Springer, Berlin (1959)

112. Sporn, P.: Why AG&E picked 450 MW 3,500 Psi unit for Breed plant. Elect. World (December 1956), S. 74–79

113. Sporn, P., Fiala, S. N., Frankenberg, T. Z.: The basic concept behind Philip Sporn statin. Elect. World (June 1950), S. 81–108

114. Stodola, A.: Der Sulzer-Einrohr-Dampferzeuger. VDI-Zeitschrift **77**, 1225–1232 (1933)

115. Sulzer AG: Firmenprospekt (1960)

116. Technische Anleitung zur Reinhaltung der Luft, 28.8.1974. Erste Verwaltungsvorschrift zum Bundes-Immissionsschutzgesetz. Gemeinsames Ministerialblatt 25 (1974), Ausgabe A vom 4.9.74, S. 425–452

117. Thorpe Marsh 550 MW Turbo-Generator Set. The Engineer **205**, 706–707 (1958)

118. Thorpe Marsh 550 MW Reheat Boiler. The Engineer **206**, 804–806 (1958)

119. de Tocqueville, C. A.: Das Zeitalter der Gleichheit. Eine Auswahl aus dem Werk. Stuttgart (1954).

120. VGB: Luftverunreinigungen durch Rauchgase aus Kesselanlagen. Mitteilungen des VGB **34/35** (1955)

121. Vorkauf, H.: Heutiger Stand des La Mont Kesselbaus. VDI-Zeitschrift **84**, 725–732 (1940)

122. Yergin, D.: Der Preis: Die Jagd nach Öl, Geld und Macht. S. Fischer Verlag, Frankfurt (1991)

Literatur zu Abschn. 3.4

123. Anderson, K., Johnsson, F., Strömberg, L.: Large Scale CO_2 Capture – Applying the Concept of O_2/CO_2 Combustion to Commercial Process Data. VGB PowerTech **83**(10), 29–33 (2003)
124. Baines, S. J., Worden, R. H. (Hrsg.): Geological Storage of Carbon Dioxide. Special Publications. Geological Society, London (2004)
125. Bartok, W. et al.: Systematic field study of NO_x control methods for utility boilers. Esso Research and Engineering Report GRU. 4GNOS (1971)
126. Bechthold, H., Klemme, W.: Simultane SO_2 und NO_x Abscheidung. Jahrbuch der Dampferzeugungstechnik, 5. Ausgabe, S. 1113–1117. Vulkan-Verlag, Essen (1985)
127. Berger, C. et al.: Neue Turbinenstähle zur Verbesserung der Wirtschaftlichkeit von Kraftwerken. VGB-Kraftwerkstechnik **71**, 686–699 (1991)
128. Biondo, S. J., Marten, J. C.: A history of flue gas desulpherisation systems since 1850. Journal Air Pollution Control Association **27**, 948–961 (1977)
129. Blum, R. et al.: Neuentwicklung hochwarmfester ferritisch/martensitischer Stähle aus den USA, Japan und Europa. VGB Kraftwerkstechnik **74**, 641–652 (1994)
130. Buhre, B. J. P., Elliot, L. K., Sheng, C. D., Gupta, R. P., Wall, T. F.: OXy-fuel combustion technology for coal fired power generation. Progress in Energy and Combustion Sciences **31**, 283–307 (2005)
131. Encyclopedia Britannica, Book of the Year 1987, S. 193 f (1988)
132. Environmental Protection Agency (USA): Symposium on flue gas gesulferisation. Atlanta, GA (1974)
133. EU – Europäisches Parlament: Richtlinie des Europäischen Parlaments und des Europäischen Rates über die geologische Speicherung von Kohlendioxid. Verordnung(EG)Nr.1013/2006, KOM (2008) 0018, C6-0040/2008, 2008/0015-(COD) (2008)
134. Göttlicher, G.: Energetik der Kohlendioxidrückhaltung in Kraftwerken. Fortschritt-Berichte VDI, Reihe 6, Nr. 421. VDI-Verlag (2001)
135. Graedel, T. E., Crutzen, P. J.: Chemie der Atmosphäre. Spektrum Verlag, Heidelberg (1993)
136. Ham, A. J.: Der Wasserverbrauch in Wärmekraftwerken und seine Minimierung. VGB Kraftwerkstechnik **69**, 15–21 (1989)
137. House, K. Z., Schrag, D. P., Harvey, C. F., Lackner, K. S.: Proc. Nat. Akad. Sci. USA **103**, 1291 (2006)
138. IPCC: Climate Change 2001: The Scientific Basis. Cambridge University Press, Cambridge (2001)
139. IPCC: Special Report on Carbon Dioxid Capture and Storage. Cambridge University Press, Cambridge (2005)
140. Jüntgen, H. et al.: Das trockene BF-Verfahren zur Rauchgasentschwefelung und NO_x Entfernung. Jahrbuch der Dampferzeugungstechnik, 5. Ausgabe, S. 1105–1108. Vulkan-Verlag, Essen (1985)
141. Lackner, K. S.: A Guide to CO_2 sequestration. Science **300**, 1677–1678 (2002)
142. Nakabayaski, Y. et al.: Material components of EPDC's Wakamatsu 50-MW High Temperature Step 1 (593/593 °C. First International Conference on Improved Coal Fired Power Plants, 19–21. November 1986, Palo Alto, USA

143. Noetzlin, G.: Das neue Kraftwerk Hüls – Eine Anlage mit 300 at und 600 °C Frischdampfzustand. Mitteilungen der VGB (1958), S. 230–255

144. Reidick, H., Schuster, H.: Entwicklungsstand NO_x mindernder Maßnahmen für deutsche Kraftwerke. Gas Wärme International **28**, 98–105 (1974)

145. Schnabel, E. et al.: Metallkundliche Untersuchungen an warmfesten Stählen. Stahl u. Eisen **107**, 691–696 (1987)

146. Schrag, D. S.: Preparing to capture carbon. Science **315**, 812–813 (2007)

147. Tietz, H. et al.: Ein Höchsttemperatur-Kraftwerk mit einer Frischdampftemperatur von 610 °C. VDI-Zeitschrift **95**, 801–831 (1953)

148. Touchton, G.: EPRI-Improved Coal Fired Power Plant Project. First Interantional Conference on Improved Coal Fired Power Plants, 19–21. November 1986, Palo Alto, USA

149. VGB PowerTec, CO_2 Capture and Storage. VGB Report on the State of the Art. VGB PowerTech e. V., Essen (2004). http://www.vgb.org, zugegriffen am 14. Juli 2016

150. Weber, E., Brocke, W.: Apparate und Verfahren der industriellen Gasreinigung. Oldenbourg, München (1973)

151. Zeit: In Stuttgart werden durch eine schlichte Verordnung Kraftwerke zum Umweltschutz gezwungen. Die Zeit (18. Februar 1983). http://www.zeit.de/1983/08/ein-beispiel-fuer-bonn, zugegriffen am 14. Juli 2016

Teil III
Evolution der Kernkraftwerke in Deutschland

Kernkraftwerke 4

4.1 Eisenhower: Atoms for Peace

Kernkraftwerke sind Dampfkraftwerke – im Unterschied zu den fossil gefeuerten wird die für ihren Betrieb notwendige Energie durch eine physikalische Spaltung der Atomkerne des dem Reaktor zugeführten Brennstoffs freigesetzt und nicht durch eine chemische Verbrennungsreaktion wie bei den mit fossilen Brennstoffen gefeuerten. Bei der Spaltung eines Urankerns entstehen zwei leichtere Spaltkerne und zwei bis drei Neutronen; bei der Spaltung und dem weiteren Zerfall der Spaltkerne entsteht radioaktive Strahlung[1] und es wird Energie in Form von Wärme frei. Die so erzeugte Wärme wird an ein Kühlmittel abgegeben und von diesem schließlich an den Wasser-/Dampfkreislauf des Kraftwerks weitergeleitet. Im Gegensatz zu den Feuerungen der Kessel fossiler Kraftwerke ist ein Kernreaktor damit Brenner und Wärmeaustauscher zugleich.

Damit im Reaktor eine sich selbst erhaltende Kettenreaktion in Gang kommt, also der Reaktor „brennt", muss bei den in kommerziellen Kraftwerken eingesetzten Kernbrennstoffen die Geschwindigkeit der bei der Spaltung freigewordenen Neutronen mittels eines *Moderators*[2] soweit verringert werden, dass die Geschwindigkeit, mit der diese auf spaltbare Atome treffen, in einem Bereich liegt, in dem wiederum eine Spaltung wahrscheinlich ist und damit eine *Kettenreaktion* in Gang kommt. Mittels eines geeigneten Moderators kann erreicht werden, dass auch in Brennstoffen mit einem geringen Anteil an spaltbarem Material eine Kettenreaktion gezündet und aufrecht erhalten werden kann.

---

[1] Es handelt sich um die berüchtigten α-, β- und γ-Stahlen. Sie dringen je nach ihrer Art (α-Strahlen bestehen aus ^{4}He-Kernen, β-Strahlen aus Elektronen oder Positronen und γ-Strahlen sind eine elektromagnetische Strahlung) und Energie und je nach der Masse (Atomgewicht) des von ihnen bombardierten Materials mehr oder weniger tief in dieses ein und können sein Gefüge verändern bzw. zerstören.

[2] Die Moderation erfolgt durch wiederholte elastische Stöße (Streuung) an leichten Atomkernen. Die vom Neutron abgegebene Energie wird vom getroffenen Atom teilweise aufgenommen, welches diese dann an seine Umgebung weitergibt.

© Springer-Verlag Berlin Heidelberg 2016
K. Strauss, *Wärmekraftwerke*, DOI 10.1007/978-3-662-50537-3_4

Um den Verlust von Neutronen durch Leckage gering zu halten, umgibt man den Reaktorkern mit einem Reflektor. Damit möglichst wenig Wärme ungenutzt verloren geht und die radioaktive Strahlung nicht ungehindert den Reaktor verlassen kann, wird zudem der Reaktorkern samt Reflektor noch von einem Stahlmantel als thermische Barriere und einem Betonmantel als Barriere für die radioaktive Strahlung umgeben. Die seit den 1950er Jahren entwickelten Reaktorkonzepte unterschieden sich in den verwendeten Materialien für Moderator, Reflektor und Kühlmittel.

Damit eine Kettenreaktion zustande kommt, der Reaktor „zündet", muss genügend Kernbrennstoff (kritische Masse) vorhanden sein, damit die bei einer spontanen Spaltung freiwerdenden Neutronen weitere Spaltreaktionen auslösen können. Um dann den weiteren Ablauf der Kettenreaktion zu steuern, nutzt man die Tatsache aus, dass manche Materialien Neutronen absorbieren. Um diese Materialeigenschaft für die Steuerung eines Reaktors zu nutzen, werden Steuerelemente aus Bor oder Cadmium eingebaut, die von außen mehr oder weniger weit in den Reaktorkern eingeschoben werden.

Als geeignete Stoffe für Moderatoren erwiesen sich Graphit, Beryllium, „schweres" Wasser und auch „leichtes" Wasser[3], für den Reflektor wird meistens Graphit verwendet und als Kühlmittel werden neben Wasser auch Gase, wie Helium, Stickstoff und Kohlendioxid eingesetzt, daneben auch bei niedriger Temperatur schmelzende Metalle. Als Kernbrennstoffe kam zunächst nur Natururan in Frage. Wie alle Metalle, ist auch Uran ein Gemisch von Isotopen, von Atomen mit gleichen chemischen Eigenschaften, aber mit unterschiedlichem Atomgewicht. Die Isotope haben den gleichen Inhalt nuklearer Energie. Einfach zu gewinnen ist die Kernenergie aber zunächst nur bei dem Uran-Isotop mit dem Atomgewicht 235 (U-235), welches mit thermischen Neutronen[4] spaltbar ist und im natürlichen Uran mit einer Konzentration von 0,7 % vorkommt. Für manche Zwecke ist es vorteilhaft, den U-235 Anteil in dem als Brennstoff verwendeten Uran zu vergrößern. Weil für die Trennung von Isotopen keine chemischen Prozesse funktionieren, gelingt dies nur mit trickreichen und aufwendigen Prozessen, wie Diffusion durch poröse Materialien oder mit einer Reihe von hintereinander geschalteten, schnell rotierenden Zyklonen. Mit solchen Verfahren können Kernbrennstoffe mit einem höheren U-235 Anteil hergestellt werden, die als *angereichertes Uran* bezeichnet werden. Bei mit Uran betriebenen Reaktoren entsteht ferner Plutonium Pu-239. Wie U-235 ist Pu-239 mit thermischen Neutronen spaltbar, es ist damit ein möglicher Reaktorbrennstoff und kann wie U-235 auch für die Herstellung von Atomwaffen verwendet werden. Reaktoren, die mehr Pu-239 erzeugen als U-235 verbraucht wird, werden als Brutreaktoren bezeichnet, vgl. Abschn. 4.2.2.5.

In seinem Vortrag auf der Genfer Atomkonferenz kam Alvin Weinberg[5] zu dem Schluss, dass durch Kombination der verschiedenen Möglichkeiten von Kernbrennstof-

---

[3] Schweres Wasser (D_2O) besteht im Unterschied zu dem normalen oder leichtem Wasser nicht aus Wasserstoff (H), sondern aus dem Wasserstoffisotop Deuterium (D).
[4] Das sind Neutronen, deren kinetische Energie (E_{kin}) von der Größenordnung ihrer thermischen Energie kT ist, k = Boltzmannkonstante, T = Umgebungstemperatur.
[5] Alvin P. Weinberg (1915–2008) war ein US-amerikanischer Physiker und Ingenieur. Seine Konzeption des Druckwasserreaktors wurde zum Standard für Kraftwerksreaktoren.

fen, Moderatoren und Kühlmitteln 100 verschiedene Reaktortypen möglich wären. Von all den in den 1950 und 1960er Jahren entwickelten Reaktorkonzepten hat sich zur kommerziellen Anwendung der sogenannte Leichtwasserreaktor durchgesetzt; von den 2014 weltweit in Betrieb befindlichen 439 Kernkraftwerken waren 360 mit Leichtwasserreaktoren bestückt, die 90 % des mit Kernenergie erzeugten Stroms lieferten. Bei den Leichtwasserreaktoren wird normales Wasser sowohl für die Moderation als auch die Kühlung verwendet. Da normales Wasser kein guter Moderator ist, es fängt selbst Neutronen weg, können Leichtwasserreaktoren nur mit „angereichertem Uran" mit ca. 3 % U-235 betrieben werden.

Der Anstoß zur Entwicklung der Leichtwasserreaktoren kam von Hyman Rickover[6]. 1946 suchte die US-Marine nach Nuklearantrieben für U-Boote und hielt dafür nach einem geeigneten Reaktorkonzept Ausschau. Rickover wählte dafür einen von Ingenieuren des Argonne National Laboratory vorgeschlagenen Entwurf für einen mit normalem (leichtem) Wasser moderierten und gekühlten Reaktor aus, der unter einem so hohen Druck betrieben werden sollte, dass es in dem als Druckgefäß ausgebildeten Reaktorbehälter zu keiner Verdampfung kommt. Ausschlaggebend für die Wahl des nur mit angereichertem Uran betreibbaren Leichtwasserreaktors dürfte für Rickover die im Vergleich zu anderen Reaktortypen höhere spezifische Leistungsdichte des Leichtwasserreaktors gewesen sein. Denn mit zunehmender Leistungsdichte wird das erforderliche Bauvolumen und, damit einhergehend, auch das Reaktorgewicht für eine zu erreichende Wärmeleistung geringer. Für die Konstruktion und den Bau des Reaktors konnte Rickover die Firma Westinghouse gewinnen, die bis dahin noch nicht in das Atomprogramm der USA eingebunden war. Im Herbst 1948 kam es zwischen der USAEC (United States Atomic Energy Commission) und Westinghouse zu einem Vertragsabschluss über den Bau eines für U-Boote geeigneten Leichtwasserreaktors. Für Westinghouse wurde daraufhin von der USAEC ein Forschungslabor eingerichtet, das Bettis Laboratory in Pittsburgh. Um das Reaktorvolumen und dessen Gewicht gering zu halten, wurde als Reaktorbrennstoff mit dem Isotop Uran-235 angereichertes Uran ausgewählt. Der Arbeitsaufwand für die Entwicklung und den Bau des Reaktors wurde mit 2000 Mannjahren beziffert. Das erste mit einem Druckwasserreaktor ausgerüstete U-Boot, die *USS-Nautilus*, führte im Frühjahr 1955 ihre Jungfernfahrt aus.

Als Vorbereitung für den Bau eines für einen Flugzeugträger geeigneten Reaktors schlug Rickover den Bau eines Prototyps an Land vor. Die Leistung dieses Reaktors war so groß, dass er auch für ein Kraftwerk geeignet war. In einer Rede *Atoms for Peace* im Jahr 1953 hatte Dwight D. Eisenhower, der damalige US-Präsident, die zivile Nutzung der Kernkraft in den Vordergrund gestellt. So kam es aufgrund der Initiative von Rickover schließlich zum Bau des weltweit ersten kommerziellen Kernkraftwerks *Shippingport* am Ohio-River nahe Pittsburgh. Das Kraftwerk wurde von der USAEC in Auftrag gegeben, das Gelände vom lokalen Stromversorger, Duquesne Light Company, zur Verfügung ge-

---

[6] Hyman G. Rickover (1900–1986) war Kapitän und Admiral der US-Marine und „Vater" der U-Boote und Flugzeugträger mit Nuklearantrieb.

stellt und von Westinghouse errichtet. Der Leichtwasserreaktor hatte eine Wärmeleistung von 236 MW und war für die Nutzung von mit U-235 niedrig angereichertem, nicht waffenfähigem Uran ausgelegt. Das Kraftwerk Shippingport sollte eine Nettoleistung von 60 MW erbringen. Nach Baubeginn wurde die Leistung des Reaktors angehoben und die Leistungsabgabe an das Stromnetz auf 100 MW erhöht. Die Grundsteinlegung für das Kraftwerk in Gegenwart von Präsident Eisenhower war im September 1954. Am 2. Dezember 1957 wurde der Reaktor erstmals kritisch; genau 15 Jahre zuvor war es Fermi[7] im Rahmen des Manhattan Projekts[8] gelungen, die erste sich selbst erhaltende Kernspaltungs-Kettenreaktion einzuleiten. Der kommerzielle Betrieb des Kraftwerks erfolgte im Mai 1958 [40]. Bereits im Oktober 1956 war in Großbritannien die Anlage Calder Hall in Betrieb gegangen. Calder Hall war mit einem Graphit moderierten Natururan-Reaktor ausgerüstet, der nicht nur Wärme zur Stromerzeugung lieferte, sondern hauptsächlich Plutonium für die Waffenproduktion [37] erzeugte. Insofern war Shippingport das erste *richtige* Kernkraftwerk mit der damals hohen Leistung von zunächst 60 MW.

Als weitere Variante für einen Leichtwasserreaktor entwickelte das Argonne National Laboratory, neben dem später als *Druckwasserreaktor* bezeichneten Shippingport Typ, eine weitere Bauart eines Leichtwasserreaktors, bei dem das Wasser im Reaktorgefäß zum Sieden (Kochen) kommt und damit im Reaktor selbst der Dampf für die direkte Weiterleitung zur Turbine erzeugt wird. Den als *Siedewasserreaktor* bezeichneten Typ hat die Firma General Electric (GE) für ihre Leistungsreaktoren ausgewählt und weiterentwickelt. Der erste große Siedewasserreaktor von General Electric war der im Rahmen eines Demonstrationsprogramms der USAEC errichtete Reaktor für das Kraftwerk Dresden in Morris, Illinois. Der Baubeginn für diese 200 MW Anlage war am 1. Mai 1956, die Netzsynchronisation erfolgte im April 1960.

Für die im Rahmen ihrer Demonstrationsprogramme errichteten Kernkraftwerke hatte die USAEC den größten Teil der Forschungs- und Entwicklungskosten übernommen und den Betreibern dieser Anlagen die erforderlichen Kernbrennstoffe für eine gewisse Zeit zur Verfügung gestellt. Als Gegenleistung verlangte sie ein unbeschränktes technisches Informationsrecht über die beim Bau und Betrieb der Anlagen gewonnenen Erkenntnisse und die Berechtigung, diese Erkenntnisse unbeschränkt und kostenlos verbreiten zu

---

[7] Enrico Fermi (1901–1954) italienisch-amerikanischer Physiker. Fermi wollte 1934 durch Neutronenbeschuss, ausgehend von Uran, künstliche Elemente mit höherer Ordnungszahl herstellen, was ihm auch gelang. Als Otto Hahn das gleiche Problem 1938 untersuchte, stellte sich heraus, dass Fermi mit der Atomspaltung operiert hatte. Er hatte nicht gemerkt, dass er „einen viel größeren Fisch an der Angel hatte". Für seine Arbeiten mit thermischen Neutronen erhielt Fermi 1938 den Nobelpreis.
Nach seiner Emigration nach Amerika befasste er sich zusammen mit Kollegen mit dem Gedanken, ob die bei der Uranspaltung freiwerdenden Neutronen nicht erneut Kernspaltungen bewirken könnten. Als die Entscheidung fiel, einen Reaktor für diese Kettenreaktion zu bauen, erhielt Fermi die Federführung für dessen Konstruktion.

[8] „Manhattan-Project" war 1942 die Tarnbezeichnung des Entwicklungsprojekts für die Herstellung der ersten Atombomben.

dürfen, [37], S. 405 f. Damit konnten auch Einzelheiten der Konstruktion, Betriebserfahrungen und Berichte über Schäden ohne Einschränkungen weitergegeben werden. Damit wurde auch für andere Länder ein Anreiz geschaffen, sich für die in den USA entwickelten Reaktortypen zu interessieren. In der Folge wurden die Leichtwasser-Reaktoren Shippingport und Dresden nicht nur für Westinghouse und General Electric zur Grundlage ihres zivilen Kernkraftwerks-Geschäfts, sondern auch für die amerikanischen Firmen Babcock&Wilcox und Combustion Engineering sowie später auch für europäische und japanische Firmen wie AEG, Siemens, BBC, Framatom, Toshiba und Hitachi. Dies war wohl einer der wesentlichen Gründe für den sich anschließenden kommerziellen Siegeszug des Leichtwasserreaktors.

Obwohl in Frankreich, in Großbritannien, in Kanada, der Sowjetunion und dann auch in Deutschland und Japan in eigens dafür gegründeten staatlich finanzierten Forschungszentren in den 1950er und 1960er Jahren weitere Reaktortypen entwickelt wurden, folgten die damals in den USA für den Bau fossiler Kraftwerke führenden Gesellschaften General Electric und Westinghouse der Entscheidung Rickovers, indem sie den Leichtwasserreaktor zur Grundlage ihrer Geschäfte machten. Dabei kam ihnen zu Hilfe, dass US-Präsident Eisenhower 1953 seine Politik „Atoms for Peace" eingeleitet hatte, mit dem er die friedliche Nutzung der Kernenergie und die amerikanische Industrie fördern wollte. Dazu hatte er 1955 die Ausfuhr von schwach angereichertem, nicht für Kernwaffen tauglichem Uran zugelassen, so wie es für den Betrieb der Leichtwasserreaktoren erforderlich ist. Damit stand einem Export der in den USA entwickelten Technologie dieser Reaktoren nichts mehr im Weg. Zur Förderung der zivilen Anwendung der Kerntechnik war bereits 1953 das *Industrial Atomic Forum* gegründet worden, zu dessen Konferenzen ab 1955 auch Teilnehmer aus Deutschland eingeladen wurden.

Im Rückblick scheint es, als hätte Admiral Rickover nicht nur mit glücklicher Hand den Leichtwasserreaktor als Energielieferanten für die Schiffe und U-Boote der US-Marine ausgewählt, sondern auch, von ihm unbeabsichtigt, der zivilen Nutzung der Kernenergie die Richtung gegeben. Ein gewisser Mangel dieses Vorgehens ist, dass die Entscheidung für den Leichtwasserreaktor „ad hoc" getroffen wurde und nicht auf Grund eines sorgfältigen Abwägens der Vor- und Nachteile der verschiedenen Reaktortypen anhand von gesammelten Betriebserfahrungen. Zwischen Anhängern und Gegnern der verschiedenen Reaktortypen flammt die Diskussion darüber immer wieder auf und wird von Gegnern der Nutzung der Kernenergie als Beispiel für das aus deren Sicht verantwortungslose Handeln der Kernkraft-Industrie aufgeführt.

4.2 Abriss der Entwicklung der Kernenergie in der Bundesrepublik

Nach der 1. Genfer Atomkonferenz hat die Bundesregierung erkannt, wie weit man in der Kerntechnik hinter anderen Ländern zurücklag und gründete zur Koordinierung der zu leistenden Arbeiten das *Atomministerium*. Im Oktober 1955 wurde *Franz Josef Strauß* zum ersten *Atomminister* ernannt. Am 26. Juli 1956 präsentierte der Atomminister der Presse und dem Rundfunk die Grundzüge seines ministeriellen Programms, welches die Ausarbeitung eines „Atomgesetzes" vorsah[9]. Dieses Gesetz sollte den Weg freimachen für die wissenschaftliche Erforschung der Kernenergie und für die wirtschaftliche Nutzung der Spaltung der Atomkerne. Er charakterisierte die Situation wie folgt:

> *Mit den Pariser Verträgen*[10] *haben wir auf die Herstellung von Atomwaffen im Gebiet der Bundesrepublik Deutschland verzichtet, aber freie Hand auf friedlichem Gebiet endlich bekommen. … Wir sind uns bewusst, dass wir einen 10- bis 15-jährigen Rückstand gegenüber USA, Großbritannien, der Sowjetunion und anderen Ländern haben. Auf uns kommt die Aufgabe zu, nicht nur den Rückstand aufzuholen, sondern der Menschheit zu zeigen, dass die Erforschung und Verwertung der Atomenergie für friedliche Zwecke geeignet ist, ein neues Zeitalter, eine wissenschaftliche und wirtschaftliche Umwälzung, auf lange Sicht gesehen, herbeizuführen.* [11]

Zur Unterstützung des *Ministeriums für Atomfragen* beschloss die Bundesregierung im Oktober 1955 die Bildung der *Deutschen Atomkommission (DAtK)*[11]. Sie sollte das Bundesministerium in allen wesentlichen Angelegenheiten auf dem Gebiet der Erforschung und Nutzung der Kernenergie beraten und dazu beitragen, *„den Rückstand der deutschen Atomforschung, die nur friedlichen Zwecken dient, gegenüber dem Ausland aufzuholen"*. Mitglieder der Kommission waren führende Persönlichkeiten der Wissenschaft und der Wirtschaft, sie wurden von der Bundesregierung berufen und tagten unter dem Vorsitz des Atomministers. Die DAtK beurteilte sämtliche Reaktorprojekte, von den kleinsten Forschungs- und Versuchsreaktoren bis zu den ersten großen Kernkraftwerken (Gundremmingen, Obrigheim, Lingen), die durch das BMAt gefördert wurden. Ausnahme war das Versuchsatomkraftwerk Kahl, welches vollständig von der RWE und dem Bayernwerk finanziert wurde.

Was die Rolle der Kernenergie betrifft, war man in der DAtK seinerzeit der Meinung, dass in den nächsten zehn Jahren von den großen Volkswirtschaften der Erde Positionen bezogen würden, die für längere Zeit maßgebend für den wirtschaftlichen Erfolg eines Landes sein werden. Dabei sei der Besitz der elektrischen Energie ausschlaggebend. Deshalb müsse die Bundesrepublik bei der Nutzung der Kernenergie zur Stromerzeugung so schnell und umfassend wie möglich selbständig werden. In der DAtK war man mehrheitlich der Meinung, dass „angereichertes Uran in absehbarer Zeit nicht in der Menge

---

[9] Eine detaillierte und spannend zu lesende Darstellung der „Geschichte der Kernenergie in der Bundesrepublik Deutschland" findet sich in dem Buch von Wolfgang Müller [38], eine dramatische Schilderung von „Aufstieg und Krise der (deutschen) Atomwirtschaft" gibt J. Radkau [41], [42].

[10] Ein Vertragswerk, welches das Besatzungsstatut für Westdeutschland beendete und der Bundesrepublik die Souveränität verlieh. Die Verträge wurden am 23.10.1954 in Paris von den Westalliierten und Italien unterzeichnet.

[11] Die DAtK bestand von 1957 bis 1971. Zu ihren Mitgliedern gehörten u. a. Ludwig Rosenberg, Vorsitzender des Deutschen Gewerkschaftsbundes, der Bankier Josef Abs, Werner Heisenberg, Otto Hahn und Karl Winnacker, damals Vorsitzender der Chemischen Werke Hoechst AG.

4.2 Abriss der Entwicklung der Kernenergie in der Bundesrepublik

international käuflich sein wird, wie es für ein deutsches Atomenergieprogramm benötigt werden wird, und deshalb ein Hauptziel des Atomprogramms eine Reaktorentwicklung hin zur Plutoniumerzeugung sein müsse, um von der Einfuhr teurer Kernbrennstoffe unabhängig zu werden. Mit diesen Vorgaben war das Arbeitsprogramm für die in Gründung befindlichen Kernforschungszentren in Karlsruhe und Jülich formuliert.

Durchaus ähnlicher Auffassung wie die DAtK war auch die Elektrizitätswirtschaft. In einem Beitrag zur Rolle der Atomenergie argumentierte der für Technik zuständige Vorstand des RWE, *Heinrich Schöller*, wie folgt:

> *Würden wir heute schon Atomkraftwerke im großen Maßstab errichten, so wären die Kosten der damit erzeugbaren elektrischen Energie höher als selbst die Kosten, welche bei Verbrennung amerikanischer Importkohle oder Öl in deutschen Kraftwerken entstehen. Solange wir aber auch beim Uran auf Import angewiesen sind und nicht etwa unseren Bedarf an Kernbrennstoffen über den für praktischen Einsatz noch in weiter ferne stehenden Brüter erstellen können, sollten wir genügend Kapitalmittel der Vermehrung und rationellen Anwendung unserer billigen heimischen Energierohstoffe zugute kommen lassen.* [49][12]

Auch die deutsche Industrie sah den Einstieg in die Kerntechnik als notwendig und geboten an, nicht nur für den Inlandsmarkt, sondern vor allem im Hinblick auf die Exportchancen, die damals von einer weltweiten Nutzung der Kernenergie erwartet werden konnten. Besonders galt dies für die Elektro- und Kraftwerkindustrie, die von jeher auf den Export ihrer Produkte angewiesen war. In dem bei Kriegsende zerstörten, verarmten, übervölkerten, mit Rohstoffen nicht gesegneten Westdeutschland verdankte man den Wiederaufbau und den relativen Wohlstand, der in den 10 Jahren seit Kriegsende erreicht wurde, zu einem erheblichen Teil der Fähigkeit, aus importierten Rohstoffen auf dem Weltmarkt gefragte Produkte herzustellen. Unter diesem Aspekt kam es den auf dem Gebiet tätigen Firmen nicht nur darauf an, mit ausländischen Firmen zu kooperieren, um Aufträge in der Bundesrepublik auszuführen. Durch eigenständige Entwicklung wollte man vielmehr die Grundlage dafür schaffen, um mit Firmen aus anderen Ländern auf dem Weltmarkt um Aufträge konkurrieren zu können. Aus dieser Zielsetzung erklärt sich die starke Beteiligung der deutschen Industrie an der Entwicklung eines eigenen Reaktors.

4.2.1 Forschungszentren – Atomprogramme

Die Reaktorentwicklung hatte in Deutschland bereits vor der Einrichtung des Atomministeriums begonnen. Die unmittelbar nach Kriegsende 1945 handelnde Person war *Werner*

---

[12] Hierbei bezog sich Schöller auf die Nutzung der heimischen Braunkohle. Bei der in den 1950er Jahren vollzogenen Vergrößerung der Leistung der Braunkohlefeuerungen hatte man mit großen Schwierigkeiten zu kämpfen, deren Überwindung den Kesselbaufirmen erst mit der Weiterentwicklung der Rohbraunkohle-Feuerungen und der Einführung der sogenannten Nachbrennroste gelang.

Heisenberg[13]. Heisenberg war vor dem Krieg Professor für Theoretische Physik an der Universität Leipzig und hatte, obwohl die Reaktorphysik nicht sein zentrales Forschungsthema war, eine Theorie der Kernreaktoren vorgelegt. Unter seiner Leitung wurden ab 1940 unter dem Namen „Uranvorhaben" Arbeiten zur Konstruktion eines Kernreaktors durchgeführt; beginnend in Leipzig, dann in Berlin und schließlich am Auslagerungsort Haigerloch in Württemberg-Hohenzollern. Die dortige Versuchsanlage wurde noch vor Kriegsende und vor Eintreffen der französischen Armee, die im Juni 1945 Südbaden und Württemberg-Hohenzollern besetzte, von einem Vorauskommando der amerikanischen Armee demontiert und abtransportiert.

Nach Kriegsende waren die Arbeiten am Uranvorhaben nicht fortsetzbar. Aber bereits 1946 trafen sich die daran Beteiligten in Göttingen wieder. Dort hatte Heisenberg mit dem Wiederaufbau des Kaiser-Wilhelm-Instituts für Physik begonnen, dessen Direktor er seit 1942 war. Im Juli 1947 wurde der Name des Instituts in *Max-Plank-Institut (MPI) für Physik* geändert. Obwohl zunächst die Reaktorphysik kein Forschungsthema des Instituts war, sind dort in der frühen Nachkriegszeit vier Wissenschaftler zusammengekommen, welche die Reaktorforschung der in den 1950er Jahren errichteten Kernforschungszentren prägten. Es sind dies: Karl Wirtz[14], Wolf Häfele[15], Otto Haxel[16] und Rudolf Schulten[17].

---

[13] Werner Karl Heisenberg (1901–1976) zählte zu den bedeutendsten Physikern des 20. Jahrhunderts.
Er war während des Krieges Direktor des Kaiser-Wilhelm Instituts für Physik in Berlin und führend am Uranprojekt des deutschen Heereswaffenamts beteiligt. Heisenberg war einer der wenigen Wissenschaftler, die in der Lage waren, unter den Nationalsozialisten zu arbeiten.
[14] Karl Eugen Julius Wirtz (1910–1994) war von 1947 bis 1957 am MPI für Physik Abteilungsleiter im Bereich Kernphysik und leitete die Planungsgruppe Reaktorkonstruktion. Er war an der Gründung des Kernforschungszentrums Karlsruhe (KFK) beteiligt und daselbst ab 1957 Leiter des Instituts für Neutronenphysik und Reaktortechnik [22]. Unter seiner Leitung wurde im Forschungszentrum Karlsruhe der erste in Deutschland entwickelte Reaktor errichtet.
[15] Wolf Häfele (1927–2013) promovierte 1955 am MPI für Physik und war von 1956 bis 1973 u. a. als Projektleiter für den Schnellen Brüter des KFK tätig. Er war nicht nur der Projektleiter, sondern vielmehr der Visionär des Schnellen Brüters.
[16] Otto Haxel (1909–1998) studierte an der TH München und der Universität Tübingen Ingenieurwissenschaften und Technische Physik, er war während des Krieges Mitarbeiter des deutschen Uranprojekts und nach dem Krieg des MPI Göttingen. Er war maßgeblich an der Gründung des Kernforschungszentrums Karlsruhe beteiligt und von 1970 bis 1975 dessen Wissenschaftlicher Direktor.
[17] Rudolf Schulten (1923–1996) wurde 1952 unter Heisenberg promoviert. Ab 1956 arbeitete er für die BBC Mannheim, dort baute er die Reaktorentwicklung auf, war von 1957 bis 1961 Geschäftsführer der Arbeitsgemeinschaft BBC/Krupp zur Planung eines Kernkraftwerks und von 1961 bis 1964 Technischer Geschäftsführer der Brown Boveri/Krupp Reaktorbau GmbH. Danach war er bis zu seiner Emeritierung Professor an der TH Aachen und Direktor am Institut für Reaktorentwicklung der Kernforschungsanlage Jülich.

4.2.2 Entwicklung von Kernkraftwerken in Deutschland

4.2.2.1 Erster deutscher Kernreaktor

Der erste in Deutschland nach eigenem Konzept gebaute Reaktor war der im *K*ern-*F*orschungszentrum *K*arlsruhe (KFK)[18] aufgestellte Forschungsreaktor FR2[19]. Der von Wirtz unter Mitarbeit von Schulten geplante, in Zusammenarbeit mit der bei Siemens-Schuckert neu eingerichteten Abteilung „Reaktorentwicklung" konstruierte FR2 war ein Natururan-Reaktor [58], [37], S. 224 ff, der mit schwerem Wasser moderiert und gekühlt wurde. Der Reaktor hatte eine thermische Leistung von 12 MW und einen Neutronenfluss von $1{,}9 \cdot 10^{12}$ n/cm². Die Kühlung erfolgte in einem geschlossenen D_2O Kühlkreislauf. Baubeginn war im Februar 1957 und die Inbetriebnahme im März 1961. 1966 wurde seine thermische Leistung durch konstruktive Änderungen der Brennelemente auf 44 MW vergrößert und damit auch der Neutronenfluss erhöht. Der Reaktor wurde von Siemens gebaut und in Betrieb genommen. Der FR2 diente ausschließlich als Neutronenquelle für Forschungszwecke und wurde nach zwanzigjähriger Betriebszeit stillgelegt.

4.2.2.2 Erster Leistungsreaktor (MZFR)

Als erster für ein Kraftwerk geeigneter Reaktor wurde im KFK in den Jahren von 1961 bis 1965 der *Mehrzweckforschungsreaktor* MZFR errichtet. Es war ein mit Schwerwasser moderierter und gekühlter Natururan-Druckwasserreaktor mit einer thermischen Leistung von 200 MW, mit dessen freigesetzter Wärmeenergie ein Kraftwerksprozess betrieben wurde. Der in einem Sekundärkreis betriebene Turbogenerator hatte eine Nettoleistung von 54 MW und speiste den erzeugten Strom in das öffentliche Netz ein. Der Reaktor wurde von der Abteilung für Kernreaktor-Entwicklung von Siemens-Schuckert, deren Gründer und Leiter Wolfgang Finkelnburg[20] war, konzipiert, von 1962 bis 1964 gebaut und 1964 in Betrieb genommen.

Der Betrieb des Reaktors war während der 1960er Jahre durch Leckagen des Primärkreises behindert, neben dem Verlust von teurem schwerem Wasser ging damit auch ein Austritt von Radioaktivität einher. Die Wasserverluste waren so groß, dass sie von der KFK eigenen Schwerwasser-Anreicherungsanlage nicht zeitnah ausgeglichen werden konnten, weshalb die Zeitverfügbarkeit nach fünf Betriebsjahren noch unter 50 % lag. Erst

---

[18] Das KFK wurde 1956 als Reaktorbau- und Betriebsgesellschaft GmbH vom Bundesministerium für Atomfragen gegründet.
[19] Ursprünglich sollte der erste deutsche Reaktor FR1 mit Graphit als Moderator ausgeführt werden. Noch im Planungsstadium wurde dies geändert. Der dann mit D_2O moderierte Reaktor wurde FR2 genannt.
[20] Wolfgang Karl Ernst Finkelnburg (1905–1967) war Experimentalphysiker und hat nach 1956 bei der Siemens-Schuckert AG die Abteilung für Kernreaktor-Entwicklung aufgebaut und war deren Leiter. Er setzte sich für die Nutzung von mit schwerem Wasser moderierten Natururan-Reaktoren zum Betrieb von Kraftwerken und zur Plutonium Produktion ein.

in den 1970er Jahren waren die Mängel soweit behoben, dass der Reaktor die für eine technische Anwendung erforderliche Betriebstüchtigkeit aufwies. Der weitere Betrieb verlief dann problemlos und zufriedenstellend. Als Mangel haftete dem Reaktor an, dass er als Testanlage zu groß und als Leistungsreaktor zu klein war.

Zur Zeit der Inbetriebnahme war der MFZR der größte mit Schwerwasser gekühlte und moderierte Natururan-Reaktor der Welt [14], [3], [46]. Nach fast zwanzig Betriebsjahren wurde der MFZR im Mai 1984 stillgelegt.

4.2.2.3 Erster Exportauftrag für ein Kernkraftwerk für Siemens

Die beim Bau und dem Betrieb des FR2 und des MZFR erworbenen Kenntnisse und Erfahrungen setzten Siemens in die Lage, kommerzielle Kernkraftwerke zu planen und zu bauen. Mit dem MZFR als Referenz bewarb sich Siemens bereits 1965 erfolgreich um den Bau des von einem argentinischen Stromversorger ausgeschriebenen Kraftwerksprojekts Atucha und gewann den Auftrag im Wettbewerb gegen amerikanische und europäische Konkurrenten. Das Kraftwerk hatte eine Nettoleistung von 340 MW und wurde mit einem mit schwerem Wasser moderierten und gekühlten Druckwasserreaktor [15] ausgerüstet. Die 1968 in Auftrag gegebene Anlage profitierte von den Erfahrungen des MZFR, sie wurde 1974 fertig gestellt und ist seither in Betrieb.

Siemens erhielt noch den Folgeauftrag für Atucha 2 mit einer Nettoleistung von 750 MW. Der 1981 begonnene Aufbau der Anlage wurde 1994 wegen Geldmangel unterbrochen, erst nach einer zweiten Bauphase wurde das Kraftwerk 2014 fertiggestellt und in Betrieb genommen.

4.2.2.4 Erster Leistungsreaktor für ein deutsches Kraftwerk

In allen Reaktoren, die mit Uran als Spaltstoff betrieben werden, entsteht mit thermischen Neutronen spaltbares Plutonium (Pu-239), vgl. Abschnitt 4.2.2.5. Wird aus dem Reaktor der „ausgebrannte" Brennstoff entnommen und chemisch aufbereitet, kann das neu gebildete Pu-239 mit gut bekannten chemischen Methoden isoliert und dann wiederum als Reaktorbrennstoff verwendet werden. In der DAtK war man in den 1960er Jahren noch der Meinung, dass ein Hauptziel des deutschen Atomprogramms eine Reaktorentwicklung hin zur Plutoniumgewinnung sein muss. Dem diente auch die Errichtung des 100 MW Kernkraftwerks Niederaichbach (KKN). Man hoffte damals, mit zwei gasgekühlten, mit Graphit bzw. mit schwerem Wasser moderierten Reaktoren innerhalb von zwei Jahren so viel Plutonium zu erzeugen, dass damit der Anreicherungsbedarf für einen gleichgroßen Reaktor gedeckt würde. Dies zu zeigen, war ein Entwicklungsziel des Projekts Niederaichbach (KKN), mit dessen Planung Siemens 1959 von den Bayernwerken beauftragt wurde.

Wie beim MZFR sollte Natururan als Spaltmaterial und schweres Wasser als Moderator verwendet werden. In Abweichung zum MZFR wurde der Reaktor auf Verlangen der Bayernwerke aber als gasgekühlter (CO_2) Druckröhrenreaktor konzipiert. Mit der Gaskühlung sollte die im Reaktor erzeugte Wärme mit 550 °C einem Dampfprozess zugeführt werden. Der für eine thermische Leistung von 316 MW ausgelegte Reaktor wurde von 1966–1972 errichtet und 1973 in Betrieb genommen. Bauherr für den Reaktorteil war die Bundesrepublik, zuständiges EVU für den späteren Betrieb waren die Bayernwerke AG, die auch Bauherr für den Kraftwerksteil waren.

Schon während der Projektierung war bekannt, dass dieses Reaktorkonzept nur erfolgreich durchführbar ist, wenn die Brennelemente mit einem Werkstoff umhüllt werden, der *fast* keine Neutronen absorbiert. Dafür kamen äußerst dünnwandige Stahlrohre oder Beryllium-Rohre in Frage. Schon vor Baubeginn stand fest, dass dünnwandige Stahlrohre in der geforderten Qualität nicht zur Verfügung stehen werden. Von französischen Firmen war im Oktober 1965 auf einem Kongress des Europäischen Atomforums mitgeteilt worden, dass die Herstellung von nicht spröden, bearbeitbaren Beryllium-Legierungen gelungen sei. Man hoffte deshalb, dass bald die Verwendung eines zweckmäßigeren Brennelement-Hüllrohrmaterials möglich sein wird [53]. Unter dieser Voraussetzung wurde mit dem Bau der Anlage begonnen, der von der Siemens-Schuckert AG ausgeführt wurde.

Die Hoffnungen auf die Beryllium-Rohre für die Brennelemente erfüllten sich nicht. Die mit Stahlrohren ausgeführten Brennelemente mussten deshalb statt aus Natururan aus schwach angereichertem Uran (1,14 % U-235) hergestellt werden. Damit war die aufwendige Reaktorkonstruktion des KKN mit ihren kompliziert verknüpften Kreisläufen und dem teuren Moderator ihres Vorteils verlustig gegangen. Als sich dann noch Schwierigkeiten beim Betrieb ergaben, wurde der Beschluss zu Stilllegung des Reaktors gefasst.

Mit der Stilllegung des KKN und nach dem frühen Tod von Wolfgang Finkelnburg, der die treibende Kraft des Siemens-Natururanreaktors gewesen war, wurde das mit großen Hoffnungen begonnene deutsche Natururan Reaktorprogramm beendet.

4.2.2.5 Schneller Brüter SNR 300

Noch vor Gründung der Kernforschungszentren war man in der DAtK zu der Meinung gekommen, dass ein Hauptziel des deutschen Atomprogramms eine Reaktorentwicklung hin zur Plutoniumerzeugung sein müsse. Nachdem die Entwicklung des FR2 und MZFR abgeschlossen war, besann man sich auf diese Aufgabe und schuf ein für das KFK identitätsstiftendes Programm zur Entwicklung eines Brutreaktors.

Brutreaktoren arbeiten mit schnellen Neutronen, denn die Wahrscheinlichkeit, dass ein Neutron beim Auftreffen auf einen U-238 Kern Plutonium Pu-239 erzeugt, steigt mit seiner Geschwindigkeit. Anders als beim Leichtwasserreaktor dürfen die bei einem Spaltvorgang entstandenen Neutronen nicht abgebremst werden, Brutreaktoren haben deshalb keinen Moderator. Die Arbeit mit schnellen Neutronen ist eine notwendige Voraussetzung, um einen Reaktor als effizienten Brüter betreiben zu können. Brutreaktoren erzeugen (*erbrüten*) mehr spaltbares Material als bei ihrem Betrieb verbraucht wird, weil das zunächst nicht spaltbare Uran U-238, das im natürlichen Uran zu 99,3 % enthalten ist, durch Einfang eines schnellen Neutrons in das zu den Transuranen gehörende und mit thermischen Neutronen spaltbare Plutonium Pu-239 umgewandelt wird. Alle Kernreaktoren erbrüten Plutonium. Moderne Leichtwasserreaktoren erzeugen pro Spaltvorgang (Brutrate) 0,4 bis 0,5 Pu-239 Kerne, bei mit Graphit oder schwerem Wasser moderierten Reaktoren liegt die Brutrate bei 0,5 bis 0,7 und bei Brutreaktoren strebt man 1,2 an, theoretisch wären

1,8 möglich [17]. Wie U-235 kann auch Plutonium sowohl für die Strom- als auch die Waffenproduktion verwendet werden.[21]

Das Brutprinzip wurde bereits 1943 von Fermi und seinen Mitarbeitern im Rahmen des Manhattan-Projekts entdeckt. Es ist nach Häfele „ein Wunder der Natur". Brutreaktoren haben im Vergleich zu Leistungsreaktoren einen kompakteren Reaktorkern mit einer höheren Konzentration spaltbarer Kerne, was in der Folge zu einer höheren Energiedichte im Reaktorkern führt, ca. 300 MW/m^3 im Vergleich zu ca. 90 MW/m^3 bei Leichtwasserreaktoren. Die im Reaktorkern freiwerdende Energie muss in beiden Fällen zuverlässig abgeführt werden, was offensichtlich beim Brutreaktor eine noch anspruchsvollere Aufgabe ist als beim Leichtwasserreaktor.

In den 1950er Jahren war man in Europa, in Japan und den USA der Meinung, dass es für den Schnellen Brüter vorteilhafte technische Lösungen geben würde – es begann ein Wettrennen um die beste technische Lösung. Dazu wurde in der Bundesrepublik ein entsprechendes Entwicklungsprogramm am Kernforschungszentrum Karlsruhe (KFK) unter der Leitung von Wolf Häfele eingerichtet. Die Arbeitsgruppe um Häfele kam zu dem Schluss, dass eine sichere Kühlung eines Schnellen Reaktors vorteilhaft mit Natrium als Kühlmittel möglich ist, denn Natrium ist ein guter Wärmeleiter und ein schlechter Moderator, d. h. es bremst Neutronen nicht ab. Das in flüssiger Phase vorliegende Natrium wird dabei im Reaktorkern auf ca. 550 °C erhitzt, gibt die aufgenommene Wärme in einem Wärmeaustauscher an den Dampfkraftprozess ab und strömt mit ca. 300 °C wieder zur Kühlung des Reaktorkerns zurück [32]. Ein weiterer Vorteil des Natriums ist der geringe Dampfdruck von ca. 1,2 MPa bei einer Temperatur von 600 °C. Da Natrium beim Kontakt mit Luft spontan und explosionsartig zu brennen beginnt, muss der Natrium–Kühlkreislauf absolut dicht sein. Zum Glück ist der Druck im Natrium Kühlkreislauf mit ca. 12 bis 20 MPa gering, so dass dies keine zu schwere Aufgabe ist.

Für flüssiges Natrium als Kühlmittel konnte man damals nicht auf Erfahrungen in anderen technischen Anwendungen zurückgreifen. Deshalb wurde zum Studium der Natriumkühlung im KFK 1966 ein thermischer 20 MW Reaktor (KNK 1) mit einem *kompakten, natriumgekühlten Reaktorkern* errichtet. Der mit thermischen Neutronen betriebene KNK 1 erreichte 1973 die volle Leistung und wurde dann nach einer Testphase für die Natriumkühlung zu einem Schnellen Reaktor (KNK 2) umgebaut. Der umgebaute Reaktor wurde 1977 wieder angefahren und dann mehr als 10 Jahre erfolgreich betrieben [18], [35].

---

[21] Plutonium unterscheidet sich in seinen chemischen Eigenschaften vom Uran und kann aus abgebrannten Kernbrennstoffen mit den Methoden der Nasschemie isoliert werden. Der Weg über das Plutonium ist deshalb der billigste und einfachste zur Herstellung von Kernwaffen. Bomben können zwar auch mit U-235 hergestellt werden. Die Abtrennung des U-235 ist aber ungleich schwieriger und aufwendiger, was ein gewisses Hindernis für den Bau von Uranwaffen darstellt. Hinzu kommt noch, dass für einen Sprengsatz nur 8 kg P–239, aber 25 kg U-235 notwendig sind. Die pure Existenz des Plutoniums ist damit der Preis, den wir für die extensive Nutzung des Urans in Reaktoren und Brutreaktoren zu zahlen haben.

Bereits vor Inbetriebsetzung des KNK 1 wurde von Wolf Häfele in Zusammenarbeit mit der Siemens Gesellschaft *Interatom*, die auch die Reaktoren KNK 1 und KNK 2 gebaut hatte, ein Prototyp eines 300 MW Kraftwerks mit einem Brutreaktor geplant, der Brennstoff erbrüten sollte, was mit dem KNK 2 nicht möglich war. Das Konzept des später SNR 300 genannten Kraftwerks wurde 1969 dem Bundesministerium für Forschung und Technologie vorgelegt. 1972 wurde schließlich eine Absichtserklärung für den Bau der Anlage abgeschlossen, Vertragspartner waren die belgisch-niederländisch-deutsche Schneller-Brüter-Kraftwerksgesellschaft und die Firma Interatom als Auftragnehmer [19], [5]. Die Anlage wurde 1973 bis 1985 in Kalkar am Niederrhein erstellt, während der Bauzeit erhöhten sich die Kosten von 1,7 auf 7 Mrd. DM [54], [34].

Im Herbst 1985 war der SNR 300 zur Inbetriebsetzung bereit. Dazu kam es aber nicht, da die für die Erteilung der Betriebserlaubnis zuständige Landesregierung die dafür notwendige Genehmigung im Zuge der von ihr verfolgten Kohle-Vorrang-Politik verweigerte.

4.2.3 Hochtemperaturreaktoren – Kugelhaufenreaktor

Hochtemperaturreaktoren (HTR) sind gasgekühlte graphit-moderierte Reaktoren, die Wärme mit einer wesentlich höheren Temperatur bereitstellen als andere Reaktortypen. Zu den Hochtemperatur-Reaktoren zählt der Kugelhaufenreaktor und der *H*igh-*T*emperature-*G*as-*C*ooled Reactor (HTGR) der US-amerikanischen Gesellschaft *General Dynamics*. Bei beiden Reaktoren sind Moderator und Brennstoff in Brennelementen zusammengeschlossen, sie unterscheiden sich in der Geometrie und Anordnung der Brennelemente: beim Kugelhaufenreaktor ist es eine Kugelschüttung, beim HTGR sind es feststehende prismatische Brennstäbe.

Der Kugelhaufenreaktor geht auf eine 1947 von Farrington Daniels[22] entwickelte Idee zurück. In Daniels *pebble bed reactor* sollten kugelförmige Brennelemente in einem zylindrischen Gefäß aufgeschichtet und die bei der Spaltung freiwerdende Energie mittels eines die Brennelementkugeln umströmenden Gases abtransportiert werden; dieser Vorschlag wurde aber in den USA nicht weiter verfolgt. In Weiterführung von Daniels Idee wollte Rudolf Schulten, der damals Leiter der Reaktorentwicklungsabteilung der BBC Mannheim war, die kugelförmigen Brennelemente von oben her zuführen und die ausgebrannten unten herausnehmen, ähnlich der Aufgabe der Kohle und dem Austrag der Asche bei den früher oft verwendeten Kanonenöfen für die Hausheizungen. Die mit einem Gemisch aus Uranoxid und Graphitpulver gefüllten Kugeln sollten nach Schultens Idee mit einer Hülle aus Graphit umschlossen werden. Auch die Umhüllung des Reaktors sollte mit Graphit ausgekleidet sein. Der gesamte Reaktorkern bestand somit aus keramischen

---

[22] Farrington Daniels (1889–1972), US amerikanischer Physikochemiker, war Leiter der metallurgischen Abteilung des Manhattan Projekts.

Bauteilen. Deshalb kann die Betriebstemperatur eines solchen Reaktors höher angesetzt werden als bei Reaktoren, deren Brennelemente in metallischen Röhren eingefasst sind. Mit Helium als Kühlmittel schien es möglich, mit einem solchen Reaktor Wärme mit einer Temperatur von 750 °C für einen Kraftwerkprozess zu erzeugen; ein Temperaturniveau, das damals auch für fortschrittliche fossil gefeuerte Dampfkraftwerke angestrebt wurde. Bei BBC war man davon überzeugt, dass der von Schulten vorgeschlagene *Kugelhaufenreaktor* eine robuste und marktgerechte Wärmequelle für ein weites Anwendungsgebiet sein würde.

4.2.3.1 Der AVR-Jülich

BBC errichtete 1957 eine Vorschaltturbine für die Stadtwerke Düsseldorf. Bei einer damit verbundenen Besprechung stellte BBC Schultens Vorschlag für ein Kernkraftwerk mit einem Kugelhaufenreaktor vor. Ein Vorschlag, der für den damaligen Stand der Technik sensationell war [50]. Denn Schultens Reaktor war volumenmäßig kleiner als der des gerade fertig gestellten Kraftwerks Calder Hall, konnte wegen der hohen Temperatur der erzeugten Wärme im nachgeschalteten Dampfprozess einen höheren Wirkungsgrad erreichen und auch die Wirtschaftlichkeit schien bereits bei einer Größe von 50 MW gegeben. Der Technische Direktor der Düsseldorfer Elektrizitätswerke, Werner Cautius, war von dem Vorschlag so angetan, dass er elf weitere kleinere Elektrizitätswerke dafür gewann, sich in einer *Arbeitsgemeinschaft Deutscher Energieversorgungsunternehmen zur Vorbereitung der Errichtung eines Reaktors (AVR)* zusammenzuschließen. Es stellte sich bald heraus, dass fundierte Aussagen über einen solch neuartigen Reaktor nur aufgrund praktischer Versuche gemacht werden konnten. Zur Vorbereitung brachte Cautius für die Planung und den möglichen Bau eines solchen Reaktors ein Konsortium der Firmen BBC und Krupp zusammen.

Im April 1957 erteilte die AVR der Arbeitsgemeinschaft BBC/Krupp einen Konstruktionsauftrag für ein Kernkraftwerk mit einem Kugelhaufenreaktor mit einer elektrischen Leistung von 15 MW. Es war der erste Auftrag für einen vollständig in Deutschland entwickelten Reaktortyp [60], [7]. Der Konstruktionsauftrag wurde innert eines Jahres erfüllt. Obwohl den in der AVR zusammengeschlossenen Energieversorgungsunternehmen bewusst war, dass die noch zu leistende Entwicklung von Komponenten des neuartigen Kraftwerks mit Unsicherheiten und Risiken verbunden war, erteilten sie im Februar 1959 den Bauauftrag. Die von BBC/Krupp verlangten Baukosten in Höhe von 40 Mio DM wurden je zur Hälfte vom BMAt und der AVR aufgebracht [6]. Ziel des Baus war es nachzuweisen, dass der heliumgekühlte Kugelhaufenreaktor eine Wärmequelle ist, die es ermöglicht, auch in kleinen Einheiten wirtschaftlich Strom zu erzeugen.

Der besondere Vorzug des AVR bestand in der Ausführung des Reaktorkerns ohne metallische Werkstoffe. Der mit Graphit ausgekleidete zylindrische Reaktorbehälter hatte einen inneren Durchmesser und eine lichte Höhe von jeweils 3 Metern. Im Vergleich zu den Leichtwasserreaktoren hatte der AVR eine um eine Größenordnung geringere Energiedichte. Die Brennelemente bestanden aus dickwandigen Hohlkugeln von 60 mm Außendurchmesser und 10 mm Wanddicke. Im Hohlraum der Kugel befand sich der Kern-

4.2 Abriss der Entwicklung der Kernenergie in der Bundesrepublik

brennstoff in Form von beschichteten Kügelchen von ca. 0,5 mm Durchmesser. Die als Barriere für den Rückhalt der Spaltprodukte von Schichten aus porösem Kohlenstoff und gasdichtem Siliziumkarbid umgebenen Brennstoff-Kügelchen bestanden aus ThO_2 und hoch angereichertem UO_2. Diese beschichteten Teilchen, die *coated particles*,[23] wurden zusammen mit Graphitpulver, dem Moderator, in die Hohlkugeln eingefüllt. In einem Brennelement befanden sich ca. 20 000 bis 30 000 beschichtete Teilchen und im Reaktor 100 000 Brennelement-Kugeln.

Ab 1961 wurde der Reaktor mit einer Wärmeleistung von 43 MW zusammen mit einem nachgeschalteten Dampfkraftwerk mit einer Nettoleistung von 13 MW auf einem an das im Aufbau befindliche *Forschungszentrum Jülich* angrenzenden Grundstück errichtet. Als Kühlmittel für den Reaktor wurde Helium verwendet, welches sich bei der Durchströmung des Brennelement-Kugelhaufens von 275 °C auf 750 °C erhitzte, in einem nachgeschalteten Wärmetauscher auf 275 °C abkühlte und wieder in den Reaktor zurückgeführt wurde. Mit der vom Helium transportierten Wärme wurde in einem nachgeschalteten Wärmetauscher der Dampf für den Antrieb der Turbine erzeugt. Der Reaktor wurde im Herbst 1966 erstmals kritisch und das Kraftwerk speiste ab 1967 Strom in das öffentliche Netz ein. Die vom BMAt und den Eigentümern getragen Baukosten bis zur Inbetriebnahme beliefen sich auf ca. 100 Mio DM [6].

Der Betrieb der Anlage verlief weitgehend problemlos. Aufgetretene Betriebsstörungen konnten vom Betriebspersonal behoben werden [59]. Über die gesamte Betriebszeit gerechnet wurde eine mittlere Verfügbarkeit von 60,4 % erreicht, der beste Jahreswert lag 1976 bei 92 %. Am Ende der Betriebszeit des AVR am 31. Dezember 1988 war für die Hersteller der Anlage und deren Auftraggeber der Nachweis für die Machbarkeit des Kugelhaufenreaktors erbracht, der AVR hatte damit seinen Zweck erfüllt.

Von seinen Befürwortern wurde der AVR als inhärent sicher bezeichnet. Inhärent sicher nennt man Reaktoren, bei denen die Spaltreaktionen mit zunehmender Temperatur des Reaktorkerns geringer werden und schließlich gegen Null gehen. Dies ist allerdings auch bei Leichtwasserreaktoren der Fall, aber beim AVR ist zusätzlich aufgrund der geringen Energiedichte im Reaktorkern von 2,5 MW/m^3 der Wärmeabfluss durch Wärmeleitung und Konvektion an die Umgebung so groß, dass es auch durch die Nachwärme der bereits gespaltenen Kerne zu keiner Kernschmelze kommen kann, ohne dass zusätzliche technische Maßnahmen ergriffen werden müssen. Dagegen spricht, dass dieses Konzept zunächst nur eine unerprobte Modellvorstellung ist. Bei komplexen technischen Systemen kann eine solche Eigenschaft nur durch Erfahrung belegt werden [33].

Nach der Stilllegung des AVR wurde gefunden, dass der Reaktorbehälter dermaßen radioaktiv kontaminiert war, dass er nicht wie andere Reaktoren zerlegt und in Behälter eingeschweißt werden konnte. Offensichtlich hatten sich Brennelement-Kugeln in einigen Bereichen der Kugelschüttung stärker aufgeheizt und Temperaturen angenommen die um 300 °C höher waren als vorausberechnet. Bei hohen Temperaturen werden die als Barrieren für die radioaktiven Spaltprodukte aufgebrachten Beschichtungen der *coated particles*

---

[23] Die *coated particles* wurden vom US-amerikanischen Oak Ridge National Laboratory entwickelt.

durchlässig, was die festgestellte hohe Belastung mit Cäsium-137 und Strontium-90 erklärte [45].

4.2.3.2 Prototyp-Kernkraftwerk THTR-300

Mit dem AVR war in den Augen der Befürworter eine neue Epoche der nuklearen Energiegewinnung erreicht worden, da dieser Reaktortyp mit Heliumkühlung nicht nur zur Stromerzeugung genutzt werden, sondern auch Wärme hoher Temperatur für vielfältige Anwendungen wie z. B. für Kohlevergasung [1] liefern konnte und sogar Einkreisprozesse mit Gasturbinen zur Stromerzeugung möglich schienen [21]. Weiter schien es nur noch ein kleiner Schritt hin zur Entwicklung des Thorium-Brüter für die Umwandlung von Thorium Th-232 in das mit thermischen Neutronen spaltbare Uranisotop U-233 [51].

Um gegenüber den Anbietern der Leichtwasserreaktoren nicht ins Hintertreffen zu geraten, begann BBC/Krupp, unterstützt von der KFA Jülich, mit der Planung eines 300 MW Kraftwerks mit Kugelhaufenreaktor. Unter der Führung der Vereinigten Elektrizitätswerke Westfalen (VEW) wurde 1969 die *Hochtemperatur Kernkraftwerk Gesellschaft* (HKG) mit dem Ziel gegründet, ein 300 MW Kraftwerk mit Kugelhaufenreaktor zu errichten und zu betreiben [55]. Noch im Jahr 1969 legte BBC/Krupp ihr Angebot für das als THTR-300 bezeichnete Kraftwerk vor. Wie der AVR war der *Thorium-Hoch-Temperatur-Reaktor* (THTR) ein heliumgekühlter Kugelhaufenreaktor, der zwar seine Energie aus der Spaltung von U-235 gewann, aber als Thorium-Brüter auch U-233 erzeugen sollte. Wie beim AVR bestand der Kernbrennstoff aus hoch angereichertem (93 %) Uran U-235 als UO_2 und Thorium Th-232 in der Form ThO_2 als Brutstoff. Das Th-232 sollte erst beim Betrieb des Reaktors durch Einfang eines thermischen Neutrons in das ebenfalls mit thermischen Neutronen spaltbare U-233 umgewandelt werden [20]. Wie beim AVR bestanden die Brennelemente aus Graphitkugeln mit 60 mm Durchmesser, die im Innern mit den ca. 0,5 mm großen Brennstoff-Kügelchen gefüllt waren, vgl. Abschn. 4.2.3.1. Bei Betrieb des Reaktors befanden sich ca. 700 000 Brennelemente im Reaktor. Die auf das Volumen bezogene Leistungsdichte im Reaktorkern betrug 6 MW/m^3 und war damit um den Faktor 15 geringer als bei Leichtwasserreaktoren gleicher Leistung.

Der Baubeschluss erfolgte 1970, die Kosten beliefen sich auf 600 Mio DM, von denen 50 Mio DM von der HKG, 126 Mio DM durch staatsverbürgte Kredite und der Rest vom Bund und dem Land NRW aufgebracht wurden [2]. Die Anlage wurde von 1971 bis 1985 in Hamm-Uentrop errichtet [36]. Nach der ersten Teilerrichtungs-Genehmigung im Jahr 1971 hielt die Genehmigungsbehörde 16 weitere Genehmigungen mit 21 Ergänzungen und 1 350 neuen Auflagen für erforderlich. In der Folge verlängerte sich die Bauzeit von den geplanten 60 auf 200 Monate, die Baukosten erhöhten sich auf mehr als 4 Mrd DM [26], [24].

Nach der seit Sommer 1983 begonnenen Inbetriebsetzung der Gesamtanlage hatte das Kraftwerk im November 1985 erstmals Strom ins Netz eingespeist. Wie nach der Inbetriebnahme einer jeden großen Anlage kam es auch beim THTR zu mehreren Betriebsunterbrechungen, u. a. bedingt durch mehr Brennelementbrüche als erwartet. Der Reaktor musste mehrmals abgeschaltet und kaltgefahren werden, um gebrochene Brennelemente aus den Sammelbehältern zu entfernen. Die Übergabe an die Betreiber erfolgte schließlich am 1. Juni 1987.

Im September 1988 wurde der Reaktor zur Revision abgeschaltet. Für die HKG hatte sich der Betrieb des Kraftwerks als hochdefizitär herausgestellt. Da ihre Mittel erschöpft waren, stellte die HKG ein vorsorgliches Stilllegungsbegehren an die Bundesregierung und die Landesregierung NRW. Da Bund und Land während der Betriebszeit 90 % der Verluste zu tragen hatten, stellten die Bundesregierung und die Landesregierung NRW nochmals 92 Mio DM bzw. 65 Mio DM für den Weiterbetrieb zur Verfügung [10]. Im August 1989 verfügte die Landesregierung NRW endgültig die Stilllegung. Seitdem gibt es weder in Deutschland noch in einem anderen Land einen Hochtemperaturreaktor, die Stromerzeugung mit Atomkraftwerken erfolgt fast nur noch mit Leichtwasserreaktoren.

4.2.4 Kommerzielle Kernkraftwerke

4.2.4.1 Versuchsatomkraftwerk Kahl

Im März 1955 lud die USAEC (United States Atomic Energy Commission) zu ihrem ersten Lehrgang über Reaktortheorie und -technik für ausländische Ingenieure und Wissenschaftler. Von den vier Teilnehmern aus der Bundesrepublik waren drei Angehörige der RWE, unter ihnen Heinrich Mandel[24]. Früher als andere Energieversorger hatte RWE erkannt, dass es notwendig ist, „die Kernenergie als neue Rohenergieform bezüglich ihrer wirtschaftlichen Aussichten gewissenhaft zu prüfen und daraus Konsequenzen zu ziehen, ohne sich in eines der beiden Extreme – Untätigkeit auf der einen, Übereilung auf der anderen Seite – zu verlieren" [30]. Um selbst Erfahrungen bei Planung, Ausschreibung und Bau von Atomkraftwerken zu sammeln, veranlasste RWE ohne Absprache mit der DAtK eine Anfrage bei 10 amerikanischen und englischen Herstellerfirmen für den Bau eines Versuchskraftwerkes mit angereichertem Uran mit einer elektrischen Leistung von 10 MW. Von den sieben eingegangenen Angeboten bezogen sich drei auf einen Druckwasserreaktor, zwei auf einen Siedewasserreaktor und je eines auf einen mit Natrium gekühlten Graphitreaktor und einen homogenen Lösungsreaktor [29].

Für die Ausarbeitung von Angeboten kam es zu Kooperationen deutscher und ausländischer Kesselbau- Elektrofirmen, u. a. zwischen der amerikanischen *Babcock&Wilcox* und BBC, *Westinghouse* und Siemens, *General Electric (GE)* mit AEG sowie *Foster Wheeler* mit den Vereinigten Kesselwerken (VKW). Da damals der mit Natururan betriebene

---

[24] Heinrich Mandel (1919 in Prag –1979) war ein deutscher Ingenieur und ein weltweit aktiver Fürsprecher der friedlichen Nutzung der Kernenergie. Er hatte an der damals deutschsprachigen TH Prag Maschinenbau studiert und wurde 24 jährig zum Dr.-Ing. promoviert mit einer Dissertation zu dem Thema „Der Einfluß der Vorwärmung und Zwischenüberhitzung auf die Energieumsetzung in Gasturbinen" . Mandel war Kriegsteilnehmer. Nach Entlassung aus amerikanischer Kriegsgefangenschaft begann er als Hilfsmonteur beim RWE, er war beim Wiederaufbau eines Kohlekraftwerks eingesetzt. 1955 wurde er Leiter der Kerntechnischen Abteilung, 1961 stellvertretendes und 1967 ordentliches Vorstandsmitglied der RWE AG [9].

britische Calder-Hall-Reaktortyp mit Graphitmoderator und Gaskühlung als besonders ausgereift galt, bildete Siemens ein Konsortium mit der englischen Firmengruppe *English Electric/Babcock&Wilcox/Taylor Woodrow*. Die Auswahl unter vier angebotenen Reaktortypen wurde von RWE nach folgenden Gesichtspunkten getroffen [31]:

- gute technische und wirtschaftliche Aussichten für künftige betriebssichere Großkraftwerke
- er sollte ein Höchstmaß nutzbringender Erfahrungen liefern, ohne ein großes technisches Risiko zu enthalten
- unter Berücksichtigung ausländischer Erfahrungen sollten keine langfristigen Entwicklungen bis zum wirtschaftlichen Einsatz für Großanlagen notwendig sein
- zur Erweiterung der Erfahrungsbasis in Europa sollte ein Typ gewählt werden, der nicht schon in einem benachbarten Land in Planung oder im Bau ist

Nach Auswertung der Angebote für das *Versuchsatomkraftwerk Kahl* (VAK) führte für Mandel kein Weg am Leichtwasserreaktor vorbei. Die von Mandel vorbereitete Entscheidung des RWE für den Siedewasserreaktor von GE/AEG war eine Handlung gegen die Mehrheitsmeinung der DAtK, deren Mitglied Mandel war. Denn im Interesse einer deutschen Unabhängigkeit von amerikanischen Urananreicherungsanlagen setzte die Atomkommission auf Natururanreaktoren.

Der Siedewasserreaktor zählt zu den Leichtwasserreaktoren. Dieser Reaktortyp war nach seiner Einführung als Energiequelle für Schiffsantriebe von Firmen Westinghouse und General Electric, den damals wichtigsten Herstellern von Kraftwerkseinrichtungen, kontinuierlich weiterentwickelt worden. Beide Firmen kooperierten traditionsgemäß über Lizenzverträge mit Partnerfirmen, in Deutschland waren dies für GE die AEG und für Westinghouse die Siemens-Schuckert AG. Die Verbindung zwischen der AEG und GE geht bis in die Gründerzeit beider Gesellschaften zurück und bestand damals in einer 15 % Kapitalbeteiligung der GE an AEG. Deshalb waren GE und AEG natürliche Partner für die Zusammenarbeit auf dem Gebiet der Kernenergie, auf dem AEG nur geringe Kompetenzen hatte.

Der mit Leichtwasser moderierte und gekühlte Reaktor Kahl wurde von GE entworfen und spezifiziert. GE lieferte auch die mit 2,3 % U-235 angereicherten Uran bestückten Brennelemente und bildete ferner das Betriebspersonal aus [31]. Der Reaktor hatte eine Wärmeleistung von 60 MW, der Turbogenerator des Kraftwerkteils erzeugte damit eine elektrische Leistung von 15 MW. Die Bauausführung bis zur Übergabe der schlüsselfertigen Anlage lag in den Händen der AEG. Die Baukosten in Höhe von 35 Mio. DM wurden zu 80 % von der RWE und zu 20 % von den Bayernwerken getragen, außer steuerlichen Abschreibungserleichterungen wurden für das VAK keinerlei öffentliche Fördermittel in Anspruch genommen.

Der Reaktor wurde ohne Baugenehmigung errichtet und erst nach Fertigstellung genehmigt. Die Genehmigungsbehörden und ihre Zuarbeiter hatten erstmals im Ernst ein

Genehmigungsverfahren für ein Atomkraftwerk abzuwickeln [44]. Nach einer Bauzeit von zweieinhalb Jahren wurde der Reaktor im Juni 1961 in Betrieb genommen und im Februar 1962 nahm das Kraftwerk den kommerziellen Betrieb auf. Bis zur Stilllegung im November 1985 hat es 2,1 Mrd. kWh ins öffentliche Netz eingespeist, über seine gesamte Laufzeit gerechnet hat die Anlage im Mittel eine Zeitverfügbarkeit von über 74 % erreicht.

4.2.4.2 Kernkraftwerk Gundremmingen

Da die Konkurrenzfähigkeit der Atomkraftwerke mit den Kohlekraftwerken 1960 nicht gegeben war, zögerten die Versorgungsunternehmen große Kernkraftwerke zu bauen [28]. Demgegenüber sah die Politik parteiübergreifend in der Kernenergie langfristig eine unverzichtbare Energiequelle[25]. Um den Bau von Atomkraftwerken voranzubringen, wurden der einschlägigen Industrie für den Bau von *Demonstrationskraftwerken* hohe Subventionen offeriert.

Dieses Angebot wurde von den zum größten Teil im staatlichen Besitz befindlichen Energieversorgungsunternehmen aufgegriffen und es kam noch in den 1960er Jahren zur Auftragsvergabe von drei Atomkraftwerken mit einer Bruttoleistung von 770 MW. Bereits 1957 hatte RWE ein Großkraftwerk mit einer Leistung von 250 MW ausgeschrieben und für dieses Projekt bei vier britischen Konsortien Angebote für den in Großbritannien entwickelten Natururanreaktor vom Calder Hall-Typ angefordert, der später Magnox-Reaktor[26] genannt wurde. Die mit Gas (CO_2) gekühlten Magnox-Reaktoren hatten Graphitmoderatoren und galten wegen ihrer geringen Energiedichte als inhärent sicher. Calder Hall war bereits 1957 in Betrieb gegangen, deshalb wurde angenommen, dass die industrielle Entwicklung dieses Reaktortyps weitgehend abgeschlossen sei [37]. Der Calder Hall-Reaktor war aber kein Kraftwerksreaktor, sondern in erster Linie zur Herstellung von Plutonium für Kernwaffen gebaut worden, das Dampfkraftwerk war angehängt worden, um die im Reaktor anfallende Wärme noch nutzbringend zu verwenden. Deshalb wäre die Optimierung des Magnox-Reaktors für Kraftwerke erst noch zu leisten gewesen. Wegen der geringen Energiedichte der Natururanreaktoren ergaben sich zudem größere Bauvolumina und letztlich höhere Gestehungskosten im Vergleich zum Leichtwasser-Reaktor. Aus Kostengründen entschied sich RWE zusammen mit dem Bayernwerk wie schon in Kahl für das Angebot von GE/AEG mit dem Siedewasserreaktor.

Der Bauvertrag für die Anlage Gundremmingen A wurde 1962 zwischen der Kernkraftwerk RWE-Bayernwerk GmbH und der AEG geschlossen. Der Reaktor wurde von GE geplant, der Kraftwerksteil von AEG. Die Detailplanung und -konstruktion für die Gesamtanlage und die Bauausführung lag in den Händen der AEG. Die Baukosten von damals 365 Mio. DM trug zu zwei Dritteln die öffentliche Hand und zu einem Drittel die

---

[25] So die SPD in ihrem Godesberger Programm: „Es ist die Hoffnung unserer Zeit, dass der Mensch im atomaren Zeitalter sein Leben erleichtere, sich von Sorgen befreien und Wohlstand schaffen kann, wenn er seine täglich wachsende Macht über die Naturkräfte nur für friedliche Zwecke einsetzt."

[26] Magnox (*Mag*nesium *non ox*idizing) war der Name für das Hüllmaterial der Brennelemente.

Kraftwerksgesellschaft. Im April 1967 hat Gundremmingen A den kommerziellen Betrieb mit einer Nettoleistung von 237 MW aufgenommen. Die Anlage, mit dem nach Plänen von GE gebauten Reaktor, war das erste große Kernkraftwerk in Deutschland und zur Zeit seiner Fertigstellung das weltweit größte.

Nach einem Kurzschluss der stromabführenden Hochspannungsleitungen im Januar 1977 kam es zu einer Schnellabschaltung des Reaktors. In der Folge wurde durch eine Fehlschaltung zuviel Wasser zur Kühlung in den Reaktor gepumpt und im Endeffekt das Reaktorgebäude geflutet. Neben den Instandsetzungsarbeiten verlangten die Aufsichtsbehörden eine Verbesserung der Sicherheitseinrichtungen. Die Betreiber scheuten die dafür anfallenden Kosten und legten die Anlage still.

4.2.4.3 Kernkraftwerk Obrigheim

Als zweites Demonstrationskraftwerk wurde von südwestdeutschen Energieversorgern das Kernkraftwerk Obrigheim mit einer Bruttoleistung von 300 MW ausgeschrieben. Mit der Erstellung des Kraftwerks wurde im März 1965 Siemens beauftragt. Bei der Konstruktion des Druckwasserreaktors und dem Aufbau des Kraftwerks orientierte sich Siemens an der von Westinghouse erstellten 170 MW Anlage Yankee Rowe in Franklin, Massachusetts [16], [47]. Nach einer Bauzeit von drei Jahren wurde im Sommer 1968 mit der Inbetriebsetzung begonnen und im Dezember erstmals Volllast erreicht.

Der Kaufpreis der Anlage in Höhe von ca. 330 Mio. DM setzte sich zusammen aus 270 Mio. Investitionskosten und 58 Mio. DM für die Erstausstattung mit Brennelementen. Zur Finanzierung erhielt der Betreiber von der öffentlichen Hand einen Zuschuss von 40 Mio. DM und eine Bürgschaft von 190 Mio. DM [13]; 100 Mio. DM hat er aus eigenen Mitteln beigesteuert.

Der kommerzielle Betrieb wurde im April 1969 aufgenommen. Die Stilllegung im Mai 2005 erfolgte im Zuge des von der Regierung verfügten Ausstiegs aus der Kernenergie. Während ihrer Betriebszeit erreichte die Anlage eine mittlere Verfügbarkeit von 84 %.

4.2.4.4 Kernkraftwerk Lingen

Als dritte Demonstrationsanlage wurde von der VEW AG das Kernkraftwerk Lingen errichtet und erhielt dazu ebenfalls eine finanzielle Beihilfe und Risikoabsicherung vom Bund [25]. Die von AEG gebaute Anlage war ein Hybridkraftwerk mit einem Siedewasserreaktor (thermische Leistung 540 MW) und einem nachgeschalteten fossil gefeuerten Überhitzer (thermische Leistung 214 MW), vgl. Abb. 4.1. Mit der dem Primärkreis zugeführten Reaktorwärme wurde mittels eines Dampfumformers im Sekundärkreis Sattdampf mit einem Druck von 100 bar erzeugt und im fossil gefeuerten Überhitzer auf 530 °C erhitzt. Durch die Temperaturerhöhung konnte der Wirkungsgrad gegenüber einer Anlage ohne Überhitzung um $\sim$2 %-Punkte verbessert werden [48]. Die Kombination eines Reaktors mit einem fossil gefeuerten Überhitzer hat sich im Betrieb nicht bewährt und wurde nicht noch einmal ausgeführt.

Die im Juli 1968 nach einer Bauzeit von zwei Jahren in Betrieb genommene Anlage wurde 1977 nach einem Schaden im Dampfumformer abgeschaltet.

4.2 Abriss der Entwicklung der Kernenergie in der Bundesrepublik

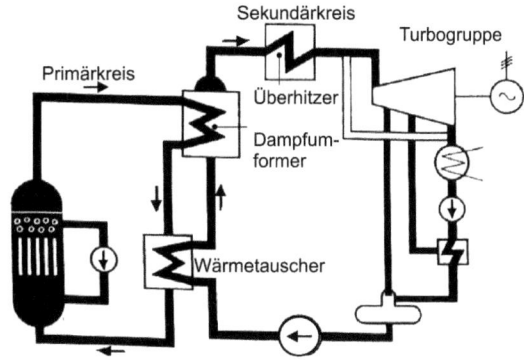

Abb. 4.1 Kernkraftwerk Lingen: Siedewasserreaktor mit einem nachgeschalteten fossil gefeuerten Überhitzer

4.2.5 Der Leichtwasserreaktor wird auch in Europa dominierend

Der erste Leichtwasserreaktor wurde zwar von Westinghouse als Energielieferant für ein U-Boot gebaut, war aber von seiner Konzeption her schon ein Kraftwerksreaktor mit einer hohen spezifischen Leistungsdichte und, daraus resultierend, einem geringen Bauvolumen. Für die ersten mit Graphit und mit schwerem Wasser moderierten Reaktoren stand dagegen nicht die Stromerzeugung im Vordergrund, sondern die Erzeugung von Plutonium für Kernwaffen. Wegen ihrer geringen Leistungsdichte und deshalb großen Bauvolumen eigneten sie sich weniger für den Kraftwerksbau. Ferner wurde die Entwicklung der Leichtwasserreaktoren von Anfang an von den mit dem Kraftwerksbau vertrauten Gesellschaften General Elektric und Westinghouse betrieben. Den daraus resultierenden Entwicklungsvorsprung haben die Hersteller konkurrierender Reaktortypen nicht aufgeholt, zumal sich bei einem Vergleich mit dem Leichtwasserreaktor für die konkurrierenden Bauarten keine gravierenden technischen Vorteile zeigten.

Ende der 1960er Jahre kam es zur ersten wirtschaftlichen Rezession in der Bundesrepublik und, durch diese verursacht, zur Bildung der großen Koalition von CDU/CSU und SPD, mit ihr wuchs die Tendenz zur Verstärkung der staatlichen Planung und Steuerung der Wirtschaft. In diesem Licht stellt sich die Vergabe der Lieferaufträge für die beiden 640 MW Kernkraftwerke Stade, im Dezember 1967 an Siemens, und Würgassen, im Januar 1968 an AEG, durch die mehrheitlich im Staatsbesitz befindlichen Energieversorger Preußen Elektra und die Hamburger Elektrizitätswerke, als eine Maßnahme zur Anregung der Wirtschaft und zur Generierung von Beschäftigung dar. Die Bestellung erfolgte, bevor die etwa halb so großen Anlagen Gundremmingen und Obrigheim fertig gestellt waren, auch lagen keinerlei Betriebserfahrungen mit Reaktoren dieser Größe vor. Dies war aber erst der Anfang, denn schon ein Jahr später folgte RWE mit der Bestellung der 1200 MW Anlage Biblis A. Es war das damals weltweit leistungsstärkste Kernkraftwerk. Bis 1988 wurden in der Bundesrepublik noch weitere 18 Leichtwasserreaktoren bestellt. Das Gros der Bestellungen erfolgte nach der durch den Yom-Kippur-Krieg ausgelösten Ölkrise.

Die deutschen Energieversorger haben sich alle für den Leichtwasserreaktor entschieden. Ab 1970 bestellten auch die französischen und ab 1975 auch die britischen Energieversorger Kraftwerke mit Leichtwasserreaktoren. Sowohl in Frankreich als auch in England waren zuvor gasgekühlte und mit Graphit moderierte Reaktoren bevorzugt worden, die im Vergleich zum Leichtwasserreaktor ein größeres Bauvolumen aufwiesen und ein größeres Uraninventar hatten; ca. 170 t Natururan im Vergleich zu 40 t, mit allerdings auf 3 % angereichertem Uran bei den Leichtwasserreaktoren.

4.3 AEG und Siemens als Anlagenbauer für Kernkraftwerke

Nach Erhalt des Lieferauftrags für das Versuchskraftwerk Kahl und einhergehend mit dem Auftrag Gundremmingen wurde bei AEG eine Abteilung Kernenergieanlagen aufgebaut und mit jedem Folgeauftrag stetig erweitert. AEG hatte sich damit schließlich in die Lage versetzt, Kernkraftwerke selbständig zu planen und anzubieten. Bereits 1964 erhielt AEG als zweiten Bauauftrag für ein großes Kernkraftwerk den Bauauftrag für die 250 MW Anlage Lingen (KWL). Das KWL war bis zur Außerbetriebnahme nach einem Störfall 1977 die weltweit einzige Anlage mit nuklearer Dampferzeugung und fossiler Überhitzung.

Bei Siemens-Schuckert wurde 1955 unter der Leitung von Wolfgang Finkelnburg eine Abteilung *Reaktortechnik* eingerichtet, die ab 1956 mit der Konstruktion und dem Aufbau der Forschungsreaktoren FR2 und MZFR beauftragt wurde. Bei Siemens bevorzugte man den Natururanreaktor und blieb zunächst auch nach der Freigabe des Exports angereicherten Urans durch die USA bei dieser Entscheidung. Nach Finkelnburgs frühem Tod und dem Verlust der Aufträge Kahl und Gundremmingen besann man sich bei Siemens auf die traditionelle Verbindung mit Westinghouse. Zusammen mit dem Ertrag der über ein Jahrzehnt mit großen Einsatz betriebenen Eigenentwicklung des Natururanreaktors versetzte der Kooperationsvertrag mit Westinghouse Siemens in die Lage, bereits den ersten Auftrag für einen Druckwasserreaktor, die 300 MW Anlage Obrigheim, weitgehend selbständig auszuführen. Auf diese Weise waren in Deutschland zwei konkurrierende Anbieter für Leichtwasserreaktoren entstanden: AEG vertrat das Siedewasserprinzip und Siemens das Druckwasserprinzip.

Für die AEG entwickelte sich das Projekt Würgassen zum Anfang vom Ende ihres Kraftwerkgeschäfts. Würgassen war der bis dahin größte Siedewasserreaktor und es waren neue Konstruktionen erforderlich, für die der Lizenzgeber GE selbst noch keine Lösungen hatte und für deren Gestaltung man nicht auf Erfahrungen zurückgreifen konnte. Als die Anlage 1974 in Betrieb ging, gab es zahlreiche Pannen und so wurde aus den anfänglich konkurrierenden Unternehmen AEG und Siemens bald ein vereinigtes. Schon im Frühjahr 1969 wurde die Kraftwerk Union (KWU) gegründet, die anfangs beiden Unternehmen zu gleichen Teilen gehörte. Die AEG wurde aber der Probleme nicht mehr Herr, die sich aus dem Auftrag Würgassen ergaben. Die AEG überließ schließlich Siemens ihren Anteil an der KWU und beendete damit ihre Geschäftstätigkeit im Kraftwerksbau [52].

Die KWU errichtete insgesamt 19 Kernkraftwerke in der Bundesrepublik und war ferner mit Ingenieurleistungen und der Lieferung von Komponenten am Bau von Anlagen in der Schweiz, in Argentinien und im Iran beteiligt. Nach 1985 hat KWU keine Neuaufträge mehr bekommen und war nur noch im Servicegeschäft tätig. Im Jahr 2000 gliederte Siemens dann das Kernkraftgeschäft unter dem Namen *Siemens Nuclear Power GmbH* aus und brachte es 2001 in die Areva ND ein, einem Gemeinschaftsunternehmen von Framatome ANP und Siemens. Damit beendete auch Siemens die Geschäftstätigkeit mit der Reaktortechnik.

4.4   Sicherheit beim Leichtwasserreaktor (LWR)

Wie bei den mit fossilen Brennstoffen gefeuerten Kesseln muss auch beim Leichtwasserreaktor mit Risiken gerechnet werden. Gefahren gehen zum einen von der Wärmefreisetzung aus und zum andern von einer möglichen Emission radioaktiver Stoffe und radioaktiver Strahlung. Um dies zu verhindern, sind in den Brennstäben, dem Reaktorbehälter und dem Reaktorgebäude mehrere Barrieren eingebaut, vgl. Abb. 4.2:

1. nach einer Spaltung sind die Spaltkerne immer noch in der Werkstoffmatrix der Brennstäbe gebunden
2. gasförmige Anteile werden in den gasdichten Hüllrohren der Brennstäbe zurückgehalten
3. der Reaktorkern befindet sich innerhalb des Reaktordruckbehälters
4. zur Rückhaltung von Strahlung ist der Reaktordruckbehälter von einem biologischen Schild aus Beton umgeben
5. der Reaktor mit all seinen Bauteilen ist von einem druckfesten, kugeligen Sicherheitsbehälter aus 2 cm dickem Stahl umschlossen, der dem Druck bei Verdampfung des gesamten Kühlmittels standhält
6. den Sicherheitsbehälter schützt der ca. 2 m dicke Betonmantel des Reaktorgebäudes

Für technische Unfälle in heutigen Kernkraftwerken liegt eine ausführliche Studie vor, der sog. Rasmusen-Bericht [43]. Die entscheidende Aussage des Berichtes ist, dass auch bei einem größten anzunehmenden Unfall nur ein Bruchteil der im Reaktor enthaltenen Radioaktivität aus dem Reaktor entweichen würde. Unter dem in der Öffentlichkeit oft diskutierten *größten anzunehmenden Unfall* (GAU) versteht man den größten Unfall, der noch so wahrscheinlich ist, dass er bei der Systemauslegung berücksichtigt werden muss und Vorsorge für seine Beherrschung zu tragen ist. Einen Unfall, der nicht mehr durch technische Maßnahmen zu beherrschen ist, nennt man *Super*-GAU. Der Super-GAU eines Leichtwasserreaktors könnte z. B. durch einen Ausfall der Reaktorkühlung ausgelöst werden.

Kommt es bei einem Leichtwasserreaktor zu einem Totalausfall der Kühlwasserpumpen, verdampft das gesamte Wasser im Reaktorkern. Damit kommt die Kettenreaktion zum Erliegen, da ohne Wasser die Spaltneutronen kaum noch moderiert werden. Bei ei-

Abb. 4.2 Sicherheitsbarrieren bei Leichtwasserreaktoren

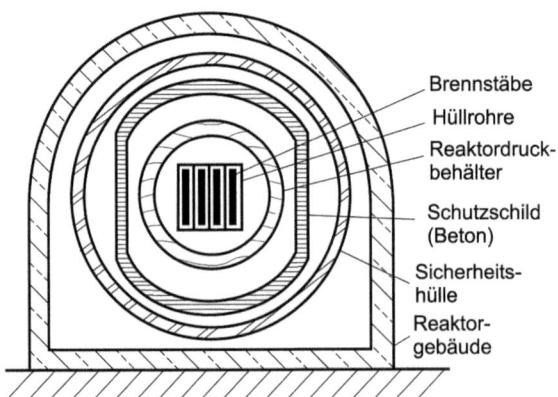

nem Leichtwasserreaktor kann es deshalb nicht zu einer *nuklearen Exkursion* kommen, d. h. ein LWR explodiert nicht wie ein Sprengsatz.

Auch nach Erlöschen der Spaltprozesse muss die durch den radioaktiven Zerfall der gespaltenen Urankerne anfallende Nachwärme weiter abgeführt werden, die ca. 10 % der bei der Spaltung freigewordenen Wärmeleistung entspricht. Gelingt dies nicht, so beginnt sich der Reaktorkern schon nach ca. 1 min aufzuheizen, es kann zum Schmelzen des Reaktorkerns kommen. Reaktoren müssen deshalb so ausgerüstet sein, dass es auch im Falle einer Kernschmelze zu keiner unzulässigen Freisetzung von Radioaktivität kommt.

Im März des Jahres 1979 kam es im Kraftwerk Three-Mile-Island in der Nähe von Harrisburg in Pennsylvania zu einem schweren Störfall. Durch menschliche Fehlhandlungen und teilweises Versagen der Technik kam es zu einer Überhitzung des Reaktorkerns und einer teilweisen Kernschmelze. Es wurde niemand verletzt oder kam gar ums Leben. Auch die Belastung durch Radioaktivität war gering. Der Mittelwert der Strahlendosis für die 2 Millionen Menschen in der Umgebung des Kraftwerks entsprach in etwa der Strahlenbelastung aufgrund der natürlichen Höhenstrahlung bei einem Interkontinentalflug von Europa nach Australien. Three-Mile-Island war der erste große Nuklearunfall in den USA. Hätte dort die Sicherheitsbarriere (das Containment) versagt, so wäre wie später in Tschernobyl (1986) und in Fukushima Daiichy (2011) ein Landstrich für lange Zeit verloren gewesen.[27]

Schon beim normalen Betrieb eines Kernkraftwerks fällt fortlaufend radioaktiver Abfall an, der sowohl aus den Spaltprodukten als auch aus durch Neutroneneinfang des U-238 gebildeten Transuranen (Plutonium, Americium etc.) besteht. Ein Maß für die

---

[27] Ein Reaktorunfall mit einer Kernschmelze war Thema des Hollywood Katastrophenfilms *The China Syndrome* mit Jane Fonda, Jack Lemmon und Michael Douglas aus dem Jahr 1979, der sich kritisch mit der Kernenergie auseinandersetzt. In dem Film kommt eine Expertengruppe zu dem Schluss, dass sich der geschmolzene Kern durch die Erdkruste in Richtung China durchfressen würde.

Radioaktivität dieses Abfalls ist die nach der Abschaltung eines Reaktors anfallende Wärmeleistung, nach einem Monat sind dies noch ca. 0,13 % und nach einem Jahr 0,02 % der ursprünglichen Reaktorleistung. Die in Kernkraftwerken verbrauchten Brennstäbe werden deshalb vor Ort gelagert, meist unter Wasser in provisorischen Zwischenlagern. Sichere Endlager für radioaktive Abfälle gibt es bisher noch nicht.

4.5 Kernkraftwerke – von der Euphorie zur Ablehnung

Das von dem amerikanischen Präsidenten Eisenhower 1953 vorgestellte *Atom for Peace-Programm* hat im Nachkriegsdeutschland einen heute nicht mehr vorstellbaren technischen und sozialen Fortschrittsoptimismus ausgelöst, für den Ernst Bloch[28] die Worte fand:

Wie die Kettenreaktionen auf der Sonne uns Wärme, Licht und Leben bringen, so schafft die Atomenergie uns [...] in der blauen Atmosphäre des Friedens aus Wüste Fruchtland, aus Eis Frühling. Einige hundert Pfund Uranium oder Thorium würden ausreichen, die Sahara und die Wüste Gobi verschwinden zu lassen, Sibirien und Nordamerika, Grönland und die Antarktis zur Riviera zu verwandeln. [4]

Die Hoffnung auf eine fast unerschöpfliche, sichere und saubere Energiequelle wurde von fast allen Teilen der Bevölkerung geteilt und fand auch ihren Niederschlag in den Programmen der politischen Parteien. Die SPD nahm auf ihrem Münchner Parteitag 1956 einen Atomplan in ihr Programm auf, in dem es u. a. hieß:

Atomenergie kann zu nie geahntem Wohlstand für alle Menschen führen, Atomenergie kann zu einem Segen für Hunderte von Millionen Menschen werden, die noch im Schatten stehen.

In Deutschland entzündete sich der Widerstand gegen die Kernenergie in den frühen 1970er Jahren an vergleichsweise geringfügigen Gefahren, die sich z. B. in Obrigheim aus der Erwärmung des Neckars durch die Abwärme des Kraftwerks ergeben konnten und in Wyhl am Kaiserstuhl durch die befürchtete Verschattung der Weinberge infolge der Kühlturmschwaden des dort geplanten Kraftwerks. In Wyhl kam es 1975 zu einem *Volksaufstand* und zur Besetzung des für das Kraftwerk abgesteckten Bauplatzes. Die beim Bauentscheid zugrunde gelegte Zunahme des Stromverbrauchs in der Region hatte sich nach wenigen Jahren als völlig unrealistisch erwiesen, deshalb hat der örtliche Energieversorger, die Badenwerk AG, die Bauabsicht 1983 schließlich aufgegeben. Die etablierten politischen Parteien ließen sich zunächst nicht von dem Bürgerprotest in Wyhl beeindrucken. Wyhl war das erste Zentrum der Anti-Atomkraftbewegung und einer der Kristallisationsorte der Partei *Die Grünen*.

---

[28] Ernst Simon Bloch (1885–1977) deutscher Philosoph.

Die damalige Bundesregierung, die seit 1969 von einer Koalition aus FDP und SPD gestellt wurde, ließ sich von dem Protest nicht beeindrucken. Sie forcierte vielmehr den Ausbau der Kernenergie, bis 1985 sollten in Westdeutschland Atomkraftwerke mit einer Leistung von 50 000 MW in Betrieb sein, einschließlich schneller Brutreaktoren. Auch nach dem Three-Mile-Island Unfall hielt die von Helmut Schmidt geführte Bundesregierung daran fest.

Im Herbst 1982 kam es zu einem Regierungswechsel, Helmut Kohl bildete mit Unterstützung aus CDU/CSU und FDP seine erste Regierung, die aber an der seit 1955 von SPD, CDU/CSU und FDP gestützten Ausrichtung der Atompolitik festhielt. Nach dem schrecklichen Unfall in Tschernobyl hat Kohl zwar die Kernenergie als eine *Übergangstechnologie* bezeichnet, sie aber gleichzeitig im Lichte der Klimaproblematik für *unverzichtbar* erklärt. Anders als CDU/CSU und FDP nahm die nicht mehr an der Bundesregierung beteiligte SPD als Reaktion auf den Unfall in Tschernobyl im August 1986 auf ihrem Parteitag in Nürnberg den *Ausstieg aus der Kernenergie* in ihr Parteiprogramm auf und war damit auf der Linie der seit 1982 ebenfalls im Bundestag vertretenen Partei *Die Grünen*.

In Folge der Katastrophe in Tschernobyl änderte sich die Situation dann grundlegend. Im Unterschied zu Three-Mile-Island, wo das Schlimmste durch technische Vorsorgemaßnahmen verhindert wurde, waren in Tschernobyl große Mengen an radioaktiven Stoffen ausgetreten und in alle Welt zerstreut worden. Die bereits vorhandene Anti-Atomkraftbewegung erhielt dadurch einen gewaltigen Auftrieb. Sie ergriff nun alle gesellschaftlichen Gruppierungen und alle politischen Lager. Die in der Bundesrepublik im Bau befindlichen Anlagen konnten zwar noch fertiggestellt werden. Aber zwei erst kurz in Betrieb befindliche Kernkraftwerke wurden abgeschaltet: der RWE Reaktor in Mülheim Kärlich und der Hochtemperaturreaktor THTR-300 in Hamm, beide Reaktoren waren von BBC Mannheim errichtet worden. Wie zuvor schon für die AEG war auch für BBC, deren Kraftwerksgeschäft später von Alstom übernommen wurde, der Reaktorbau eher ein Abenteuer denn ein Geschäft gewesen.

Noch von der Regierung Kohl wurde 1990 die erste Verordnung zur Einspeisevergütung von mit erneuerbaren Energien erzeugtem Strom in die Netze erlassen. Es sicherte den Einspeisern eine Mindestvergütung zu. Es war dies der Vorläufer des Erneuerbaren Energien Gesetzes (EEG).

Nach der Bundestagswahl 1998 bildeten die *SPD* und *Die Grünen* die neue Regierung unter Gerhard Schröder, die sich einen geordneten Ausstieg aus der Nutzung der Kernenergie bis zum Ende der Legislaturperiode im Jahr 2002 zum Ziel gesetzt hatte. Eine Vereinbarung über die *geordnete Beendigung der Stromerzeugung aus Kernenergie* wurde dann im Juni 2000 zwischen der Bundesregierung und den Energieversorgungsunternehmen geschlossen. Man verständigte sich darauf, bis spätestens 2021 das letzte Kernkraftwerk abzuschalten.

Zur Ablösung des Stromeinspeisungsgesetzes wurde im Jahr 2000 das Erneuerbare Energien Gesetz (EEG) beschlossen. Die wesentliche Neuerung gegenüber dem Einspei-

4.5 Kernkraftwerke – von der Euphorie zur Ablehnung

sungsgesetz war die Einführung des Vorrangprinzips für Strom aus erneuerbaren Energien und die bundesweite Finanzierung der Kosten durch eine Umlage auf den Strompreis. Absicht des Gesetzes war, nicht nur die Kernenergie, sondern auch die mit fossilen Brennstoffen betriebenen Kraftwerke aus der Stromerzeugung zu verdrängen.

Ausgelöst durch ein schweres Seebeben und einen nachfolgenden Tsunami am 11. März 2011 in Japan änderte sich die Situation nochmals. Das Seebeben und der Tsunami hatten in Japan schwerwiegende Spuren hinterlassen, fast 23 000 Menschen sind durch beide Naturereignisse ums Leben gekommen. Dazu kam noch ein durch den Tsunami verursachter katastrophaler Unfall im Kernkraftwerk Fukushima Daiichi, der weltweit einen Diskussionsprozess auslöste. Die Frage nach der technischen Sicherheit und Risikobewertung der Kernkraftwerke war wieder Thema von Wissenschaft und Politik.

Bei der Beantwortung der Frage nach Sicherheit und Risiko kamen Experten nach Feststellung der Ereignisse und Ereignisabläufe in Fukushima Daiichi zu dem Schluss, dass das in Westeuropa und den USA entwickelte Sicherheitskonzept weiterhin seine Gültigkeit hat. Die Katastrophe in Fukushima war einfach das Resultat einer unzureichenden Auslegung der Reaktoranlage gegen historisch bekannte und daher zu berücksichtigende Tsunamis mit hohen Überflutungen [27].

Zu einem anderen Ergebnis bei der Beantwortung der Frage nach der Sicherheit der Kernkraftnutzung kam die Bundesregierung, sie hat am 6. Juni 2011 entschieden, aus der Kernenergie auszusteigen und hat angeordnet, sofort acht Kernkraftwerke endgültig außer Betrieb zu nehmen und dass die verbleibenden neun Blöcke bis 2022 schrittweise stillgelegt werden. Mit der damit eingeleiteten *Energiewende* nahm die Bundesregierung einen Vorschlag auf, den 1980 das *Öko-Institut*[29] mit der Studie *Energiewende-Wachstum und Wohlstand ohne Erdöl und Uran* vorlegt hatte.

Ihren Plan zur Umsetzung der Energiewende legte Bundeskanzlerin Angela Merkel in der Regierungserklärung *Der Weg zur Energie der Zukunft* am 9. Juni 2011 dem Bundestag zur Abstimmung vor, sie warb damit um die Zustimmung zur energiepolitischen Wende der Regierung. Sie führte aus:

> *Fukushima hat meine Haltung zur Kernenergie verändert. Das Restrisiko der Kernenergie habe ich vor Fukushima akzeptiert, weil ich überzeugt war, dass es in einem Hochtechnologieland mit hohen Sicherheitsstandards nach menschlichem Ermessen nicht eintritt. Wenn es aber eintritt, dann sind die Folgen sowohl in räumlicher als auch in zeitlicher Dimension so verheerend und so weitreichend, dass sie die Risiken aller anderen Energieträger bei weitem übertreffen. … Jetzt gehe es nicht darum, ob es in Deutschland jemals ein genauso verheerendes Erdbeben, einen solch katastrophalen Tsunami wie in Japan geben werde. … Jeder weiß, dass das genau so nicht passieren wird. Es gehe vielmehr um die Verlässlichkeit von Risikoannahmen.*

---

[29] Das Öko-Institut ist eine unabhängige Forschungs- und Beratungseinrichtung für Umweltfragen. Es entstand 1977 aus der Anti-Atomkraftbewegung.

4.6 Die einzigartigen Risiken der Kernenergie

Durch die berühmte *Atoms for Peace*-Rede des amerikanischen Präsidenten im Jahr 1953 wurde in der Weltöffentlichkeit, nach dem Schrecken durch die Atombomben auf Hiroshima und Nagasaki, die Hoffnung auf eine friedliche Zukunft mit überall verfügbarer Atomenergie geweckt. Obwohl einige mit der Atomenergie verbundenen Gefahren damals der Öffentlichkeit durchaus bekannt waren, denn in den Zeitungen wurde offen über die radioaktiven Niederschläge berichtet, die eine direkte Folge der damals zahlreichen Kernwaffenversuche der Großmächte waren. Trotz aller Bedenken hatte Eisenhower Erfolg, weil es in allen Ländern nur mit Mühe und zu hohen Kosten gelang, die bestehende Energieknappheit ihrer auf der Nutzung von Kohle basierenden Wirtschaft zu meistern. Bei den politischen Eliten der Industrieländer löste die Aussicht auf die unerschöpfliche Energiequelle *Atomenergie* geradezu euphorische Hoffnungen aus, vgl. Abschn. 4.2 und 4.5. Skeptisch stand der Atomenergie damals eher die Energiewirtschaft gegenüber, sie wurde erst durch Subventionen dafür gewonnen, in die Kernkraftwerke zu investieren, vgl. Abschn. 4.2.4.2 und 4.2.4.3.

Auch damals war gut bekannt, dass die Nutzung der Kernenergie mit einzigartigen Problemen und Risiken verknüpft ist, für die es bei anderen Energiequellen kein Analogon gibt:

- die friedliche Nutzung ist gedanklich mit der militärischen Anwendung verknüpft, durch die ganze Landstriche unbewohnbar werden können
- die Explosionen, die mit einem Kilo Uran-235 oder Plutonium-239 ausgelöst werden können, sind millionenmal stärker als die von Dynamit
- von den bei der Nutzung entstehenden radioaktiven Rückständen gehen Strahlungen aus, die für Lebewesen schädlich sind

Beim Betrieb eines Kernreaktors werden große Mengen radioaktiver Spaltprodukte gebildet, die sich unter Aussenden von Betastrahlen in schließlich stabile Kerne umwandeln. Um uns eine Vorstellung über die Mengenströme zu machen, betrachten wir ein 1 200 MW Kraftwerk mit einem Leichtwasserreaktor, das ein Jahr lang mit Volllast betrieben wird und ≈ 10 Mrd kWh ins elektrische Netz einspeist. Dabei wird eine Brennstoffmenge von rund 50 Tonnen angereichertem Uran (3,4 % U-235) verbraucht, die zur Entsorgung anfallen. Abgebrannter Kernbrennstoff enthält neben Uran 238 ca. 3,5 % Spaltprodukte (ca. 1750 kg), ca. 1 % Plutonium (ca. 500 kg), ca. 0,06 % Transurane (ca. 30 kg) und auch noch ca. 0,9 % U-235 (ca. 450 kg).

Nach der Entnahme aus dem Reaktor lagert man die Brennelemente zunächst in einem Wasserbecken im Reaktorgebäude. Während dieser Lagerzeit zerfallen die Radionuklide mit kurzen Halbwertzeiten. Bereits nach einem Jahr nimmt dabei die Radioaktivität auf etwa 5 % des Ausgangswertes ab. Das Wasser im Becken dient sowohl zur Abschirmung der radioaktiven Strahlung als auch zur Kühlung, denn beim Zerfall von Nukliden wird Energie in Form von Wärme frei. Nach ausreichend langer Abklingzeit werden die Brennelemente in ein Zwischenlager gebracht. Es sind Trockenlager mit ausreichender Kühlung und einer entsprechenden Strahlungsabschirmung.

Für die weitere Entsorgung der abgebrannten Brennelemente gibt es im Prinzip zwei Vorgehensweisen:

- Wiederaufbereitung und Endlagerung
- Direkte Endlagerung

Die Grenzen für die Nutzung werden von der Entsorgung der nuklearen Asche und ihrer Begleitstoffe gesetzt.

4.6.1 Wiederaufbereitung und Endlagerung

Noch vor Beginn der Entwicklung der ersten Kernreaktoren war man sich in der Deutschen Atomkommission (DAtK) einig, dass die Nutzung der Kernenergie im geschlossenen Brennstoffkreislauf erfolgen soll. Ziel der Wiederaufbereitung war die Rückgewinnung von noch nicht verbrauchten Spaltstoffen aus den abgebrannten Brennelementen und die Gewinnung des beim Reaktorbetrieb entstandenen Plutoniums, das ebenfalls als Kernbrennstoff nutzbar ist. Ein weiteres Motiv war die Abtrennung und Verfestigung der Spaltprodukte, um eine sichere Beseitigung zu ermöglichen. Die Vorgehensweise bei der Entsorgung wurde in den für alle Betreiber verbindlichen „Grundsätzen zur Entsorgungsvorsorge von Kernkraftwerken vom 19.3.1980" geregelt. Auf Basis dieser Entsorgungsgrundsätze hatte die Energiewirtschaft ihre Entsorgungsstrategie aufgebaut, die im Wesentlichen die Wiederaufbereitung ausgedienter Brennelemente in deutschen oder ausländischen Anlagen und die Endlagerung der radioaktiven Reststoffe in geologischen Formationen umfasste.

Neben einer Vereinfachung der Entsorgung hätte die Wiederaufbereitung im Zusammenspiel mit dem Brüter für die Stromwirtschaft den Vorteil gebracht, dass sie sich für lange Zeit von den Rohstoffmärkten für Uran hätte abkoppeln können.

Zur Aufbereitung werden die Brennstäbe in Stücke zersägt und ihr Inhalt in siedender Salpetersäure (HNO_3) herausgelöst. Mittels chemisch/physikalischer Verfahren wird dann die Trennung in die Komponenten Plutonium, Uran und Spaltprodukte vorgenommen. Da die Brennelemente hochradioaktiv sind, muss die verfahrenstechnisch komplexe Trennung in Zellen vorgenommen werden, die durch Betonwände abgeschirmt sind, die ca. 2 m dick sind. Gearbeitet wird mit Hilfe fern bedienter Werkzeuge, deren Funktion durch Strahlenschutzfenster aus dickem Bleiglas beobachtet werden können. Zur Vorbereitung des Baus einer großen Wiederaufbereitungsanlage wurde bei der KfK Karlsruhe ab 1964 eine Anlage mit einer Kapazität von 30 t/a gebaut und von 1971 bis 1989 betrieben [57].

Das bei der Wiederaufbereitung von den Spaltprodukten separierte Plutonium und Uran kann wiederum zu Brennstäben verarbeitet werde. Die radioaktiven Spaltprodukte und

Transurane können in einen Zustand überführt werden, der eine langzeitige Lagerung zulässt.

In den USA und den anderen Kernwaffenstaaten wurden schon in den 1950er Jahren Anlagen zur Wiederaufbereitung betrieben, um zunächst das in Reaktoren erzeugte Plutonium für ihre Bombenproduktion zu gewinnen. Ein Grund dafür ist, dass die kritische Masse des Plutoniums nur etwa 1/6 der kritischen Masse des Uran-235 beträgt. Die Weiterverwendung des Plutoniums als Reaktorbrennstoff spielte zunächst nur eine untergeordnete Rolle.

Im Jahr 1989 scheiterte der Bau einer Wiederaufbereitungsanlage im bayrischen Wackersdorf am Widerspruch von Kernkraftgegnern, dem sich viele Bevölkerungsgruppen angeschlossen hatten. Man wollte verhindern, dass mit der Wiederaufbereitung ein Zugang zur Gewinnung von kernwaffenfähigem Plutonium geschaffen wird. Aus Gründen des inneren Friedens wurde die Wiederaufbereitung von der Elektrizitätswirtschaft schließlich aufgegeben. Etwa zeitgleich wurde auch der Betrieb der Karlsruher Versuchsanlage eingestellt.

Aus Sicht der Kraftwerksbetreiber war die Wiederaufbereitung der einzig hinreichend gesicherte Weg für die dauerhaft sichere Entsorgung ausgedienter Brennelemente.

Als Behelf wurden 1989 mit der französischen Wiederaufbereitungsanlage Cap de la Hague und der britischen Anlage Sellafield Verträge abgeschlossen, mit denen die Aufarbeitung der in deutschen Kernkraftwerken anfallenden Brennelemente bis zum Jahr 2005 vereinbart wurde. Bei der Wiederaufbereitung werden Uran, das Plutonium und die Spaltprodukte isoliert und voneinander getrennt. Das Plutonium und das U-235 können zur Herstellung neuer Brennelemente verwendet werden, die Spaltprodukte sind ein Gemisch von mehreren Elementen und müssen sicher verwahrt werden. Dabei zeigt es sich, dass zwei Nuklide, Strontium (^{90}Sr) und Cäsium (^{137}Cs) mit einer Halbwertzeit von 29 bzw. 30 Jahren über die Radioaktivität bzw. Toxizität entscheiden. Sie müssen für die Dauer von mindestens zehn Halbwertzeiten (300 Jahre) gelagert werden, bevor sie nicht mehr gefährlich radioaktiv sind. Zur Endlagerung gießt man die Spaltprodukte gegenwärtig in Glaskokillen ein, die geologisch gelagert werden können. Der ursprüngliche Plan war, die Glaskokillen in gegen Korrosion resistente Behälter einzupacken und in einen tiefen Salzstock einzubringen, vgl. [12]. Sie würden darin wie in einer zähen Flüssigkeit versinken und wären vor jedem denkbaren Zugriff sicher. Nach etwa 1 000 Jahren wird die Radioaktivität der nuklearen Asche wieder auf das Radioaktivitätsniveau abgeklungen sein, auf dem sich der Kernbrennstoff ursprünglich befand.

4.6.2 Direkte Endlagerung

Seit dem 1. Juli 2005 sind Transporte abgebrannter Brennelemente aus deutschen Kraftwerken per Atomgesetz verboten. Als Entsorgungsweg verbleibt den deutschen Kernkraftwerken nur noch die direkte Endlagerung, bei der man auf die Rückgewinnung der in abgebrannten Brennelementen noch vorhandenen Wertstoffe verzichtet. Gleichgültig, ob wir die Kernenergie in Zukunft nutzen oder nicht, durch den Verzicht auf die Wiederaufbereitung konfrontiert uns und nachfolgende Generationen ein einzigartiges Problem:

- Verzichten wir auf die Wiederaufbereitung und damit die Abtrennung des Plutoniums, muss das Gemisch von nuklearer Asche und Plutonium sicher gelagert werden. Damit verschärft sich die Frage nach einem Endlager, denn Plutonium ist ein α–Strahler mit einer Halbwertzeit von 24 000 Jahren.
- Die Suche nach einem sicheren Endlager für nuklearen Abfall ist wegen der langen Halbwertzeit des Plutoniums ungleich schwieriger, denn das Endlager muss über geologische Zeiträume sicher sein. vgl. [56].
- In Deutschland werden die ausgebrannten Brennelemente noch bis ins kommende Jahrhundert in Zwischenlagern verbleiben. Von Bundestag und Bundesrat wurde 2014 eine Kommission *Lagerung hochradioaktiver Abfallstoffe* eingesetzt, die im April 2014 erstmals zusammentrat. Eine Entscheidung über das weitere Vorgehen ist nicht so bald zu erwarten.

Das Beunruhigende an den bisher entwickelten Konzepten ist nicht die technische Lösung der Endlagerung an sich, es ist vielmehr die Abwälzung des Risikos auf künftige Generationen.

4.7 Resümee

Mit der Entdeckung von Otto Hahn und Fritz Straßmann, dass sich Atomkerne des Urans bei der Bestrahlung mit Neutronen in zwei etwa gleichgroße Kerne aufspalten, wurde 1938 am damaligen Kaiser-Wilhelm-Institut für Chemie die Möglichkeit für die Anwendung der Kernspaltung zur Freisetzung von Energie aufgezeigt. Aufbauend darauf hat Enrico Fermi 1942 in Chicago mit dem Nachweis, dass Kernspaltungs-Kettenreaktionen möglich sind, die Grundlagen für den Bau von Kernreaktoren gelegt. Die technische Entwicklung der Reaktoren zur Verwendung als Energiequelle für thermische Kraftwerke erfolgte dann in den 1950er Jahren im US amerikanischen Argonne National Laboratory. Die dort entwickelten Ideen wurden von den damals im Kraftwerksbau führenden Gesellschaften Westinghouse und General Electric in kommerziell nutzbare Anlagen umgesetzt.

Als die amerikanische Regierung erkannte, dass die USA kein Monopol auf Kernwaffen mehr haben, hat der US-Präsident Eisenhower 1953 im Rahmen seines Programms *Atoms for Peace* allen Ländern, die auf eigene Atomwaffen verzichten, die Unterstützung bei der Entwicklung der Kernenergie zugesagt.

In Erwartung des Energieüberflusses in einem vor der Tür stehenden Atomzeitalter wurden in der bundesdeutschen Öffentlichkeit Wohlstandsfantasien und in der Wirtschaft große Geschäftserwartungen geweckt. 1955 hatte die Bundesrepublik die Souveränität erlangt und konnte sich als souveräner Staat auf dem Gebiet der friedlichen Nutzung der Kernenergie betätigen. An den Technischen Hochschulen und Universitäten wurden für die Kernenergie-Forschung Lehrstühle eingerichtet und die Kernforschungszentren in Karlsruhe, Jülich und Hamburg gegründet.

In den 1960er Jahren gelang es in deutsch-amerikanischer Kooperation den vier Gesellschaften AEG/General Electric und Siemens/Westinghouse, die zuvor bereits die Pioniere bei der Entwicklung der mit fossilen Brennstoffen gefeuerten Wärmekraftwerken waren, wirtschaftlich einsetzbare Kernkraftwerke anzubieten und zu bauen. Mit dem Leichtwasserreaktor, der mit angereichertem Uran betrieben wird, war den vier Firmen der Durchbruch zum wirtschaftlich und sicher zu betreibenden Kernkraftwerk gelungen. Mit den 600 MW Blöcken Würgassen und Stade, den damals größten Anlagen ihrer Art, konnten sich dann AEG und Siemens mit eigenen Konstruktionen als international anerkannte Anbieter profilieren.

Die Auseinandersetzung um die Nutzung der Kernenergie eskalierte hierzulande in den 1980er Jahren beim Streit um die Wiederaufbereitungsanlage in Wackersdorf und das Atommülllager in einem Salzstock bei Gorleben. Der Baubeschluss für die Anlage Wackerdorf wurde schließlich 1989 aufgehoben und der Salzstock Gorleben wird seither auf Eignung für die Einlagerung nuklearen Mülls untersucht. Auf dem Weg zur nuklearen Entsorgung ist bisher allerdings noch kein Land der Erde an seinem Ziel angekommen.

Gleichgültig, ob wir als Einzelne die Nutzung der Kernenergie für die Zukunft bejahen oder ablehnen, wir kommen um eine Lösung der Aufgabe der Endlagerung noch in unserer Lebenszeit nicht herum. Denn der verbrauchte Kernbrennstoff liegt vor und wir alle haben durch den Komfort, den wir daraus gezogen haben, den Nutzen gehabt. Wir können diese Aufgabe nicht einfach kommenden Generationen aufbürden.

Das Antropozän ist eine Wirklichkeit. Wir hinterlassen unsere Spuren überall. Susan Trumbore (Max-Planck-Institut für Biochemie, 2011)

Literatur

1. Barnert, H., Singh, J., Hahn, H.: Nukleare Prozesswärme: AVR-Lehren für die Zukunft. In: AVR – 20 Jahre Betrieb. VDI Berichte, Bd. 729. VDI Verlag (1989)
2. Baubeschluß THTR-Prototyp. atw **15**, 353 (1970)
3. Behrens, E., Ritz, H., Rupp, W.: Physikalische Auslegung des MZFR. atw **10**, 344–346 (1965)
4. Bloch, E.: Das Prinzip Hoffnung, Bd. 2, 2. Aufl., S. 768–775. Suhrkamp, Frankfurt (1973)
5. Brandstetter, A., Guthmann, E.: Das Prototyp Kernkraftwerk SNR300. atw **17**, 368–374 (1972)
6. Bundesmittel für AVR-Reaktor bewilligt. atw **5**, 36 (1960)
7. Cautius, W.: Warum unterstützte die AVR die Hochtemperaturentwicklung? atw **11**, 220–221 (1966)
8. Crutzen, P. et al.: Das Raumschiff Erde hat keinen Notausgang. edition unseld, Berlin (2011)
9. http://www.deutsche-biographie.de/pnd137909020.html, zugegriffen am 14. Juli 2016
10. Deutscher Bundestag: Drucksache 11/5144 (1989)

11. http://www.deutschlandfunk.de/atomminister-strauss.871.de, zugegriffen am 14. Juli 2016
12. Dornsiepen, U.: Atommüll wohin? Theiss, Darmstadt (2015)
13. Finanzierung des Kernkraftwerks Obrigheim. atw **10**, 268 (1965)
14. Finkelnburg, W.: Der MZFR – ein Markstein der deutschen Reaktorentwicklung. atw **10**, 330–331 (1965)
15. Frewer, H., Keller, W.: Das 340 MW-Kernkraftwerk Atucha mit Siemens Natururanreaktor. atw **12**, 350–358 (1968)
16. Frewer, H., Held, C., Keller, W.: Planung und Projektierung des 300 MW Kraftwerkes Obrigheim. atw **11**, 272–282 (1965)
17. Garwin, R. L., G. Charpak: Megawatts and Megatons – The Future of Nuclear Power. Univ. of Chicago Press, Chicago (2002)
18. Häfele, W.: Das Projekt Schneller Brüter Karlsruhe. atw **11**, 293–303 (1966)
19. Häfele, W: Die Entwicklungstendenzen bei Schnellen Brutreaktoren. atw **17**, 378–384 (1972)
20. Harder, H. et al.: Das 300-MW-Thorium-Hochtemperaturkernkraftwerk (THTR). atw **14**, 238–245 (1971)
21. Helfrich, F., J. Schöning, W. Flügger: Planung der Heliumkreisläufe für Hochtemperaturturbinen. atw **10**, 620–625 (1964)
22. Hermann, A.: Karl Wirtz – Leben und Werk: „Eine weit überragende physikalische Begabung". Schattauer, Stuttgart (2006)
23. Hochtemperatur Kernkraftwerk GmbH gegründet. atw **13**, 387 (1968)
24. Hoffnungen und Fehlschläge beim Hochtemperaturreaktor. Spiegel (9. Juni 1986). http://www.spiegel.de/spiegel/print/d-13517694.html, zugegriffen am 14. Juli 2016
25. Kernkraftwerk Lingen: Kosten. atw **12**, 219 (1967)
26. Knizia, K.: Der THTR 300 – eine vertane Chance? atw **47**, 110–116 (2002)
27. Kuczera, B.: Das schwere Tōhoku-Seebeben in Japan und die Auswirkungen auf das Kraftwerk Fokushima-Daiichi. atw **56**, 234–249 (2011)
28. Löbel, O.: Erzeugungskosten des Atomstroms. In: Rietzler, W., Walcher, W. (Hrsg.) Kerntechnik. B. G. Teubner, Stuttgart (1958)
29. Mandel, H.: Die Planung des RWE auf dem Atomsektor. atw **1**, 333–334 (1956)
30. Mandel, H.: RWE Atomkraftwerk Kahl. atw **2**, 253–255 (1957)
31. Mandel, H.: Planung des Versuchsatomkraftwerks Kahl. atw **6**, 25–29 (1961)
32. Marth, W.: Natrium immer noch das Kühlmittel der Wahl? atw **32**, 246–249 (1988)
33. Marth, W.: Die zweite nukleare Ära. atw **35**, 135 (1991)
34. Marth, W.: Der Schnelle Brüter SNR300 im Auf und Ab seiner Geschichte. Bericht KfK 4666, KfK Karlsruhe (1992)
35. Marth, W.: Die Geschichte vom Bau und Betrieb des deutschen Schnellbrüter Kernkraftwerks KNK 2. Bericht KfK 5155, KfK Karlsruhe (1993)
36. Müller, H.-W.: Errichtung und Baufortschritt des Prototyp-Kernkraftwerks THTR-300. atw **22**, 461–466 (1976)
37. Müller, W. D.: Bericht von der Einweihung des ersten britischen Atomkraftwerks (Calder Hall). atw **2**, 339–345 (1957)

38. Müller, W. D.: Geschichte der Kernenergie in der Bundesrepublik Deutschland: Anfänge und Weichenstellungen. Schäffer Verlag für Wirtschaft und Steuern, Stuttgart (1990)
39. Müller, W. D.: Geschichte der Kernenergie in der Bundesrepublik Deutschland: Auf der Suche nach Erfolg. Schäffer Verlag für Wirtschaft und Steuern, Stuttgart (1996)
40. Pressurized Water Reactor to operate conventionally. In: Electrical World, Bd. 150, S. 56–58, 96–97. McGraw-Hill (1958)
41. Radkau, J.: Aufstieg und Krise der deutschen Atomwirtschaft 1945–1975. Rowohlt Taschenbuch Verlag (1983)
42. Radkau, J., Hahn, L.: Aufstieg und Krise der deutschen Atomwirtschaft. Oekonom, München (1983)
43. Rasmussen, N. C. et al.: Reactor safety study: an assessment of accident risks in US commercial nuclear power plants. Report WASH–1400, US Nuclear Regulatory Commission (1974)
44. Rösch, H., Vogel, G.: Die Genehmigungsverfahren Versuchskraftwerk Kahl. atw **6**, 41 (1961)
45. Rückbau des Reaktors Jülich. Spiegel (24. Juli 2009). http://www.spiegel.de/politik/deutschland/rueckbau-des-reaktors-juelich-heisser-meiler-a-637916.html, zugegriffen am 12. Juli 2016
46. Ruf, R.: Die Gesamtanlage des MZFR. atw **9**, 333–335 (1965)
47. Schenk, H.: Das Kraftwerk Obrigheim. atw **14**, 594–606 (1968)
48. Schmoczer, R.: Aufbau der Gesamtanlage KWL. atw **13**, 146–150 (1968)
49. Schöller, W.: Kernenergie für die Elektrizitätswirtschaft – aber wann? atw **2**, 331–332 (1956)
50. Schulten, R.: Der Hochtemperaturreaktor von BBC/Krupp. atw **4**, 377–387 (1959)
51. Schulten, R.: Entwicklung von Thorium Brütern. atw **9**, 23–24 (1965)
52. Strunk, P.: Die AEG – Aufstieg und Fall einer Industrielegende. Nicolai, Berlin (2000)
53. Tebbert, H., Strasser, W., Plank, H.: Kernkraftwerk Niederaichbach mit gasgekühltem D_2O-Druckröhrenreaktor. atw **11**, 493–497 (1966)
54. Traube, K.: Plutonium Wirtschaft? Das Finanzdebakel von Brutreaktor und Wiederaufbereitung. Rowohlt, Reinbeck (1984)
55. Verhandlungen über THTR Prototyp. atw **13**, 109 (1968)
56. Wald, M. L.: Is there a place for nuclear waste? Scientific American (3. August 2009)
57. Willax, H.-O., Kuhn, K.-D.: Betriebliche Erprobung neuer Verfahren und Komponenten in der Wiederaufbereitungsanlage Karlsruhe. atw **32**, 90–94 (1987)
58. Wirtz, K.: Planung des FR2. atw **2**, 402 (1956). Sonderheft „Atomforschungszentrum Karlsruhe"
59. Ziermann, E.: Betriebserfahrungen am AVR. In: AVR 20 Jahre Betrieb. VDI Berichte, Bd. 729. VDI-Verlag (1989)
60. Zweites Versuchskraftwerk bestellt. atw **2**, 171 (1957)

Namensverzeichnis

A
Adams, Brooks, 26

B
Benson, Mark, 102, 107
Bloch, Ernst, 205
Boveri, Walter, 19
Brown, Charles Eugen Lancelot, 19, 60
Brush, Charles F., 9
Bulling, Manfred, 143

C
Carnot, Nicolas L. S., 27
Cautius, W., 194
Chapman, Sydney, 164
Clausius, Rudolf, 28, 30
Crutzen, Paul, J., 165
Curtis, Charles G., 57

D
Davy, Humphry, 9
de Laval, Carl-Gustav, 54
Deprez, Marcel, 12
Déri, Miksa, 14
Dobson, Gordon, 164
Dolivo-Dobrowolsky, Michael von, 15, 70

E
Edison, Thomas A., 4, 8, 14, 17
Eisenhower, D. D., 183, 211
Ernst, Walter, 30
Escher, Hans Casper, 46

F
Fermi, Enrico, 184
Ferraris, Galileo, 15
Finkelnburg, W., 189

G
Gleichmann, Hans, 104
Goldenberg, Bernhard, 71
Gramme, Zénobe-Théophile, 7

H
Häfele, Wolf, 188
Halske, Johann Georg, 10
Haselwander, Friedrich A., 119
Haxel, Otto, 188
Hefner-Alteneck, Friedrich von, 70
Heisenberg, W., 188
Helmholtz, Hermann Ludwig von, 20

I
Insull, Samual, 67

J
Joule, James P., 28

K
Kelvin (Thomson William), 27
Kittler, Erasmus, 17, 70
Klingenberg, Georg, 63, 69
Knoblauch, Oscar, 39
Kohl, Helmut, 206

L
LaMont, Walter, 100
Löffler, Stephan, 89

M
Mandel, Heinrich, 197
Marguerre, Fritz, 95
Mayer, Julius, 28
Merkel, Angela, 207
Miller, Oskar von, 10, 47

Minkellers, Jan P., 7
Mollier, Richard, 34
Münzinger, F., 84

N
Newcomen, Thomas, 25

O
Ohm, Georg S., 93

P
Parsons, Charles, 54

R
Rateau, Auguste, 56
Rathenau, Emil, 11, 47
Reisser, Paul, 11
Rickover, Hyman, 183
Roebel, Ludwig, 61
Runge, Friedlieb F., 7

S
Schelling, Friedrich, 28
Schiele, Christian, 54
Schmidt, Helmut, 206
Schmidt, Wilhelm, 48, 88, 101

Schöne, Otto, 95
Schröder, Gerhard, 206
Schuckert, Johann Sigmund, 10
Schulten, R., 188, 193
Siemens, Karl W. (Sir William), 36
Siemens, Werner von, 10
Stanley, William, 14
Stinnes, Hugo, 67
Stodola, Aurel, 108
Strauß, F. J., 186

T
Tesla, Nikola, 15
Thyssen, August, 67

W
Watt, James, 25
Weinberg, Alvin P., 182
Welsbach, Carl Auer von, 8
Westinghouse, George, 14, 17
Wilkinson, John, 31
Winzer, Friedrich A., 8
Wirtz, Karl E. J., 188

Z
Zipernowsky, Károly, 14

MIX
Papier aus verantwortungsvollen Quellen
Paper from responsible sources
FSC® C105338

If you have any concerns about our products,
you can contact us on
ProductSafety@springernature.com

In case Publisher is established outside the EU,
the EU authorized representative is:
Springer Nature Customer Service Center GmbH
Europaplatz 3, 69115 Heidelberg, Germany

Printed by Libri Plureos GmbH
in Hamburg, Germany